"互联网+"
继续教育规划教材

计算机应用基础

JISUANJI
YINGYONG
JICHU

主　编　杨　勇　李宁辉
编　者　（按姓氏笔画排序）
王轶冰　孙　玉　李宁辉　李　斌
杨　勇　徐本柱　梁伍七

北京师范大学出版集团
BEIJING NORMAL UNIVERSITY PUBLISHING GROUP
安徽大学出版社

图书在版编目(CIP)数据

计算机应用基础/杨勇,李宁辉主编. —合肥:安徽大学出版社,2018.12(2024.1 重印)

"互联网+"继续教育规划教材

ISBN 978-7-5664-1738-1

Ⅰ. ①计… Ⅱ. ①杨… ②李… Ⅲ. ①电子计算机—继续教育—教材 Ⅳ. ①TP3

中国版本图书馆 CIP 数据核字(2018)第 282132 号

计算机应用基础

杨 勇 李宁辉 主编

出版发行:北京师范大学出版集团
安 徽 大 学 出 版 社
(安徽省合肥市肥西路 3 号 邮编 230039)
www.bnupg.com
www.ahupress.com.cn

印 刷:合肥远东印务有限责任公司
经 销:全国新华书店
开 本:787mm×1092mm 1/16
印 张:15.5
字 数:287 千字
版 次:2018 年 12 月第 1 版
印 次:2024 年 1 月第 6 次印刷
定 价:44.00 元
ISBN 978-7-5664-1738-1

策划编辑:刘中飞 宋 夏
责任编辑:宋 夏 张明举
责任印制:赵明炎
装帧设计:李 军
美术编辑:李 军

“计算机应用基础”是一门计算机入门课程，属于公共基础课，主要供高等教育非计算机类专业及参加计算机应用培训的学生学习。学生通过本课程的学习，能够深入了解计算机基础知识，熟练掌握计算机的基本操作，快速运用软件、网络、多媒体等方面的相关技术，迅速提高信息收集、信息处理和信息呈现的能力，同时为后续课程和专业学习奠定坚实的计算机技能基础。

本书针对高等学历继续教育计算机基础课程的内容编写而成，详细介绍了计算机基础知识、Windows 10 操作系统、Word 2013、Excel 2013、PowerPoint 2013 以及计算机网络应用与安全基础等内容。在介绍各种软件时，通过有针对性的实例巩固理论知识、提升操作技能，使学生能够较快、较好地掌握计算机的基础理论知识和基本操作技能。全书内容丰富、通俗易懂、图文并茂、与时俱进、实用性强，力求体现计算机基础理论学习和基本操作技能培养并重及“用”字当先的原则，适合当前工作、学习和生活中的计算机基础应用，符合高等院校培养“应用型人才”的教学宗旨。

此外，本书配套有 32 讲、对社会免费开放的微课视频资源，方便读者随时随地进行网上学习，特别适合非脱产学习和在职培训使用。微课视频资源的网址是 http://www.ahcjzx.cn/portal/，读者打开网页注册后，可以在平台的共享课程超市中点播学习。

本书由杨勇、李宁辉担任主编。第 1 章由徐本柱编写，第 2 章由王轶冰编写，第 3 章由李斌编写，第 4 章由梁伍七编写，第 5 章由孙玉编写，第 6 章由李宁辉编写。全书由李宁辉统稿，杨勇定稿。

在本书的编写过程中，省内许多高校同仁提供了大量的帮助和支持，在此一并表示感谢。

信息技术的发展非常迅速，办公软件及其应用不断升级和变化，加上编者水平有限，时间又比较仓促，书中不足之处在所难免，恳请读者批评指正。

编　者

2018 年 9 月

第 1 章　计算机基础知识 …… 1

1.1　计算机概述 …… 1
1.1.1　计算机的诞生与发展 …… 1
1.1.2　现代电子计算机的特点与应用 …… 3
1.1.3　计算机的分类 …… 5
1.2　计算机的组成和基本原理 …… 7
1.2.1　计算机的硬件组成 …… 8
1.2.2　微型计算机的硬件组成和性能指标 …… 9
1.2.3　计算机的软件组成 …… 14
1.3　信息的概念和载体 …… 15
1.3.1　信息的概念 …… 15
1.3.2　信息的主要特征 …… 17
1.3.3　信息载体和信息投影 …… 18
1.4　计算机中的信息表示 …… 20
1.4.1　二进制表示与数制转换 …… 20
1.4.2　数值信息的表示与处理 …… 24
1.4.3　非数值信息的表示与处理 …… 26
1.5　计算机的发展趋势与新技术 …… 29
1.5.1　计算机的发展趋势 …… 29
1.5.2　计算机的新技术 …… 31
习题 1 …… 33

第 2 章　Windows 10 操作系统 …… 36

2.1　操作系统概述 …… 36
2.1.1　操作系统的发展及作用 …… 36
2.1.2　操作系统的分类 …… 37

2.1.3 常用操作系统 …… 38
2.1.4 Windows 操作系统的发展历程 …… 40
2.2 Windows 10 基本介绍 …… 40
2.2.1 新特性与运行环境 …… 40
2.2.2 桌面的组成 …… 41
2.2.3 文件和文件夹 …… 42
2.2.4 窗口的组成 …… 45
2.2.5 快捷方式的创建、使用及删除 …… 46
2.3 Windows 10 资源管理器 …… 47
2.3.1 文件资源管理器组成 …… 47
2.3.2 文件夹与文件的使用及管理 …… 48
2.4 Windows 10 系统环境设置 …… 49
2.4.1 控制面板的使用 …… 49
2.4.2 个性化设置 …… 50
2.4.3 程序的添加和删除 …… 52
2.5 Windows 10 常用工具 …… 53
2.5.1 磁盘管理 …… 53
2.5.2 磁盘碎片整理 …… 56
2.5.3 磁盘清理 …… 57
2.5.4 常用基本工具的简单使用 …… 58
习题 2 …… 60

第 3 章 Word 2013 文字处理系统 …… 64

3.1 Word 2013 概述 …… 64
3.1.1 Office 2013 简介 …… 64
3.1.2 Office 2013 的安装与卸载 …… 65
3.1.3 Office 2013 的功能特点 …… 70
3.1.4 Word 2013 的用户界面 …… 72
3.2 Word 2013 的基本操作 …… 77
3.2.1 文档创建 …… 77
3.2.2 文档编辑 …… 78
3.2.3 文档格式化 …… 84

3.2.4　添加页眉与页脚 …… 91
3.2.5　添加页码 …… 92
3.3　Word 2013 的表格 …… 93
3.3.1　表格创建 …… 93
3.3.2　表格基本操作 …… 94
3.3.3　表格美化 …… 98
3.4　Word 2013 的图片与图形 …… 101
3.4.1　添加图片 …… 101
3.4.2　添加艺术字 …… 106
3.4.3　添加文本框与自选图形 …… 106
3.4.4　添加 SmartArt 图形 …… 107
3.5　Word 2013 页面设置与文档打印 …… 108
3.5.1　页面设置 …… 108
3.5.2　文档打印与预览 …… 110
习题 3 …… 111

第 4 章　Excel 2013 电子表格软件 …… 116

4.1　初识 Excel 2013 …… 116
4.1.1　启动和退出 Excel …… 116
4.1.2　Excel 窗口的组成 …… 117
4.2　工作簿的创建和管理 …… 118
4.2.1　创建工作簿文件 …… 118
4.2.2　保存工作簿文件 …… 119
4.2.3　打开和关闭工作簿文件 …… 120
4.2.4　工作表的选择、插入和删除 …… 121
4.2.5　移动和复制工作表 …… 122
4.2.6　重命名和拆分工作表 …… 123
4.2.7　隐藏工作簿、工作表、列和行 …… 124
4.3　工作表的编辑 …… 125
4.3.1　输入不同类型的数据 …… 125
4.3.2　选定编辑范围 …… 128
4.3.3　撤消与恢复操作 …… 128

4.3.4 复制(或移动)数据 …… 129
4.3.5 删除数据 …… 130
4.3.6 查找和替换数据 …… 130
4.3.7 插入与删除单元格 …… 131
4.3.8 插入与删除行、列 …… 131
4.4 工作表的格式化 …… 132
4.4.1 格式化数值 …… 132
4.4.2 使用样式按钮格式化数值 …… 132
4.4.3 格式化文本 …… 133
4.4.4 对齐单元格中的文本 …… 134
4.4.5 设置行高和列宽 …… 134
4.4.6 设置单元格边框和底纹 …… 135
4.5 打印工作簿 …… 136
4.5.1 设置页面 …… 136
4.5.2 设置页边距 …… 137
4.5.3 设置页眉和页脚 …… 137
4.5.4 预览打印作业 …… 138
4.5.5 选择打印区域 …… 138
4.5.6 打印工作簿 …… 139
4.6 使用公式进行计算 …… 139
4.6.1 什么是公式 …… 139
4.6.2 输入公式 …… 140
4.6.3 使用相对和绝对单元格引用 …… 140
4.6.4 复制公式 …… 143
4.7 使用函数进行计算 …… 144
4.7.1 什么是函数 …… 144
4.7.2 函数举例 …… 145
4.7.3 自定义函数 …… 147
4.8 管理数据清单 …… 148
4.8.1 建立数据清单 …… 148
4.8.2 使用排序功能 …… 150
4.8.3 使用自动筛选功能 …… 150

4.8.4　使用分类汇总功能 …… 152
4.9　创建图表 …… 153
4.9.1　图表类型 …… 153
4.9.2　创建图表 …… 154
习题 4 …… 156

第 5 章　PowerPoint 2013 演示文稿制作软件 …… 159

5.1　PowerPoint 2013 概述 …… 159
5.1.1　窗口界面 …… 159
5.1.2　视图方式 …… 161
5.1.3　演示文稿的基本操作 …… 162
5.2　演示文稿的插入元素操作 …… 164
5.2.1　输入文本 …… 164
5.2.2　插入图片 …… 165
5.2.3　插入形状 …… 167
5.2.4　插入 SmartArt 图形 …… 168
5.2.5　插入艺术字 …… 168
5.2.6　插入表格和图表 …… 169
5.2.7　插入多媒体信息 …… 170
5.3　演示文稿的编辑 …… 172
5.3.1　幻灯片的基本操作 …… 172
5.3.2　改变版式 …… 173
5.3.3　修改幻灯片主题 …… 174
5.4　演示文稿的放映 …… 175
5.4.1　幻灯片放映 …… 175
5.4.2　设置幻灯片放映的切换效果 …… 176
5.4.3　设置幻灯片的动画效果 …… 177
5.4.4　设置幻灯片的超链接效果 …… 180
习题 5 …… 181

第 6 章　计算机网络应用与安全基础 …… 187

6.1　计算机网络概述 …… 187

6.1.1 计算机网络的发展 …… 187
6.1.2 计算机网络的功能、分类和结构 …… 190
6.1.3 计算机网络协议 …… 194
6.1.4 计算机网络组网设备 …… 196
6.1.5 计算机网络的性能指标 …… 199
6.2 Internet 概述与应用 …… 200
6.2.1 Internet 简介 …… 200
6.2.2 Internet 统一资源定位符 …… 200
6.2.3 Internet 接入方式 …… 202
6.2.4 网络应用实例——微信 …… 204
6.3 无线网络概述与应用 …… 212
6.3.1 无线网络简介 …… 212
6.3.2 无线网络协议 …… 213
6.3.3 无线网络技术 …… 214
6.3.4 组建家庭无线网 …… 217
6.4 计算机网络安全 …… 223
6.4.1 计算机网络安全概述 …… 223
6.4.2 计算机病毒的防治 …… 224
6.4.3 计算机网络安全策略 …… 226
6.4.4 计算机信息系统安全等级保护 …… 229
习题 6 …… 232

参考文献 …… 237

计算机基础知识

【学习目标】

- 了解计算机的特点、分类和应用。
- 掌握计算机的软硬件组成和性能指标。
- 了解信息的概念、特性以及信息载体和信息投影的过程。
- 掌握二进制表示、数制转换及信息存储。

1.1 计算机概述

电子数字计算机是一种不需要人的直接干预,能够自动连续、快速、准确地完成信息存储、数值计算、数据处理和过程控制等多种功能的电子设备。其物质基础是电子逻辑器件,基本功能是进行数字化信息处理,故而,人们常称其为“计算机”。又由于它的工作方式与人的思维过程十分相似,故人们又称其为“电脑”。

1.1.1 计算机的诞生与发展

世界上第一台通用电子数字计算机是1946年2月在美国宾夕法尼亚大学由John Mauchly和J. Eckert领导的为导弹设计服务的小组制成的ENIAC计算机,如图1-1所示。它使用了17468个电子管,1500个继电器,耗电量150千瓦,占地面积约170平方米,重量达30吨,每秒钟只能完成5000次加法运算。虽然它体积大、速度慢、功耗高,但却为发展电子计算机奠定了技术基础。在ENIAC计算机研制的同时,另两位科学家,冯·诺依曼与莫尔合作研制了EDVAC计算机。它采用的存储程序方案沿用至今,所以现在的计算机都被称为以存储程序原理为基础的冯·诺依曼型计算机。

七十多年以来,计算机已经发展了四代,现在正向第五代发展。在推动计算机发展的诸多因素中,电子器件的发展起着决定性作用。另外,计算机系统结构和计算机软件的发展也起着重大作用。

1. 第一代:电子管时代

从1946年到1958年的计算机为第一代计算机,也称电子管计算机。它用电

图 1-1　ENIAC 计算机

子管作为计算的逻辑元件；输入输出设备有限，使用穿孔卡片；主存容量为数百字节到数千字节，主要以单机方式完成科学计算；数据表示主要是定点数；用机器语言或汇编语言编写程序。其特点是体积大、功耗高、可靠性差、速度慢（一般为每秒数千次至数万次）、价格昂贵，但为以后的计算机发展奠定了基础。

2. 第二代：晶体管时代

从 1946 年到 1958 年的计算机为第二代计算机，也称晶体管计算机。在硬件方面，它采用晶体管作为主要器件，内存储器主要采用磁芯片，外存储器开始使用磁盘，输入和输出方式有了较大的改进。在软件方面，FORTRAN，COBOL，ALGOL 等高级语言开始被使用，操作系统和编译系统已经出现。应用领域以科学计算和事务处理为主，并开始进入工业控制领域。有代表性的晶体管计算机是 IBM 公司生产的 IBM 7094 计算机和 CDC 公司的 CDC 1604 计算机。其特点是体积缩小、能耗降低、可靠性提高、运算速度提高（一般为数十万次/秒，最高可达三百万次/秒），性能比第一代计算机有很大的提高。

3. 第三代：集成电路时代

从 1964 年到 1975 年的计算机为第三代计算机，也称为中、小规模集成电路计算机。在第三代计算机中，集成电路 IC（Integrated Circuit）代替了分立元件；半导体存储器逐渐取代了铁淦氧磁芯存储器；采用了微程序控制技术；在软件方面，操作系统日益成熟，功能日益强化。多处理机、虚拟存储器系统以及面向用户的应用软件的发展，大大丰富了计算机软件资源。其特点是速度更快（一般为每秒数百万次至数千万次），而且可靠性有了显著提高，价格进一步下降，产品走向了通用化、系列化和标准化。应用开始进入文字处理和图形图像处理领域。

4. 第四代：大规模集成电路时代

从 1975 年到现在的计算机为第四代计算机，也称为大规模和超大规模集成电路计算机。第四代计算机以大规模集成电路LSI(Large-Scale Integration)或超大规模集成电路VLSI为计算机的主要功能部件；主存储器也采用集成度很高的半导体存储器。在软件方面，发展了数据库系统、分布式操作系统等。此时出现了微型机，由于微型机体积小、功耗低、成本低，其性能价格比优于其他类型的计算机，因而得到了广泛应用。另一方面，利用大规模、超大规模集成电路制造的各种逻辑芯片，已经制成了体积并不很大，但运算速度可达一亿甚至几十亿次的巨型计算机。我国最新研制并投入使用的神威・太湖之光超级计算机，安装了40960个中国自主研发的“申威26010”众核处理器，峰值性能为12.5亿亿次/秒，持续性能为9.3亿亿次/秒，多次名列全球超级计算机500强榜首。这一时期还产生了新一代的程序设计语言以及数据库管理系统和网络软件等。

目前，世界上各先进国家正在加紧研制第五代计算机，如量子计算机、生物计算机等。一般认为新一代计算机不应仅是在原有结构的基础上进行器件的更新换代，而是应该突破冯・诺依曼型计算机的结构，应该是具有知识库管理功能的、高度并行的智能计算机。

1.1.2　现代电子计算机的特点与应用

1. 现代电子计算机的特点

现代电子计算机具有如下特点：

(1)运算速度快。当今计算机系统的运算速度已达到每秒亿亿次，微机也可达每秒亿次以上，这使大量复杂的科学计算问题得以解决，例如：卫星轨道的计算、大型水坝的计算、24小时天气预报的计算等。过去人工计算需要几年、几十年，而现在用计算机只需几天甚至几秒钟就可完成。

(2)计算精确度高。科学技术的发展，特别是尖端科学技术的发展，需要高度精确的计算。计算机控制的导弹之所以能准确地击中预定的目标，是与计算机的精确计算分不开的。一般计算机可以有十几位甚至几十位(二进制)有效数字，计算精度可由千分之几到百万分之几。

(3)存储容量大。计算机不仅能进行计算，而且能把参加运算的数据、程序以及中间结果和最后结果保存起来，供用户随时调用。计算机的存储器可以存储大量数据，这使计算机具有了“记忆”功能。随着计算机存储容量的不断增大，可存储记忆的信息越来越多。计算机的“记忆”功能是与传统计算工具的一个重要区别。

(4)具有逻辑判断能力。计算机的运算器除了能够完成基本的算术运算外，还具有对各种信息进行比较、判断等逻辑运算的功能。这种能力是计算机处理逻辑推理问题的前提。

(5)自动化程度高。计算机内部操作是根据人们事先编好的程序自动控制进行的。用户根据需要，事先设计好程序，计算机将十分严格地按照程序规定的步骤操作，并且整个过程不需要人工干预。

2. 现代电子计算机的应用

由于计算机具有运算速度快、计算精确度高、存储容量大、可进行逻辑判断和自动化程序高等特点，因此，计算机具有广泛的应用。

(1)科学计算。科学和工程计算的特点是计算量大，而逻辑关系相对简单。例如卫星轨道计算；导弹发射参数的计算；宇宙飞船运行轨迹和气动干扰的计算等。

(2)信息处理。信息处理是指对各种信息进行收集、存储、加工、分析和统计，向使用者提供信息存储、检索等一系列活动的总和。例如银行储蓄系统的存款、取款和利息计算；图书、期刊、文献和档案资料的管理和查询等。

(3)过程控制。它是由计算机对采集到的数据按一定方法进行计算，然后输出到指定执行机构去控制生产的过程。例如，在化工厂可用来控制化工生产的某些环节或全过程等。

(4)计算机辅助系统。计算机辅助系统是设计人员使用计算机进行设计的一项专门技术，用来完成复杂的设计任务。它不仅应用于产品和工程辅助设计，而且还包括计算机辅助设计 CAD (Computer Aided Design)、计算机辅助制造 CAM (Computer Aided Manufacture)、计算机辅助教学 CAI(Computer Aided Institute)、计算机辅助教育 CBE(Computer Based Education)以及许多其他方面的内容。

(5)人工智能。人工智能指用计算机模拟人类大脑的高级思维活动，具有学习、推理和决策的功能。专家系统是人工智能研究的一个应用领域，可以对输入的原始数据进行分析、推理，作出判断和决策。例如智能模拟机器人、医疗诊断、语音识别、金融决策和人机对弈等。

(6)电子商务。电子商务，英文是 Electronic Commerce，简称 EC，广义上指使用各种电子工具从事商务或活动，狭义上指基于浏览器/服务器应用方式，利用 Internet 从事商务或活动。电子商务涵盖的范围很广，一般可分为企业之间(Business-to-Business，B2B)、企业对消费者(Business-to-Consumer，B2C)、消费者之间(Consumer-to-Consumer，C2C)、企业与政府之间(Business-to-Government，B2G)等 4 种。例如消费者的网上购物、商户之间的网上交易和政府采购平台等。

(7)多媒体应用。多媒体计算机的主要特点是集成性和交互性，即集文字、声音、图像和视频等信息于一体，并使人机双方通过计算机进行交互。多媒体技术的发展大大拓宽了计算机的应用领域，视频和音频信息的数字化使计算机逐渐走向家庭和个人。

计算机在社会各领域中的广泛应用，有力地推动了社会的发展和科学技术水平的提高，同时也促进了计算机技术的不断更新，使计算机朝着微型化、巨型化、网络化和智能化的方向不断发展。

1.1.3 计算机的分类

随着计算机技术的发展和应用的推动，尤其是微处理器的发展，计算机的类型越来越多样化，计算机按照不同的标准可以有多种分类。

1. 按信息在计算机中的处理方式分类

(1)数字计算机。数字式电子计算机是当今世界电子计算机行业中的主流，其内部处理的是一种称为符号信号或数字信号的电信号。它采用二进制运算，主要特点是“离散”，在相邻的两个符号之间不可能有第三种符号存在；解题精度高，便于存储，是通用性很强的计算工具，既能胜任科学计算和数字处理，也能进行过程控制和CAD/CAM等工作。由于这种处理信号的差异，使得它的组成结构和性能优于模拟式电子计算机。

(2)模拟计算机。模拟式电子计算机问世较早，内部所使用的电信号模拟自然界的实际信号，因而被称为模拟电信号。模拟电子计算机处理问题均需模拟电路来实现，电路结构复杂，抗外界干扰能力较差。

模拟计算机的机器变量是连续变化的电压变量，对于变量的运算是基于电路中电压、电流、元件等电特性的相似运算关系。通用电子模拟计算机的组成包括线性运算部件(比例器、加法器、积分器等)、非线性运算部件(函数产生器、乘法器等)、控制电路、电源、排线接线板、输出显示与记录装置等。

模拟计算机特别适合于求解常微分方程，因此也被称为模拟微分分析器。物理系统的动态过程多数是以微分方程的数学形式表示的，所以模拟计算机很适用于动态系统的仿真研究。模拟计算机在工作时是把各种运算部件按照系统的数学模型联结起来，并行地进行运算，各运算部件的输出电压分别代表系统中相应的变量，因此模拟计算机具有处理速度高和能直观表示出系统内部关系的特点。

(3)数字模拟混合计算机。混合计算机是取数字、模拟计算机之长，既能高速运算，又便于存储信息，但这类计算机造价昂贵。现在人们所使用的大都属于数字计算机。

2. 按功能分类

(1)专用计算机。专用计算机用于解决某个特定方面的问题，配有为解决某问题而用到的软件和硬件。专用计算机功能单一，可靠性高，结构简单，适应性差。在特定用途下它最有效、最经济、最快速，是其他计算机无法替代的，如军事系统、银行系统、生产过程的自动化控制、数控机床等。

(2)通用计算机。通用计算机功能齐全，适应性强，用于解决各类问题，它既可以进行科学计算，也可以用于数据处理，通用性较强。目前人们所使用的大都是通用计算机。

3. 按计算机规模分类

按照计算机规模，并参考其运算速度、输入输出能力、存储能力等因素划分，通常将计算机分为巨型机、大型机、小型机、微型机等 4 类。计算技术发展很快，有些在大型机中使用的技术今天可能已在微型机中实现，其性能已达到 10 年以前大型机的水平。

(1)巨型机。巨型计算机是运算速度最快、存储容量最大、性能最强的一类计算机。目前巨型机的运算速度可达每秒千万亿次浮点运算，主存容量高达千万亿字节。这类机器价格相当昂贵，主要用于复杂、尖端的科学研究领域，特别是军事科学计算。神威·太湖之光超级计算机是由国家并行计算机工程技术研究中心研制，安装在国家超级计算无锡中心的超级计算机。

图 1-2 神威·太湖之光

图 1-3 IBM 大型计算机

(2)大型机。大型计算机是指通用性能好、外部设备负载能力强、处理速度快的一类机器。它有完善的指令系统、丰富的外部设备和功能齐全的软件系统，并允许多个用户同时使用。这类机器主要用于科学计算、数据处理或作为网络服务器，如图 1-3 所示为 IBM 大型计算机。

大型机其实一直都是服务器的创新之源，随着它的技术不断下移，Power 平台、x86 平台都得到了前所未有的强化。大型机不仅没有走向弱式，而且形成了更为丰富的外延产品圈，可以全方位地满足不同类型的客户需要。

(3)小型机。小型机是在 20 世纪 60 年代中期发展起来的一类计算机，较之大型机成本较低，维护也较容易，具有规模较小、结构简单、成本较低、操作简单、易于维护、与外部设备连接容易等特点。小型机用途广泛，可用于科学计算和数据处理，也可用于生产过程自动控制、数据采集及分析处理等。如图 1-4 所示为惠普 Hp AlphaServer 800 小型机。

(4)微型机。微型计算机(简称微机，也叫个人计算机)由微处理器、存储器、输入输出接口和系统总线构成，其中微处理器是核心。它是体积小、结构紧凑、价格低廉，同时又具有一定功能的计算机。它较之小型机体积更小、价格更低、灵活性更好，可靠性更高，使用更加方便。如图 1-5 所示为方正君逸 M580 微型机。

1-4　Hp AlphaServer 800 小型机　　图 1-5　方正君逸 M580 微型机

4. 按照计算机的工作模式分类

(1)服务器。服务器是一种可供网络用户共享的高性能计算机，一般具有大容量的存储设备和丰富的外部设备。由于要运行网络操作系统，要求较高的运行速度，因此，很多服务器都配置了四核或八核甚至更高的 CPU，如图 1-6 所示为 SunV480 服务器。

图 1-6　Sun V480 服务器

(2)工作站。工作站是一种高档的微型计算机，通常配有高分辨率的大屏幕显示器及容量很大的内存储器和外存储器，并且具有较强的信息处理功能，高性能的图形、图像处理功能以及联网功能，在工程设计、动画制作、科学研究、软件开发、金融管理、信息服务、模拟仿真等专业领域具有广泛的应用，特别适合于 CAD、CAM 和办公自动化。

1.2　计算机的组成和基本原理

一台完整的计算机系统是由硬件系统和软件系统两大部分组成，如图 1-7 所示。计算机硬件是指组成计算机的物理设备的总称，是计算机完成计算的物质基础。计算机软件是在计算机硬件设备上运行的各种程序、相关数据的总称。

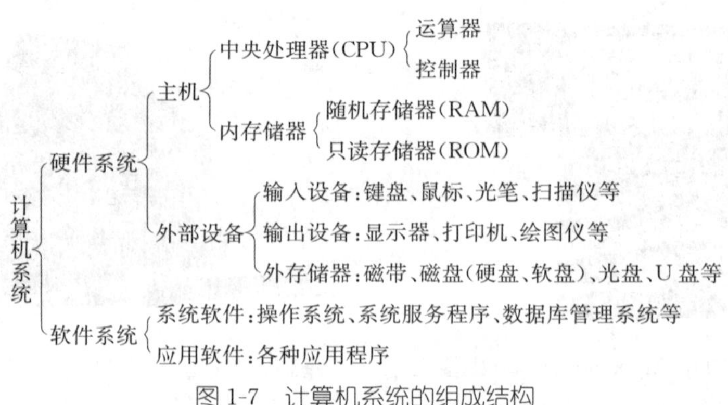

图1-7 计算机系统的组成结构

1.2.1 计算机的硬件组成

电子计算机从诞生至今,其体系结构基本没有发生变化,仍旧沿用“冯·诺依曼计算机”的体系结构。“冯·诺依曼计算机”的基本思想是存储程序控制。为实现存储程序的思想,计算机硬件是由运算器、控制器、存储器、输入和输出设备五大部分组成的,如图1-8所示。

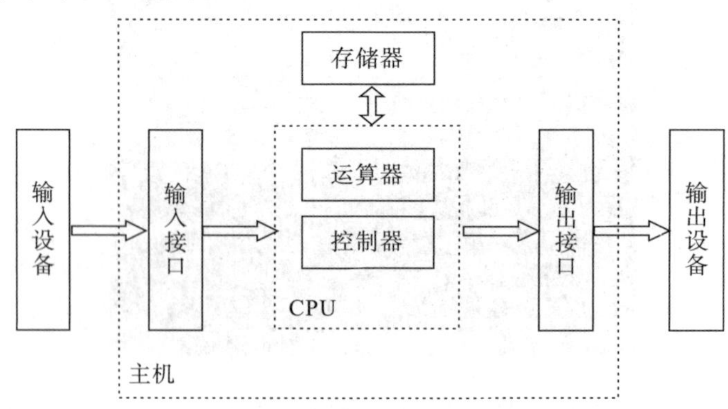

图1-8 计算机的基本结构

1. 运算器

运算器又称“算术逻辑单元”(Arithmetic Logic Unit,ALU),是计算机对数据进行加工处理的部件,也就是对二进制数码进行加、减、乘、除等算术运算,或进行与、或、非等基本逻辑运算,从而实现逻辑判断。运算器在控制器的控制下实现算术逻辑运算功能,运算结果由控制器送到内存中。

2. 控制器

控制器是计算机的指挥和控制中心。它负责从内存中取出指令,确定指令类型,并对指令进行译码,按时间的先后顺序,向计算机的各个部件发出控制信号,使整个计算机系统的各个部件协调一致地工作,从而一步一步地完成各种操作。

控制器主要由指令寄存器、指令译码器、程序计数器、时序产生器、操作控制器等部件组成。

3. 存储器

存储器是计算机存储数据的部件，用于保存程序和数据，以及运算的结果，包括数据寄存器和地址寄存器。数据寄存器用于暂存操作数和运算结果，地址寄存器用于存放需要访问的存储单元的地址。

4. 输入设备

输入设备负责把用户命令，包括程序和数据，输入到计算机中，是人与计算机之间对话的重要工具。文字、图形、声音、图像等信息都要通过输入设备才能被计算机接受。常见的输入设备有键盘、鼠标、扫描仪、数字摄像头等。

5. 输出设备

输出设备是将计算机运算或处理的结果转换成用户所需要的各种形式输出。常见的输出设备有显示器、打印机等。

1.2.2　微型计算机的硬件组成和性能指标

以微型计算机为例，它的硬件系统中常见的部件有CPU、内存储器、外存储器、输入/输出设备、主板等，下面分别介绍这些部件。

1. 中央处理器(CPU)

CPU是Central Processing Unit(中央处理器)的英文缩写，是一个体积不大而集成度非常高，功能非常强大的芯片，也称微处理器(Micro Processor Unit)，是微型机的核心。CPU由运算器和控制器两部分组成，用以完成指令的解释与执行。

图1-9　微处理器

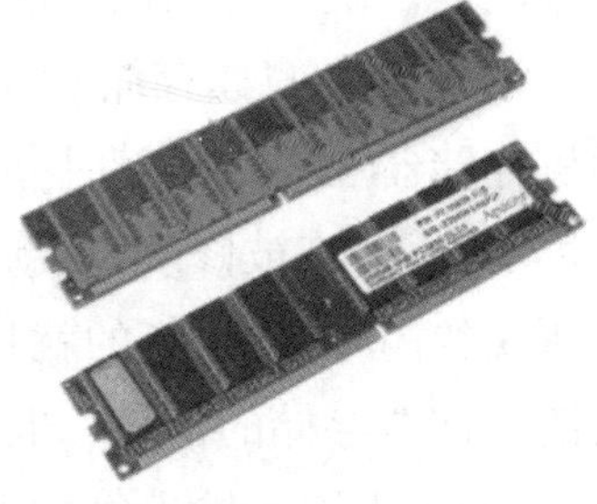
图1-10　内存条

运算器由算术逻辑单元ALU、累加器AC、数据缓冲寄存器DR和标志寄存器F组成，是微机的数据加工处理部件。控制器由指令计数器IP、指令寄存器IR、指令译码器ID及相应的操作控制部件组成，它产生各种控制信号，使计算机各部件得以协调工作，是微机的指令执行部件。CPU中还有时序产生器，其作用是对计算机各部件高速的运行实施严格的时序控制。

微处理器的主要性能指标有以下几项：

(1)字长。CPU在单位时间内(同一时间)能一次处理的二进制的位数称为字长。人们通常所说的16位机、32位机中的16、32指的就是字长。一个字长16位的CPU一次能处理的二进制数的位数为16位,如果要处理更多位数的数据,就需要执行多次。显然,CPU的字长越长,工作速度就越快,性能就越好,但同时它的内部结构就越复杂。

(2)主频。主频也被称为工作频率,是表示CPU工作速度的重要指标。例如,人们常说的Core i7(酷睿i7)3.2GHz,这个3.2GHz就是CPU的主频。通常,在其他性能指标都相同的情况下,CPU的主频越高,其运算速度就越快。

(3)地址总线的宽度。地址总线的宽度决定了CPU可以访问的物理地址空间,简单地说就是CPU到底能使用多大容量的内存。例如,地址总线宽度为32位的CPU,最多可以直接访问的内存物理空间为2^{32}Bytes,即4096MB(4GB)。

(4)数据总线的宽度。数据总线负责整个系统的数据传输,数据总线宽度决定了CPU与二级高速缓存、内存以及输入/输出设备之间一次数据传输的信息量。通常情况下,数据总线越宽,则数据传输的速度越快。

2. 内部存储器

内部存储器简称为内存,也称为主存,是计算机中重要的部件之一,主要用于存储计算机当前工作中正在运行的程序、数据等,是计算机内部的存储中心。内存是CPU能直接访问的存储空间,计算机中所有程序的运行都是在内存中进行的,它是与CPU进行沟通的桥梁。目前,微型计算机的内存一般是采用大规模集成电路工艺制成的半导体存储器,这类存储器具有密度大、体积小、重量轻、存取速度快等优点。微型计算机内存一般又可分为两类:随机存储器(Random Access Memory, RAM)和只读存储器(Read Only Memory, ROM)。

随机存储器主要用来随时存储计算机中正在进行处理的数据,这些数据不仅允许被读取,还允许被修改,重新启动计算机后,RAM中的信息将全部丢失。我们平常所说的内存容量,指的就是RAM的容量。

只读存储器存储的信息一般由计算机厂家确定,通常是计算机启动时的引导程序、系统的基本输入输出等重要信息,这些信息只能读取,不能修改,重新启动计算机后,ROM中的信息不会丢失。

内存的主要性能指标有以下两项:

(1)容量。内存容量是指存储器所能容纳的二进制数据量,是决定微型计算机性能的一个重要标志。常用来描述存储容量的单位还有B(字节)、KB(千字节)、MB(兆字节)、GB(吉字节)、TB(太字节)、PB(拍字节)等。

(2)存取速度。内存的存取速度是决定微型计算机性能的另一个重要指标,内存的存取速度以存储器的访问时间来衡量。访问时间指存储器从接收到数据读(写)地址开始,到对该地址相对应的存储单元进行数据读(写)结束所用的时间。内存的存取速度比外存的存取速度快,比 CPU 的存取速度慢。

3. 外存储器

外存储器简称外存,用于存储暂时不用的程序和数据,当这些数据信息需要被使用时,必须先从外存储器传输到内存储器才能被处理器处理。常见的外存储器有硬盘、光盘、U 盘和移动硬盘等。

(1)硬盘。硬盘是微型计算机最重要的外部存储设备。图 1-11 所示为硬盘实物图。从内部结构上看,硬盘是由一个或多个盘片、硬盘驱动器和接口组成,盘片外覆盖有磁性材料,被永久性的密封固定在硬盘驱动中。硬盘工作时,驱动电机带动盘片做高速圆周旋转运动,磁头在传动臂的带动下,做径向往复运动,从而可以访问硬盘的每一个存储单元。

图 1-11　硬盘的外观和内部结构

硬盘的主要性能指标有以下两项:

①容量。硬盘容量是衡量硬盘数据存储多少的标志,硬盘的存储容量要比内存储器大得多,目前市场上常见的硬盘容量一般为几百 GB 到几 TB。

②转速。硬盘转速是指硬盘主轴电机的转速,单位是转/分(r/min)。硬盘数据的读取或写入是通过硬盘主轴的机械转动从而带动硬盘盘片的转动来实现的,因此,硬盘转速是决定硬盘数据传输速率的关键因素。理论上讲,转速越快,硬盘的数据传输速率越快,但过高的转速会导致发热量过大、控制困难等问题。

(2)光盘。光盘是用激光扫描的记录和读出方式保存信息的一种介质。光盘的存储结构单元比磁介质单元要小很多,从而在同样大小的面积上可容纳更大的信息量。图 1-12 所示为最常见的 CD-ROM 光盘。

(3)U 盘。U 盘是 USB 接口和闪存(Flash Memory)技术结合的方便携带、外观精美的移动存储器。U 盘具有可多次擦写、读取速度快、体积小、重量轻、无需外接电源、即插即用、防磁、防震、防潮等优点。如图 1-13 所示。

(4)移动硬盘。移动硬盘通常是采用 USB 接口与计算机连接的硬盘。与传统的硬盘相比,移动硬盘轻便易携带,它也因此而得名。图 1-14 所示为移动硬盘的外观。

图 1-12　光盘

图 1-13　U 盘

图 1-14　移动硬盘

4. 输入设备

输入设备接受用户输入的数据和程序，并将它们转换成计算机能够接受的形式存放到内存中。常见的输入设备有键盘、鼠标、扫描仪、光笔和数字化仪等。

(1)键盘(Keyboard)。键盘是计算机系统中最基本的输入设备，通过一根电缆线与主机相连接。一般可分为机械式、电容式、薄膜式和导电胶皮式四种。键盘的键数一般为 101 键和 104 键，101 键盘被称为标准键盘。

(2)鼠标(Mouse)。鼠标是一种“指点”设备，多用于 Windows 操作系统环境下，可以取代键盘上的部分键的功能。按照工作原理，可将鼠标分为机械式鼠标、光电式鼠标、无线遥控式鼠标等。按照键的数目，可将鼠标分为两键鼠标、三键鼠标等。按照鼠标接口类型，可将鼠标分为 PS/2 接口的鼠标、串行接口的鼠标、USB 接口的鼠标和无线接口的鼠标。

5. 输出设备

输出设备是将计算机处理的结果从内存中输出，常见的输出设备有显示器、打印机和绘图仪等。

(1)显示器(Monitor)。显示器是用户用来显示输出结果的，是标准的输出设备，分为单色显示器和彩色显示器两种。目前台式机和笔记本电脑主要使用 LCD 液晶显示器。

①显示器的一些性能指标。显示器的主要性能指标有颜色、像素、点间距、分辨率和显存大小等。颜色是指显示器所显示的图形和文字有多少种颜色可供选择。而显示器所显示的图形和文字是由许许多多的“点”组成的，这些点称为像素。屏幕上相邻两个像素之间的距离称为点间距，也称点距。点距越小，图像越清晰，细节越清楚。单位面积上能显示的像素的数目称为分辨率。分辨率越高，所显示的画面就越精细，但同时也会越小。目前的显示器常见分辨率有1024×768、1280×1024、1920×1080 等规格。显示器在显示一帧图像时首先要将其存入显卡的内存(简称显存)中，显存的大小会限制对显示分辨率及流行色的设置。

②显示适配卡。显示适配卡又称显卡，显示器只有配备了显卡才能正常工作。显卡一般被插在主板的扩展槽内，通过总线与 CPU 相连。当 CPU 有运算结果或图形要显示时，首先将信号送给显卡，由显卡的图形处理芯片把它们翻译成

显示器能够识别的数据格式，并通过显卡后面的 VGA、HDMI、DVI 或 DP 等接口传给显示器。

常见的显示适配卡有彩色/图形适配器 CGA、视频图形阵列 VGA、TVGA（有较高的分辨率，是目前主流彩色显示器适配器）、SVGA（超级 VGA，亮度较其他类型的适配器高）。

（2）打印机。打印机是计算机的主要输出设备之一。随着计算机技术的发展，打印机得到较大的发展，常见的有针式打印机、喷墨打印机和激光打印机。

6. 主板

主板为微型计算机其他功能部件提供插槽、接口以及电路连接，正是通过这些插槽、接口以及电路连接将微型计算机的各硬件部件连接起来，形成完整的硬件系统。

主板（Main Board）由多层印制电路板和焊接在其上的 CPU 插槽、内存插槽、扩展插槽、外设接口、CMOS 和 BIOS 控制芯片构成，如图 1-15 所示。

图 1-15　主板

扩展插槽主要有 PCI 插槽和 AGP 插槽，用于插入各种适配卡，如声卡、视频卡、传声卡和采集卡。扩展插槽除了保证计算机的基本功能外，还用来扩充计算机功能和升级计算机。

外设接口是计算机输入、输出的重要通道，它的性能好坏直接影响到计算机的性能。接口一般位于主机箱的后部，主要的接口有串行口、并行口、键盘接口、鼠标接口、显示器接口和 USB 接口等。

计算机主板和普通家用电器（如电视机等）的主板（线路板）相同，都属于印制电路板（Printed Circuit Board，PCB），即将实现微型计算机硬件连接的电路印制在一块绝缘的材料板上。和普通家用电器相比，微型计算机的主板线路要复杂得多,为了解决在面积有限的主板上放置大量的铜箔线等其他问题,微型计算机主板通常做成多层的,常见的主板有4层、6层和8层。

1.2.3 计算机的软件组成

计算机软件是程序和相关文档的集合。计算机软件是计算机系统的重要组成部分,它可以使计算机更好地发挥作用。计算机软件可以分为系统软件和应用软件两种。

1. 系统软件

系统软件是完成管理、监控和维护计算机资源的软件,是保证计算机系统正常工作的基本软件,用户不得随意修改,如操作系统、编译程序、数据库管理系统等。

(1)操作系统。操作系统是系统的资源管理者,是用户与计算机的接口。在用户与计算机之间提供了一个良好的界面,用户可以通过操作系统最大限度地使用计算机的功能。操作系统是最底层的系统软件,但却是最重要的。常用的操作系统有 Windows 操作系统、Unix 操作系统、Linux 操作系统等。

(2)计算机语言。计算机语言是为了编写能让计算机进行工作的指令或程序而设计的一种用户容易掌握和使用的编写程序的工具,具体可分为以下几种。

①机器语言。机器语言的每一条指令都是由0和1组成的二进制代码序列。机器语言是最底层的面向机器硬件的计算机语言,是计算机唯一能够直接识别并执行的语言。利用机器语言编写的程序执行速度快、效率高,但不直观、编写难、记忆难、易出错。

②汇编语言。将二进制形式的机器指令代码用符号(或称助记符)来表示的计算机语言称为汇编语言。用汇编语言编写的程序计算机不能直接执行,必须由机器中配置的汇编程序将其翻译成机器语言目标程序后,计算机才能执行。将汇编语言源程序翻译成机器语言目标程序的过程称为汇编。

③高级语言。机器语言和汇编语言都是面向机器的语言,而高级语言则是面向用户的语言。高级语言与具体的计算机硬件无关,其表达方式更接近于人们对求解过程或问题的描述方法,容易理解、掌握和记忆。用高级语言编写的程序其通用性和可移植性好,例如:C、C++、Java、JavaScript、Python 等都是人们最为熟知和广泛使用的高级语言。

计算机不能直接识别和接收高级语言编写的程序,需要翻译。计算机翻译程序有编译与解释两种方式,如图1-16所示。编译方式是将程序完整的进行翻译,整体执行;而解释方式是翻译一句执行一句。解释方式的交互性好,但速度比编译方式慢,不适用于大的程序。

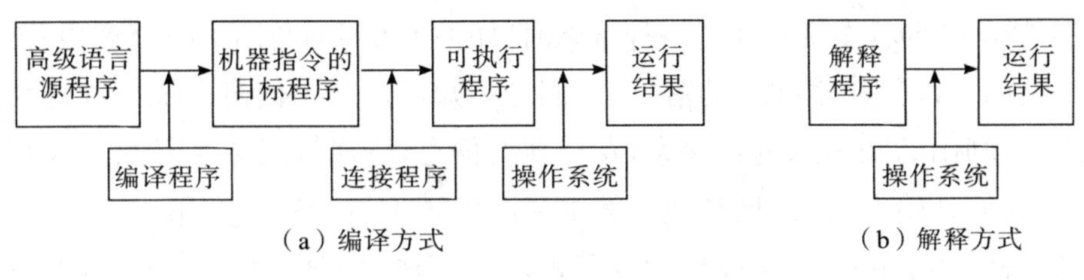

(a) 编译方式　　(b) 解释方式

图1-16　编译方式与解释方式

(3)数据库管理系统。数据库是为了满足某部门中不同用户的需要,按照一定的数据模型在计算机中组织、存储、使用相互联系的数据的集合。目前常用的数据库管理系统有 Access、SQL Server、Oracle、DB2 等。

(4)服务性程序。服务性程序是指协助用户进行软件开发和硬件维护的软件。如各种开发调试工具软件、编辑程序、工具软件、诊断测试软件等。

2. 应用软件

应用软件是指计算机用户利用计算机的软、硬件资源为某一专门的应用目的而开发的软件。除系统软件以外的所有软件都属于应用软件,常用的应用软件有:

(1)各种信息管理软件。

(2)办公自动化系统,如 Microsoft Office 等。

(3)各种辅助设计软件以及辅助教学软件。

(4)各种软件包,Matlab,图形软件包等。

1.3　信息的概念和载体

"信息"(Information)大家耳熟能详,无时无刻不在接触。人类社会经历了石器时代、农业时代、工业时代,当今正处于信息时代。在各种各样的科学研究和生产生活中,信息的利用和交换无处不在。快速获取、正确处理和充分利用信息,能够极大促进科学技术的发展和国民经济的腾飞,信息的重要性不言而喻。什么是信息呢?

1.3.1　信息的概念

"烽火连三月,家书抵万金",为什么?因为家书承载着亲人的信息。此外,学历是一种信息,反映一个人受教育的程度;自然界中的斗转星移、四季变化是信息,告诉人们气温的冷暖变化;成熟的水果会产生香味,吸引动物觅食,动物食后为其传播种子,所以果香是一种信息;听老师讲课可以获得许多知识,知识也是信息。由此可见,信息无处不在,不仅人类能感受到它的存在,地球上的其他生物也能感受得到。

仔细思考上述实例,人们似乎懂得了什么是信息。从人们发现信息的过程中可知，当事物从一种状态变化成另一种状态时，如种子发芽，破土而出，就产生了信息。

只是由于以往科学技术的落后，人们并不知道这就是信息。他们在浑然无知的状态下，利用已知信息进行探索，发现新的信息，进而推进人类社会的发展。时到今日，人们开始发现，信息对我们的生活起着越来越重要的作用。

当今社会，信息一词在各种场合都被广泛应用，但是要给它下一个严格的定义却非常困难。古往今来，很多学者都给“信息”下过定义，流行的说法不下百种，这些说法出发点不同、所站角度不一，或者带有较明显的学科倾向，但它们都在一定层面上对信息作了描述。虽然人类在几千年的文明史中对信息的认识不断加深，但是至今依然无法给出能被广泛认可的、明确的定义。科学家、科技工作者乃至普通人，每个人对信息都有自己的认识和理解。

信息不是静止的，只有运动、变化才能产生信息。当信息产生以后，由人们或其他动物获取这个信息，对这个信息进行记录，然后传递。近几十年，人们逐渐意识到信息的存在，然而，人们对信息还没有一个全面的、系统的、准确的、一致的认识。从不同的学科、角度和深度，人们对信息有不同的认识。

哈特莱于 1928 年首先对信息进行科学定义，认为发信者所发出的信息，就是他在通信符号表中选择符号的具体方式，并主张用所选择的自由度来度量信息。此外，哈特莱还注意到，选择的具体物理内容是无关紧要的，重要的是选择的方式。也就是说，不管符号代表的意义是什么，只要符号表的符号数目一定，“字”的长度一定，那么，发信者所能发出的信息的数量就被限定了。所以他认为“信息是选择的自由度”。

1948 年，控制论的创始人美国科学家诺伯特·维纳(Norbert Wiener)出版了著作《控制论》，该书中是这样论述信息的，“信息就是信息，不是物质，也不是能量。”这就是说，信息就是信息自己，它不是其他什么东西的替代物，它是与“物质”“能量”同等重要的概念。正是诺伯特·维纳首先将“信息”上升到“最基本概念”的位置。同年，另一位美国数学家香农(C. E. Shannon)在《贝尔系统技术杂志》发表了题为“通信的数学理论”的长篇论文。论文中用概率论的方法研究通信系统，揭示了通信系统传递的对象就是信息，并对信息给以科学的定量描述，提出了信息熵的概念。指出通信系统的中心问题是，在噪声下，如何有效而可靠地传送信息以及实现这一目标的主要方法是编码等。在论文中信息用不确定性的量度进行定义。认为一个消息的可能性愈小，其信息愈多；而消息的可能性愈大，其信息愈少。事件出现的概率越小，不确定性越多，信息量就越大，反之则越少。但是香农并没有给出信息的确切定义，他认为“信息就是一种消息”。

香农信息论仅考虑了事物运动状态及其变化方式的外在形式，实际上研究的是语法信息。从这个角度出发，可以对信息下这样的定义：信息是对事物运动状态和变化方式的表征，它存在于任何事物之中，可以被认识主体（生物或机器）获取和利用。从数学观点出发研究香农信息论，可以认为信息是对信息统计特性的一种定量描述。信息存在于自然界，也存在于人类社会，其本质是运动和变化。可以说，哪里有事物的运动和变化，哪里就会产生信息。

在日常生活中，信息常常被认为是知识或消息。的确，信息与它们之间是有着密切联系的，但是，信息不能等同于知识或消息。

信息不能等同于知识。知识是人们根据某种目的，从自然界收集得来的数据中整理、概括、提取得到的有价值的、人们所需的信息。知识是一种具有普遍和概括性质的高层次的信息。知识是以实践为基础，通过抽象思维，对客观事物进行的规律性的概括。知识信息只是人类社会中客观存在的部分信息。所以知识是信息，但不等于信息全体。

信息也不能等同于消息。消息是指包含有信息的语言、文字和图像等。人们也常常错误地把信息等同于消息，认为得到了消息，就是得到了信息。例如，当人们收到一封电报，接到一个电话，收听了广播或看了电视以后，就说得到了“信息”。但是，信息和消息并不是一回事，不能等价。例如，如果有人告诉你一条消息，这条消息包含许多新内容，那么这条消息就很有意义，信息量就大；反之，如果这条消息包含的是你已经知道的内容，那么这条消息意义就不大，信息量就小。

综上所述，可以将信息的定义总结为以下三个方面。

1. 自然信息

信息存在于自然界，也存在于人类社会，其本质是运动和变化。可以说哪里有事物的运动和变化，哪里就会产生信息。例如，太阳东升西落、不同季节开不同的花、宇宙星辰的位置变化等。

2. 表征信息

用文字、符号、数字、语言、图片、图像等能够被人们感觉器官所感知的形式，把客观物质运动和主观思维活动的状态表达出来。例如电报、电话、数学公式等。

3. 概率信息

概率信息是采用概率论的方法对信息统计特性的一种定量描述。

可以认为，信息是事物现象及其属性标识的集合，是物质的普遍属性，是一种客观存在的物质运动形式；但信息既不是物质，也不是能量，是区别于物质和能量的第三类资源。

1.3.2 信息的主要特征

目前，哲学家和科学家普遍认为，物质、能量和信息是物质世界的三大支柱，是科学史上三个最重要的基本概念。世界是物质的，没有物质就没有世界，也就

没有信息,可以说信息与物质共存,信息是物质的一种普遍属性。信息的特征很多,归纳起来,主要特征有以下几点:

(1)依附性。物质是具体的、实在的资源;而信息是一种抽象的、无形的资源。信息必须依附于物质载体,而且只有具备一定能量的载体才能传递。信息不能脱离物质和能量而独立存在。新闻信息离开具有一定时空的事实以及语言文字等就无法呈现。

(2)可再生性。可再生性又称可扩充性,物质和能量资源只要使用就会减少;而信息在使用中却不断扩充、不断再生,永远不会耗尽。

(3)可传递性。没有传递,就无所谓有信息。信息传递的方式有很多,如口头语言、肢体语言、手抄文字、印刷文字、电信号等。

(4)可贮存性。信息可以贮存,以备他时或他人使用。贮存信息的手段多种多样,如人脑记忆、电脑的存储器、书写、印刷、缩微、录像、拍照、录音等。

(5)可压缩性。人们可以对大量的信息进行归纳、综合,即信息浓缩。如总结、报告、议案、新闻报道、经验、知识等都是在收集大量信息后提炼而成的。而缩微、光盘等则是使信息浓缩贮存的现代化技术。

(6)可共享性。信息不同于物质资源。它可以转让,与大家共享。信息越具有科学性和规范性就越具有共享性。新闻信息只有共享性强才能有普遍效果。

(7)可预测性。可预测性即可以通过现时信息推导未来信息形态。信息对实际有超前反映,可以反映事物的发展趋势。这是信息对“下判断”以及“决策”的价值所在。

(8)时效性。整个世界不断运动使信息不断变化,从而不断产生新的信息。每一次变化带来的状态具有一定的信息。对同一事物,后一状态取代前一状态,意味着新信息的产生,同时意味着前一个信息的消亡,因而信息是有时效的。

1.3.3 信息载体和信息投影

信息载体是指在信息传播中携带信息的媒介,即用于记录、传输、积累和保存信息的实体,包括以能源和介质为特征,运用声波、光波、电波传递信息的无形载体和以实物形态记录为特征,运用纸张、胶卷、胶片、磁带和磁盘传递和贮存信息的有形载体。

从事物运动状态及其变化角度,可以认为信息载体是在物质内部运动和物质相互运动过程中,信息赖以依附的物质实体,它是信息得以体现的物质基础。在信息行为中用于表达、识别、传输、加工、保存信息的物质实体,它是信息赖以依附的物质基础。若物质、能量、信息三者是自然界同一层次的存在物,那么,“载体”可以说是三者之间的一项重要联系,是一种极为重要的中介关系。物质、能量、信息三者是自然界中同一层次的存在物，它们的中介就应该是“载体”，这样更容易理解有关信息的诸多难题。

语言是人类传递信息的第一载体，是社会交际、思想交流的工具，是人类社会中最方便、最复杂、最通用和最重要的信息载体系统。随着生产的发展和社会的不断进步，出现了信息的第二载体：文字。现在世界上有500多种文字在使用。文字的发明为信息的存贮（记载）和远距离传递提供了可能，是人类的一大进步。电报、电话和无线电的发明，使大量信息以光的速度传递，加强了整个世界的联系，人类信息活动进入了新纪元。随着信息量的剧增和信息的广泛传递，人们需要容量更大的信息载体。计算机、光纤、通信卫星等新的信息运载工具成为新技术革命形势下主要的信息载体。一根头发丝粗细的光纤可以同时传输几十万路电话或上千路电视。新的信息载体必将导致新的信息革命。

至此，我们明确了信息本体和信息载体的概念，那么信息本体的信息是如何依附到信息载体中的呢？这是信息投影所要解决的问题。

物质相互作用后，一种物质（信息载体）受到另一种物质（信息本体）的某些作用力的影响，使得本身的某些属性发生改变，这个变化就携带了信息本体的某些信息，也就是说，信息载体因此附载了信息本体的某些信息，这种过程就称之为信息投影。

信息投影是一个过程，其结果就是信息载体的状态发生改变，它能够把信息变成物质；使得信息加工处理成为可能，因为加工处理的对象只能是物质，对信息的处理实际上是对信息载体的处理，相当于对信息进行间接加工。

信息投影中的相互作用，是指自然界中存在的四种作用力（万有引力、电磁力、强力、弱力）分别在不同尺度发挥作用，宏观上更常见的是这四种作用力共同发挥作用。

例如，算盘的信息载体是算盘珠，算盘珠的不同状态代表不同的信息，通过算盘珠表示，改变算盘珠是通过人手产生的机械力（上述四种力的合成），算盘作为计算工具，随时都需要人手和人脑的参与，不属于计算机的范畴。再如，麦克风的信息采集，声波通过空气传递，由空气压缩膨胀传递的机械波，声波的信息载体就是空气，空气的压缩膨胀也是宏观上的机械力，麦克风内部具有一张薄膜，其作用是为了和空气压缩膨胀产生作用，与薄膜相连的线圈也跟着一起振动，线圈在磁场中切割磁感线，能随着声音变化而产生电流的变化，从而完成信息的投影过程。

虽然信息不是物质、也不是能量，但信息靠物质去表达。投影这个词比较形象地说明了信息不是物质，不能肩扛手提，好比信息载体只能是信息本体的影子。我们需要知道相互作用结果中谁被改变？改变了什么？信息投影中的相互作用的结果是信息载体本身的部分属性发生状态改变，而不是信息本体的属性发生状态改变。

这里需要明确信息本体和信息载体的区别和联系：首先信息本体和信息载体都是物质，而信息不是；其次信息本体是信息的拥有者，信息载体则是信息的附载者；最后信息投影造就了信息载体。信息和物质形影不离，这里的形就是指物质，而影则是指信息，处理信息就是处理物质（信息载体），信息处理机器也是对物质（信息载体）的处理。

信息载体在信息处理中具有重要意义，起着中介和桥梁的作用。信息可以从蕴含自身的物质（信息本体）投影（表达、感应、感生）到其他物质（信息载体）之上，可理解为信息的代表，这样我们就可以通过对信息载体（是物质）的识别和加工来达到对信息的间接处理的目的，使信息处理变得可行。

信息的处理加工过程本质上是信息载体的物质输入到信息处理机，处理机实际上是对信息载体的物质进行加工处理，而输出实际上是信息载体的物质输出。信息载体是信息处理机器的立身之地和存在基础，必须通过对信息载体的处理达到对信息的间接处理，而不能对信息直接处理。

1.4 计算机中的信息表示

从存在的形式上讲，信息包括文字、数字、图片、图表、图像、音频、视频等内容。对计算机而言，需处理的信息分为数值信息和非数值信息，各种信息都必须经过数字化编码后才能被传送、存储和处理。所谓数字化编码是指计算机内部普遍采用二进制代码“0”和“1”表示信息，即通过输入设备输入到计算机中的任何信息，都必须转换成0，1代码表示形式，才能被计算机硬件所识别。本节主要介绍数制的基本概念，数值信息及非数值信息的表示与处理。

1.4.1 二进制表示与数制转换

数制是人们利用符号来计数的科学方法，又被称为计数制。数制有很多种，例如，数的十进制，钟表的六十进制（每分钟有60秒、每小时有60分钟），年的十二进制（一年有十二个月）等。无论哪种数制，都包含数码、基数和位权等基本要素。

1. 数制的基本要素

（1）数码。用不同的数字符号来表示一种数制的数值，这些数字符号称为“数码”。如阿拉伯数字0，1，2，3，4，5，6，7，8，9等。

（2）基数。在一个计数制中，表示每个数位上可用字符的个数称为该计数制的基数。例如十进制数，每一位可使用的数字为0，1，2，…，9共10个，则十进制的基数为10，即逢十进一；二进制中用0和1来计数，则二进制的基数为2，即逢二进一。

(3)位权。一个数码处在不同位置所代表的值不同,例如十进制中,数字5在十位数位置上表示50,在百位数位置上表示500,而在小数点后第1位位置表示0.5。可见每个数码所代表的真正数值等于该数码乘以一个与数码所在位置相关的常数,这个常数被称为位权。位权的大小是以基数为底,数码所在位置的序号为指数的整数次幂,其中位置序号的排列规则为小数点左边,从右至左分别为0,1,2,…,小数点右边从左至右分别为-1,-2,-3,…

以十进制为例,十进制的个位数位置的位权是10^0,十位数位置的位权为10^1,小数点后第1位的位权为10^{-1}。

十进制数12345.678的值等于$1\times10^4+2\times10^3+3\times10^2+4\times10^1+5\times10^0+6\times10^{-1}+7\times10^{-2}+8\times10^{-3}$。

2. 计算机中常用的数制

(1)二进制。现代电子计算机采用0和1表示的二进制进行计数,基数为2,二进制数1010可以表示为$(1010)_2$。在计算机系统中采用二进制,其主要原因是电路设计简单、运算方便、可靠性高、逻辑性强。不论是哪一种数制,其计数和运算都有共同的规律和特点。

①二进制使用0和1进行计数,相应地对应两个基本状态。例如,物理元器件一般具有两个稳定状态,如开关的接通与断开、二极管的导通与截止、逻辑电平的高与低等,都可以用0和1两个数码来表示。

②二进制数的运算法则少,运算简单,使计算机运算器的硬件结构大大简化。

③二进制的0和1可以对应逻辑中的真和假,可以很自然地进行逻辑运算。

(2)八进制和十六进制。计算机使用二进制进行各种算术运算和逻辑运算虽然有计算速度快、简单等优点,但也存在着一些不足。一般情况下,使用二进制表示需要占用更多的位数,例如十进制数9,对应的二进制数为1001,占四位。因此,为了方便读写,人们发明了八进制和十六进制。八进制的基数为8,使用数字0,1,2,…,7共8个数字来表示,运算时"逢八进一"。十六进制基数为16,使用0,1,2,…,9,A,B,C,D,E,F等16个数字和字母来表示,运算时"逢十六进一"。为了区别这几种数制表示方法,常在数字后面加一个缩写的字母或进制下标来标识,如表1-1所示。

表1-1 进制标识

类别	字母标识	书写格式	英文单词
二进制	B	$(1001)_2$或1001B	Binary
八进制	Q或O	$(1001)_8$或1001Q或1001O	Octal
十进制	D	$(1001)_{10}$或1001D	Decimal
十六进制	H	$(1001)_{16}$或1001H	Hexadecimal

3. 各种进制间的转换

（1）R 进制转换成十进制。任意 R 进制数可以按其位权方式进行展开。若 L 有 n 位整数 m 位小数，其各位数字为：$(K_{n-1}K_{n-2}\cdots K_2K_1K_0.K_{-1}\cdots K_m)$，则 L 可以表示为：

$$L=\sum_{i=-m}^{n-1}K_iR^i$$

$$=K_{n-1}R^{n-1}+K_{n-2}R^{n-2}+\cdots+K_1R^1+K_0R^0+K_{-1}R^{-1}+\cdots+K_{-m}R^{-m}$$

当一个 R 进制数按权展开后，也就得到了该数值所对应的十进制数。所以 R 进制数转换为十进制数时，我们可以采用按权展开各项相加的法则。

【例 1-1】 将二进制数 11011.01B 转换成对应的十进制数。

$11011.01B=1\times2^4+1\times2^3+0\times2^2+1\times2^1+1\times2^0+0\times2^{-1}+1\times2^{-2}=27.25D$

【例 1-2】 将八进制数 33.2Q 转换成对应的十进制数。

$33.2Q=3\times8^1+3\times8^0+2\times8^{-1}=27.25D$

【例 1-3】 将十六进制数 1B.4H 转换成对应的十进制数。

$1B.4H=1\times16^1+11\times16^0+4\times16^{-1}=27.25D$

（2）十进制转换成 R 进制。整数部分的转换法则是除以 R 取余法；小数部分的转换法则是乘以 R 取整法。

对于整数 L，我们可以表示为：

$$L=K_{n-1}R^{n-1}+K_{n-2}R^{n-2}+\cdots+K_1R^1+K_0R^0$$

其中 K_i 表示 L 除以 R 得到各位余数。

对于小数 L，我们可以表示为：

$$L=K_{-1}R^{-1}+K_{-2}R^{-2}+\cdots+K_{-m}R^{-m}$$

其中 K_{-i} 表示乘以 R 得到的各位整数。

【例 1-4】 将十进制数 35.625 转换为二进制数。

整数部分转换：35 除以 2 取各位上的余数。

除以 R	取余数	对应二进制位数
35÷2=17	1	K_0 最低位
17÷2=8	1	K_1
8÷2=4	0	K_2
4÷2=2	0	K_3
2÷2=1	0	K_4
1÷2=0	1	K_5 最高位

所以：35D=100011B

注意：在转换整数部分时，当除以R的商为0时，应停止取余操作。先得到的余数作为低位，后得到的余数作为高位。

小数部分转换：0.625乘以2取各位上的整数。

乘以R　取整数对应二进制位数

0.625×2=1.250	1	K_{-1}最高位
0.25×2=0.5	0	K_{-2}
0.5×2=1.0	1	K_{-3}最低位

所以：0.625D=0.101B

注意：在转换小数部分时，当乘以R后小数部分为0时，或满足某些精度要求时，应停止取整操作。先得到的整数作为高位，后得到的整数作为低位。另外，取走的整数部分不再参与下次乘法运算。

最后，我们将整数部分和小数部分的转换结果相加，就是我们所要转换的数值了。所以：35.625D=100011.101B

(3)二进制与八进制的转换。由于$2^3=8$，所以三位二进制数正好可以用一位八进制数表示，所以只要把每三位二进制数码转换成相应的八进制数码即可。基本法则是，整数部分以小数点为界从右往左，每三位一组进行转换，小数部分从小数点开始，自左向右，每三位一组进行转换。整数部分不足三位一组者，左边补0，小数部分不足三位一组者右边补0。

若是八进制数转换成二进制数，则只要把八进制数的每一位数码用相应的三位二进制数码表示出来，排列在一起就是这个八进制数的二进制表示。

【例1-5】　二进制数10101101.101转换成八进制数。

$$10101101.101B=\underline{010}\ \underline{101}\ \underline{101}\ .\ \underline{101}\ B=255.5Q$$

【例1-6】　将八进制数255.6转换成二进制数。

$$\underline{255}\ .\ \underline{6}\ Q=\underline{010}\ \underline{101}\ \underline{101}\ .\ \underline{110}\ B=10101101.11B$$

(4)二进制与十六进制的转换。与八进制和二进制之间的转换相类似，由于$2^4=16$，所以四位二进制数正好可以用一位十六进制数表示，所以只要把每四位二进制数码转换成相应的十六进制数码即可。基本法则是，整数部分以小数点为界从右往左，每四位一组进行转换，小数部分从小数点开始，自左向右，每四位一组进行转换，整数部分不足四位一组者，左边补0，小数部分不足四位一组者右边补0。

若是十六进制数转换成二进制数，则只要把十六进制数的每一位数码用相应的四位二进制数码表示出来，排列在一起就是这个十六进制数的二进制表示。

【例1-7】　将二进制数10101101.101转换成十六进制数。

$$10101101.101B=\underline{1010}\ \underline{1101}\ .\ \underline{1010}B=AD.AH$$

【例 1-8】 将十六进制数 A8.9 转换成二进制数。

A8.9 H=1010 1000.1001B=10101000.1001B

1.4.2 数值信息的表示与处理

数值在计算机中采用"二进制"方式存储。数值有正负、大小之分，为了解决数据的正、负问题，引入数据的原码、反码、补码表示。为了解决数据的表示范围问题，引入数据的定点表示和浮点表示。

1. 真值数与机器数

(1)真值数。在机器外用"+""-"号表示有符号数的正、负，例如-6。

(2)机器数。机器数可分为无符号数和带符号数两种，无符号数是指计算机字长的所有二进制位均表示数值。带符号数是指机器数分为符号和数值两部分，且均用二进制代码表示，在机器内用"0"表示"正号"，"1"表示"负号"的数。如：真值数+6 和-6 用 8 位带符号机器数分别表示为 00000110 和 10000110。

机器数的特点如下：

①机器字长是有限的，因此由字长决定数的表示范围。机器字长是指以多少个二进制位表示一个数。

②符号数值化，参与运算。

③小数点按约定方式标出，而不是由专门器件表示。

2. 数的定点和浮点表示

(1)定点数。所有数值数据的小数点隐含在某一个固定位置上，称为定点表示法，简称定点数，通常分为定点小数和定点整数。

①定点小数。小数点固定在符号位之后，机器中的所有数均为纯小数。任何一个小数都可以写成：$N=N_sN_{-1}N_{-2}\ldots N_{-m}$，$N_s$表示符号位，如图 1-17 所示。注意，这种表示数的方法中，小数点紧接在符号位之后，不用明确表示出来，即不占用二进制的位。对 $m+1$ 个二进制位表示的小数，其值的范围：$|N|\leqslant 1-2^{-m}$。

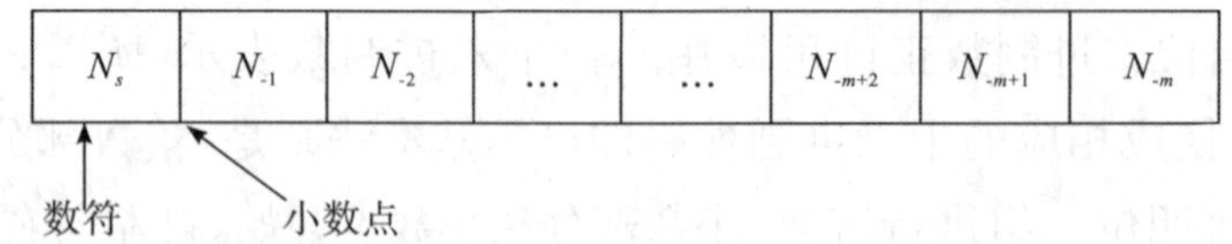

图 1-17 定点小数

【例 1-9】 ±0.625D 的机器数表示。

数的真值 ±0.625D=±0.101B

机器数									
	+0.625	0	1	0	1	0	0	0	0
	-0.625	1	1	0	1	0	0	0	0

②定点整数。小数点固定在最低位之后，机器中的所有数均为整数。整数分为带符号和不带符号两类。带符号整数，符号位仍然在最高位。可以写成：$N=N_sN_nN_{n-1}\cdots N_2N_1N_0$，$N_s$ 表示符号位，如图 1-18 所示。对 $n+1$ 个二进制位表示的整数，其值的范围为：$|N|\leqslant 2^n-1$。

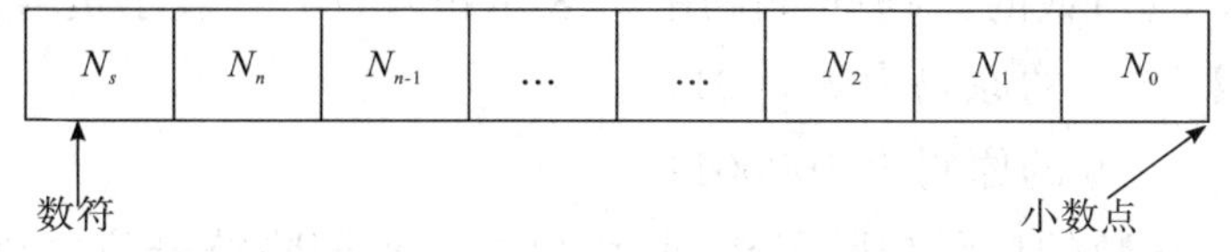

图 1-18 定点整数

对于不带符号的整数，所有的 $n+1$ 个二进制位均看成数值，此时数值表示范围为：$0\leqslant N\leqslant 2^{n+1}-1$。

由于实际参与运算的数往往既有整数部分又有小数部分，所以必须选取合适的比例因子，把原始的数缩小成纯小数或扩大成纯整数后再进行处理，所得到的运算结果还需要根据比例因子还原成实际的数值，这是很麻烦的。所以定点表示法仅适用于计算较简单且数的范围变化不太大的场合。

(2)浮点数。浮点数指小数点的位置不固定的数。与科学计数法相似，任意一个 J 进制数 N，总可以写成 $N=J^E\times M$，式中 M 称为数 N 的尾数(Mantissa)，是一个纯小数；E 为数 N 的阶码(Exponent)，是一个整数，其符号位称为阶符，J 称为比例因子 J^E 的底数。这种表示方法相当于数的小数点位置随比例因子的不同而在一定范围内可以自由浮动，所以称为浮点表示法。

底数是事先约定好的(常取 2)，在计算机中不出现。在机器中表示一个浮点数时，一是要给出尾数，用定点小数形式表示。尾数部分给出有效数字的位数，因而决定了浮点数的表示精度。二是要给出阶码，用整数形式表示，阶码指明小数点在数据中的位置，因而决定了浮点数的表示范围，浮点数也要有符号位，称为数符。如果用 16 位二进制来表示一个浮点数，则 16 位二进制位的分配方式如图 1-19 所示。

15	14 13 12	11	10 9 8 7 6 5 4 3 2 1 0
阶符	阶码	数符	尾　　数

图 1-19 浮点数

【例 1-10】 $N=-35.625=-100011.101\text{B}=-0.100011101\times 2^{110}$ 的浮点表示。

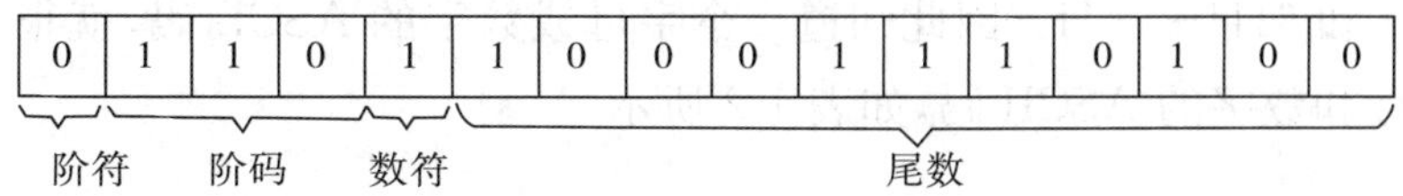

阶码是一个带符号的整数，它用来指示尾数中的小数点应当向左或向右移动的位数。尾数表示数值的有效数字，其本身的小数点约定在数符和尾数之间。

3. 原码、反码和补码

常见的机器数有原码、反码、补码等三种不同形式。

(1)原码。真值数的原码符号位用“0”表示正号，用“1”表示负号。

【例 1-11】 +6 的原码为 00000110

−6 的原码为 10000110

(2)反码。正数的反码与原码相同，负数的反码即除符号位之外其他位按位取反而成。

【例 1-12】 +6 的反码为 00000110

−6 的反码为 11111001

(3)补码。正数的补码与原码相同，负数的补码为将它的反码加 1。

【例 1-13】 +6 的补码为 00000110

−6 的补码为 11111010

1.4.3 非数值信息的表示与处理

所谓非数值信息，通常是指字符、图像、音频、视频等信息，字符又可以分为汉字字符和非汉字字符。非数值信息通常不用来表示数值的大小，他们在计算机内部都采用了某种编码标准，通过编码标准可以把其转换成 0、1 代码串进行处理，计算机将这些信息处理完毕再转换成可视的信息显示出来。

1. ASCII 码

字符是计算机中使用最多的信息形式之一，是人与计算机进行通信、交互的重要媒介。在计算机中，要为每个字符指定一个确定的编码，作为识别与使用这些字符的依据。各种字母和符号也必须使用规定的二进制码表示，计算机才能处理。在西文领域，目前普遍采用的是 ASCII 码(American Standard Code for Information Interchange，美国标准信息交换码)，ASCII 码虽然是美国国家标准，但它已被国际标准化组织(ISO)定为国际标准，并在全世界范围内通用。

标准的 ASCII 码是 7 位码，用一个字节表示，最高位是 0，可以表示 128(2^7)个字符。前 32 个码和最后一个码通常是计算机系统专用的，代表一个不可见的控制字符。数字字符 0～9 的 ASCII 码是连续的，为 30H～39H(H 表示十六进制数)；大写英文字母 A～Z 和小写英文字母 a～z 的 ASCII 码也是连续的，分别为 41H～54H 和 61H～74H。因此知道一个字母或数字的 ASCII 码，就很容易推算出其他字母和数字的 ASCII 码，如表 1-2 所示。

表 1-2 ASCII 码表

低4位 \ 高3位		0	1	2	3	4	5	6	7
		000	001	010	011	100	101	110	111
0	0000	NUL	DLE	SP	0	@	P	`	p
1	0001	SOH	DC1	!	1	A	Q	a	q
2	0010	STX	DC2	"	2	B	R	b	r
3	0011	ETX	DC3	#	3	C	S	c	s
4	0100	EOT	DC4	$	4	D	T	d	t
5	0101	ENQ	NAK	%	5	E	U	e	u
6	0110	ACK	SYN	&	6	F	V	f	v
7	0111	BEL	ETB	‘	7	G	W	g	w
8	1000	BS	CAN	(	8	H	X	h	x
9	1001	HT	EM	)	9	I	Y	i	y
A	1010	LF	SUB	*	:	J	Z	j	z
B	1011	VT	ESC	+	;	K	[	k	{
C	1100	FF	FS	,	<	L	\	l	|
D	1101	CR	GS	-	=	M	]	m	}
E	1110	SO	RS	.	>	N	↑	n	~
F	1111	ST	US	/	?	O	↓	o	DEL

2. 汉字编码

由于汉字是象形文字，具有字形结构复杂，重音字和多音字多等特点，因此汉字的输入、存储、处理及输出过程中所使用的汉字编码是不相同的，其中包括用于汉字输入的输入码，用于机内存储和处理的机内码和用于输出显示和打印的字模码（或称字形码）。

（1）汉字的输入码。汉字输入码是为了利用现有的计算机键盘，将形态各异的汉字输入计算机而编制的代码。目前在我国推出的汉字输入编码方案很多，其表示形式大多使用字母、数字或符号。编码方案大致可以分为，以汉字发音进行编码的音码，例如全拼码、简拼码、双拼码等；按汉字书写的形式进行编码的型码，例如五笔字型码。

（2）汉字的机内码。汉字的机内码是供计算机系统内部进行存储、加工处理、传输等统一使用的代码，又称为汉字内部码或汉字内码。不同的系统使用的汉字机内码有所不同。目前使用最广泛的是一种 2B（两个字节）机内码，俗称变形的国标码。其最大优点是表示简单，且与交换码之间有明显的对应关系，同时也解决了中西文机内码存在二义性的问题。

（3）汉字的字形码。汉字字形码是汉字字库中存储的汉字字形的数字化信息，用于汉字的显示和打印。目前汉字字形的产生方式大多是数字式，即以点阵方式形成汉字。因此，汉字字形码主要是指汉字字形点阵的代码。汉字字形点阵有16×16点阵、24×24点阵、32×32点阵、64×64点阵等。例如，“春”字的24×24点阵表示形式如图1-20所示。一个汉字方块中行数、列数分得越多，描绘的汉字也就越精确，但占用的存储空间也就越大。此外，还有任意缩放的矢量字形码。

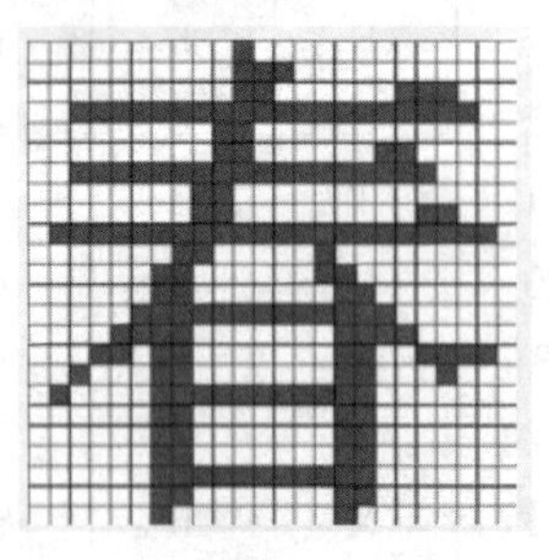

1-20 “春”字的点阵表示

图1-21 世界地图的位图图像表示

3. 图形和图像的表示

图形是由计算机绘图工具绘制的图形，图像是由数码相机或扫描仪等输入设备捕捉的实际场景记录下来的画面，通常可以将图形和图像统称为图像，在计算机中图像常采用位图图像或矢量图像两种表示方法。

(1)位图图像。计算机屏幕图像是由一个个像素点组成的，将这些像素点的信息有序地储存到计算机中，用来保存整幅图的信息，这种图像文件类型被称作点阵图像，如图1-21所示。

对于黑白图像只有黑白两种颜色，计算机只要用1位(1bit)数据即可记录1个像素的颜色，用0表示黑色，1表示白色。如果增加表示像素的二进制数的位数，就能够增加计算机可以表示的灰色度。例如，若计算机用1字节(8位)数据记录1个像素的颜色，则从00000000(纯黑)到11111111(纯白)可以表示256色灰度图像。

对于彩色图像，每个像素的颜色用红(R)、绿(G)、蓝(B)色光三原色的强度表示，如果每一个颜色的强度用一个字节来表示，则每种颜色包括256个强度级别，强度从00000000到11111111。因此，描述每个像素需要3个字节，该像素的颜色是三种颜色的复合结果。例如，11111111(R)、00000000(G)、00000000(B)复合后得到红色，11111111(R)、11111111(G)、00000000(B)复合后得到黄色，11111111(R)、11111111(G)、11111111(B)复合后得到白色。

常见的点阵图像文件类型有bmp、pcx、gif、jpg、tif、psd和cpt等，同样的图形以不同类型的文件保存时，文件大小也会有所差别。

位图图像能够制作出颜色和色调变化丰富的图像，可以逼真地表现出自然界的景观，被广泛应用在照片和绘图图像中，而且很容易在不同软件之间交换文件。

其缺点是无法制作真正的三维图像，并且图像在缩放、旋转和放大时会产生失真现象，同时文件较大，对内存和硬盘空间容量的需求也较高。

(2)矢量图像。矢量图像是用一组指令集合来描述图像的内容，这些指令用来描述构成该图像的所有直线、圆、圆弧、矩形、曲线等图元的位置、维数和形状。

矢量图像所占的存储容量较小，可以很容易地进行放大、缩小和旋转等操作，并且不会失真，适合用于表示线框型的图画、工程制图、美术字和三维建模等。但是矢量图像不易制作色调丰富或色彩变化太多的图像。

常见的矢量图图像文件类型有 ai、eps、svg、dwg、dxf、wmf 和 emf 等。

4. 音频的表示

音频用于表示声音和音乐，音频本身是模拟信号，是连续的，不适合在计算机中存储，需要对其作离散化处理。首先需要对其采样，采样就是以相等的间隔来测量信号的值；然后再量化采样值，就是给采样值分配值，例如，如果一采样值为 34.2，而值集为 0 到 63 的整数值，则将该采样值量化为值 34。最后，将量化值转换为二进制并存入计算机。常见的音频格式有 wav、midi、mp3、au、wma 等。

5. 视频和动画的表示

所谓视频，事实上是由一系列的静态图像组成的动态图像，其中每幅静态图像，称为帧。若组成动态图像的每帧图像是由人工或计算机加工而成，则称其为动画。若组成动态图像的每帧图像是通过实时摄取自然景象或活动对象而成的，则称其为视频。

视频文件是将静态图像运用点阵图的形式有序储存，但这样数据量太大。因此，现在的视频文件大多采用了视频压缩技术，根据所采用的压缩编码技术不同，视频分为多种格式，比如 mpeg、mov、wmv、rmvb、avi、asf 和 flv 等。

动画由于应用领域不同，也存在着不同的存储格式，常见的有 gif、swf、mov、fli、flc、mov 等。

1.5　计算机的发展趋势与新技术

目前我们处于计算机发展的第四时代，随着世界科技创新的不断进步，计算机领域也在不断进行着技术上的革新。计算机在面向改变人类生活，提升人类生活的发展目标的同时，也呈现着智能化、多极化、网络化、多媒体化等发展趋势。

1.5.1　计算机的发展趋势

在计算机新技术层出不穷的背景下，计算机类型也经历着一次次的改革创新，现在出现或者未出现的新型计算机有 DNA 计算机、量子计算机、光计算机、纳米计算机、生物计算机和神经计算机等。

1. DNA 计算机

DNA 计算机是一种生物形式的计算机。它是利用 DNA(脱氧核糖核酸)建立的一种完整的信息技术形式,以编码的 DNA 序列(通常意义上的计算机内存)为运算对象,通过分子生物学的运算操作解决复杂的数学难题。与传统的电子计算机相比,DNA 计算机有着很多优点,如:

(1)体积小。DNA 计算机体积很小,可同时将 1 万亿个此类计算机置于一支试管中。

(2)存贮量大。1 立方米的 DNA 溶液,可以存贮 1 万亿亿的二进制数据。1 立方厘米空间的 DNA 可储存的资料量超过 1 兆片 CD 的容量。

(3)运算快。DNA 计算机的运算速度可以达到每秒 10 亿次,十几个小时的 DNA 计算,相当于所有电脑问世以来的总运算量。

(4)耗能低。DNA 计算机的能耗非常低,仅相当于普通电脑的 10 亿分之一。如果放置在活体细胞内,能耗还会更低。

(5)并行性。普通电脑采用的都是以顺序执行指令的方式运算,由于 DNA 独特的数据结构,数以亿计的 DNA 计算机可以同时从不同角度处理一个问题,工作一次可以进行 10 亿次运算,即用并行的方式工作,大大提高了效率。

此外,DNA 计算机能够使科学观察与化学反应同步,可以节省大量的科研经费。

2. 量子计算机

量子计算机是利用原子所具有的量子特性进行信息处理的一种全新概念的计算机。量子理论认为,非相互作用下,原子在任一时刻都处于两种状态,称之为量子超态。原子会旋转,即同时沿上、下两个方向自旋,这正好与电子计算机 0 与 1 完全吻合。如果把一群原子聚在一起,它们不会像电子计算机那样进行线性运算,而是同时进行所有可能的运算,例如量子计算机处理数据时不是分步进行而是同时完成。只要 40 个原子一起计算,就相当于今天一台超级计算机的性能。量子计算机以处于量子状态的原子作为中央处理器和内存,其运算速度可能比奔腾 4 芯片快 10 亿倍,就像一枚信息火箭,在一瞬间搜寻整个互联网,可以轻易破解任何安全密码,使黑客任务轻而易举。

3. 光子计算机

1990 年初,美国贝尔实验室制成世界上第一台光子计算机。光子计算机是一种用光信号进行数字运算、逻辑操作、信息存贮和处理的新型计算机。光子计算机的基本组成部件是集成光路,要有激光器、透镜和核镜。由于光子比电子速度快,光子计算机的运行速度可高达一万亿次/每秒。它的存贮量是现代计算机的几万倍,还可以对语言、图形和手势进行识别与合成。许多国家都投入巨资进行光子计算机的研究。随着现代光学与计算机技术、微电子技术相结合，在不久的将来，光子计算机将成为人类普遍的工具。

4. 纳米计算机

纳米计算机是用纳米技术研发的新型高性能计算机。纳米管元件尺寸在几到几十纳米，质地坚固，有着极强的导电性，能代替硅芯片制造计算机。“纳米”是一个计量单位，一个纳米等于 10^{-9} 米，大约是氢原子直径的 10 倍。纳米技术是从 20 世纪 80 年代初迅速发展起来的新前沿科研领域，最终目标是人类能够按照自己的意志直接操纵单个原子，制造出具有特定功能的产品。纳米技术正从微电子机械系统起步，把传感器、电动机和各种处理器都放在一个硅芯片上而构成一个系统。应用纳米技术研制的计算机内存芯片，其体积只有数百个原子大小，相当于人的头发丝直径的千分之一。纳米计算机不仅几乎不需要耗费任何能源，而且其性能要比今天的计算机强大许多倍。

5. 生物计算机

20 世纪 80 年代以来，生物工程学家对人脑、神经元和感受器的研究倾注了很大精力，以期研制出可以模拟人脑思维、低耗、高效的第六代计算机——生物计算机。用蛋白质制造的电脑芯片，存储量可以达到普通电脑的 10 亿倍。生物电脑元件的密度比大脑神经元的密度高 100 万倍，传递信息的速度也比人脑思维的速度快 100 万倍。

6. 神经计算机

神经计算机的特点是可以实现分布式联想记忆，并能在一定程度上模拟人和动物的学习功能。它是一种有知识、会学习、能推理的计算机，具有能理解自然语言、声音、文字和图像的能力，并且具有说话的能力，使人机能够用自然语言直接对话，它可以利用已有的和不断学习到的知识，进行思维、联想、推理，并得出结论，能解决复杂问题，具有汇集、记忆、检索有关知识的能力。

1.5.2 计算机的新技术

在计算机的多方面发展趋势下，研究人员开辟了许多新兴技术适应时代的需要。就目前而言，影响比较大的新技术主要有：云计算、AI 芯片、深度学习和大数据等。

1. 云计算

云计算是一种按使用量付费的模式，这种模式提供可用的、便捷的、按需的网络访问，进入可配置的计算资源共享池（资源包括网络、服务器、存储、应用软件、服务），这些资源能够被快速提供，只需投入很少的管理工作，或与服务供应商进行很少的交互。

它好比是从古老的单台发电机模式转向了电厂集中供电的模式。它意味着计算能力也可以作为一种商品进行流通,就像煤气、水电一样,取用方便,费用低廉。最大的不同在于,它是通过互联网进行传输的。

服务形式分为基础设施即服务(Infrastructure as a Service,IaaS)、平台即服务(Platform as a Service,PaaS)和软件即服务(Software as a Service,SaaS)三个层次。

IaaS:基础设施即服务。消费者通过 Internet 可以从完善的计算机基础设施获得服务。例如,硬件服务器租用,当然租用的硬件服务器可能是虚拟机。

PaaS:平台即服务。PaaS 抽象掉了硬件和操作系统细节,可以无缝地扩展(Scaling)。开发者只需要关注自己的业务逻辑,不需要关注底层。例如,软件的个性化定制开发。

SaaS:软件即服务。SaaS 是软件的开发、管理和部署都交给第三方,不需要关心技术问题,可以拿来即用。它是一种通过 Internet 提供软件的模式,用户无需购买软件,而是通过向提供商租用基于 Web 的软件,来管理企业经营活动。

2. AI 芯片

AI 芯片也被称为 AI 加速器或计算卡,即专门用于处理人工智能应用中的大量计算任务的模块(其他非计算任务仍由 CPU 负责)。当前,AI 芯片主要分为通用芯片(GPU)、半定制芯片(FPGA)、全定制芯片(ASIC)和类脑芯片等。

GPU 是单指令、多数据处理,采用数量众多的计算单元和超长的流水线,无法单独工作,必须由 CPU 进行控制调用。当需要处理大量的类型统一的数据时,可调用 GPU 进行并行计算。

表 1-3 AI 芯片特点比较

类别	通用芯片 GPU	半定制芯片 FPGA	全定制芯片 ASIC	类脑芯片
特点	具备通用性 性能高 功耗高	可编程 功耗一般 通用性一般	可定制 性能稳定 功耗可控	功耗低 响应速度快 处于早期阶段

FPGA 适用于多指令,单数据流的分析,与 GPU 相反,它是用硬件实现软件算法,因此在实现复杂算法方面有一定的难度,缺点是价格比较高。

ASIC 是为实现特定要求而定制的专用 AI 芯片。除了不能扩展以外,在功耗、可靠性、体积方面都有优势,尤其在高性能、低功耗的移动端优势明显。

类脑芯片架构是一款模拟人脑的新型芯片编程架构,这一系统可以模拟人脑功能进行感知、行为和思考,简单来讲,就是复制人类大脑。

AI 芯片领域热闹非凡。目前,中国已经涌现地平线、寒武纪、深鉴科技、中天微等一批明星初创企业。

3. 深度学习和大数据

深度学习的概念源自人们对于人工神经网络的研究，含多隐层的多层感知器就是一种深度学习结构。深度学习是机器学习中一种基于对数据进行表征学习的方法，其好处是用非监督式或半监督式的特征学习和分层特征提取高效算法来替代手工获取特征，动机在于建立、模拟人脑进行分析学习的神经网络，它模仿人脑的机制来解释数据，例如图像，声音和文本。

大数据（Big Data），指无法在一定时间范围内用常规软件工具进行捕捉、管理和处理的数据集合，是需要新处理模式才能具有更强的决策力、洞察发现力和流程优化能力的海量、高增长率和多样化的信息资产。

大数据技术的战略意义不在于掌握庞大的数据信息，而在于对这些含有意义的数据进行专业化处理。换而言之，如果把大数据比作一种产业，那么这种产业实现盈利的关键，就在于提高对数据的“加工能力”，通过“加工”实现数据的“增值”。

从技术上看，大数据与云计算的关系就像一枚硬币的正反面一样密不可分。大数据必然无法用单台的计算机进行处理，必须采用分布式架构。它的特色在于对海量数据进行分布式数据挖掘。但它必须依托云计算的分布式处理、分布式数据库和云存储、虚拟化技术。

大数据和深度学习之间是相辅相成的，深度学习可以帮助数据科学以附加过程和工具的形式解决问题，是数据科学领域的一个非常有价值的补充。深度学习同样需要大数据的支持，需要大量的样本训练深度学习结构，例如我们都知道讯飞语音输入法识别率很高，它就是一个深度学习应用范例，离不开大量的语音输入训练数据。

从空间三维角度看计算机的发展趋势，可以总结出简单的三个字，即高、广、深。“高”是指计算机的速度越来越快，性能越来越好；“广”是指计算机的应用已经渗透到生活的方方面面；“深”是指计算机向着智能化的方向发展。从平面一维的角度看，计算机的发展又存在多个发展方向，如智能化、多极化、网络化等。无论从哪种角度和哪种发展趋势观察，我们都可以预见计算机科技改变人类生活的美好未来。

习 题 1

一、单选题

1. 下列叙述中，不属于电子计算机特点的是________。

A. 运算速度快　　B. 计算精度高

C. 高度自动化　　D. 高度智能的自主思维

2. 下列十进制数中，________与二进制数 10110 等值。

A. 21　　B. 22　　C. 23　　D. 24

3. 计算机存储器中 1KB 表示________个字节。

A. 1000　　B. 1012　　C. 1024　　D. 1048

4. 64 位微型机中的“64”是指________。

A. 机器字长　　B. 机器型号

C. 内存容量　　D. 显示器规格

5. ASCII 码是________。

A. 国际标准信息交换码　　B. 欧洲标准信息交换码

C. 中国国家标准信息交换码　　D. 美国标准信息交换码

6. 关于随机存储器(RAM)功能的叙述，________是正确的。

A. 只能读，不能写　　B. 断电后信息不消失

C. 读写速度比硬盘快　　D. 能直接与 CPU 交换信息

7. 下列各种进制的数据中最大的数是________。

A. 101100B　　B. 53O　　C. 20H　　D. 42D

8. 软件系统包括________。

A. 操作系统和应用软件

B. 系统软件和应用软件

C. 系统软件和游戏软件

D. 通用计算机软件和专用计算机软件

9. 按使用器件划分计算机发展史，当前使用的微型计算机是________。

A. 集成电路　　B. 晶体管

C. 电子管　　D. 超大规模集成电路

10. 第一台电子计算机 ENIAC 诞生于________年。

A. 1927　　B. 1936　　C. 1946　　D. 1951

11. 二进制数 100110.101 转换为十进制数是________。

A. 38.625　　B. 46.5　　C. 92.375　　D. 216.125

12. 和十进制数 225 相等的二进制数是________。

A. 11100001　　B. 11111110

C. 10000000　　D. 11111111

13. 不是电脑的输出设备的是________。

A. 显示器　　B. 绘图仪　　C. 打印机　　D. 扫描仪

14. 显示器的显示效果与________有关。

A. 显示卡　　B. 中央处理器　　C. 内存　　D. 硬盘

15. 下列软件中不是系统软件的是________。

A. DOS　　B. Windows　　C. C语言　　D. Unix

16. 配置高速缓冲存储器(Cache)是为了解决________。

A. 内存与辅助存储器之间速度不匹配的问题

B. CPU与辅助存储器之间速度不匹配的问题

C. CPU与内存储器之间速度不匹配的问题

D. 主机与外设之间速度不匹配的问题

17. 下面有关操作系统的叙述中，不正确的是________。

A. 操作系统属于系统软件

B. 操作系统只负责管理内存储器，而不管理外存储器

C. UNIX是一种操作系统

D. 计算机的处理器、内存等硬件资源也由操作系统管理

18. 下列存储器中存取速度最快的是________。

A. 内存　　B. 硬盘　　C. 光盘　　D. U盘

19. 在16×16点阵字库中，存储一个汉字的字模信息需用的字节数是________。

A. 8　　B. 16　　C. 32　　D. 64

20. 用户用计算机高级语言编写的程序，通常称为________。

A. 汇编程序　　B. 目标程序

C. 源程序　　D. 二进制代码程序

二、判断题

1. 计算机中存储器存储容量的最小单位是字。　(　　)

2. 世界上第一台计算机的电子元器件主要是晶体管。　(　　)

3. 文字、图形、图像、声音等信息，在计算机中都被转换成二进制数进行处理。　(　　)

4. 计算机必须要有主机、显示器、键盘和打印机这四部分才能进行工作。　(　　)

5. RAM中的数据并不会因关机或断电而丢失。　(　　)

6. 编译程序对源程序编译正确时，产生目标程序。　(　　)

7. 控制器的主要功能是自动产生控制命令。　(　　)

8. 信息是一种物质。　(　　)

9. 信息处理机器能够直接处理信息。　(　　)

10. 主频高的CPU一定比主频低的CPU计算速度快。　(　　)

第2章 Windows 10 操作系统

【学习目标】

- 了解操作系统的定义、分类。
- 熟悉文件、文件夹(目录)、路径的概念。
- 掌握对话框、工具栏和任务栏的操作。
- 掌握快捷方式的概念和相关操作。
- 掌握文件与文件夹的使用及管理。
- 掌握时间与日期的设置、程序的添加和删除、显示属性的设置。
- 熟悉记事本、写字板、计算器、画图等基本工具的使用。

2.1 操作系统概述

计算机系统由硬件系统和软件系统两大部分组成。硬件系统是借助电、磁、光、机械等原理构成的各种物理部件的有机组合,是系统赖以工作的实体。软件系统是各种程序和文档,用于指挥计算机系统按要求进行工作。

计算机软件系统分为系统软件和应用软件两大类。系统软件包括各类操作系统,如 Windows、Linux、UNIX 等,还包括操作系统的补丁程序及硬件驱动程序;而应用软件种类繁多,如工具软件、游戏软件、管理软件等。

操作系统(Operating System,简称 OS)是最重要的系统软件,负责管理和控制计算机硬件与软件资源的计算机程序,是直接运行在计算机硬件系统上的最基本的系统软件,任何其他软件都必须在操作系统的支持下才能运行。操作系统是用户和计算机的接口,同时也是计算机硬件和其他软件的接口,其基本功能是处理机管理、存储管理、信息管理和设备管理。

2.1.1 操作系统的发展及作用

早期的操作系统为人工操作系统,它由程序员采用人工的操作方式直接使用计算机硬件系统对数据进行处理。在这种方式下用户独占全部资源,通过将穿孔的纸带装入纸带输入机输入数据,大量的时间用在装卸纸带上,资源闲置严重、效率低下、人机矛盾突出。

随着科学技术的进步，脱机输入输出技术的出现缓解了人机矛盾。所谓脱机输入输出是指事先将用户程序及数据通过纸带装入纸带输入机，然后将程序和数据输入到磁带或磁盘上，这个过程不需要 CPU 的参与，因此减少了 CPU 的空闲时间，避免了人工装带卸带输入数据所造成 CPU 空闲时间的浪费，提高了计算机的效率。

脱机技术的出现虽然提高了计算机的工作效率，但程序的运行仍需人工控制，为解决这一问题，人们在系统中配上监督程序，在它的控制下使这批程序能一个接一个的连续被处理，直至磁带上的所有程序全部完成为止。程序处理的不间断性提高了系统资源的利用率和系统的吞吐量，此时的操作系统即为单道批处理系统。它在真正意义上实现了操作系统，其主要特性有：单道性（内存中只有一个作业）、顺序性（一个接一个顺序执行）、自动性（不需要人工操作，自动地执行）。

为进一步充分利用系统资源，避免 CPU 闲置，人们在内存中输入多道程序，从而提高 CPU、内存、I/O 的利用率，并提高系统的吞吐量，此即为多道批处理系统。为避免多道程序运行中产生的资源冲突问题，需要做好处理机管理、存储管理、信息管理和设备管理等各方面的协调工作。

多道批处理系统出现后，为满足用户的需求产生了分时操作系统和实时操作系统。分时操作系统使一台计算机可以同时被多个用户使用。实时操作系统实现了人机交互的即时性。这两组系统的出现满足了不同领域的不同需求。

综上所述，操作系统的发展可分为四个阶段。第一阶段是硬件的发展，即脱机技术在人机数据交换之间增加了磁盘、磁带等中介；第二阶段在系统中增加了一道监督程序，即开始向软件发展；第三阶段增加了一组软件从而实现了操作系统应该具有的基本功能；第四阶段是操作系统功能的完善。

2.1.2　操作系统的分类

1. 批处理操作系统（Batch Processing Operating System，简称 BPOS）

其工作方式是：用户将作业交给系统操作员，系统操作员将许多用户的作业组成一批作业，输入到计算机中，在系统中形成一个自动转接的连续作业流；然后启动操作系统，系统自动、依次执行每个作业；最后由操作员将作业结果交给用户。批处理操作系统的特点是多道和成批处理。

2. 分时操作系统（Time Sharing Operating System，简称 TSOS）

其工作方式是：一台主机连接了若干个终端，每个终端有一个用户在使用。用户交互式地向系统提出命令请求，系统接受每个用户的命令，采用时间片轮转方式处理服务请求，并通过交互方式在终端上向用户显示结果。用户根据上步结果发出下道命令。分时操作系统将 CPU 的时间划分成若干个片段，称为时间片。

操作系统以时间片为单位，轮流为每个终端用户服务。每个用户轮流使用一个时间片而使每个用户并不感到有别的用户存在。分时系统具有多路性、交互性、独占性和及时性的特点。

常见的通用操作系统是分时系统与批处理系统的结合。其原则是：分时优先，批处理在后。“前台”响应需频繁交互的作业；“后台”处理时间性要求不强的作业。

3. 实时操作系统(Real Time Operating System，简称 RTOS)

实时操作系统是指使计算机能及时响应外部事件的请求在规定的时间内完成对该事件的处理，并控制所有实时设备和实时任务协调一致工作的操作系统。实时操作系统追求的目标是：对外部请求在严格时间范围内作出反应，具有高可靠性和完整性。

4. 网络操作系统(Network Operating System，简称 NOS)

网络操作系统通常运行在服务器上，是在各种计算机操作系统上按网络体系结构协议标准开发的软件，包括网络管理、通信、安全、资源共享和各种网络应用。其目标是相互通信及资源共享。其主要特点是与网络的硬件相结合来完成网络的通信任务。流行的网络操作系统有 Linux，UNIX，BSD，Windows Server，Mac OS X Server，Novell NetWare 等。

5. 分布式操作系统(Distributed Operating Systems)

分布式操作系统是为分布计算系统配置的操作系统。大量的计算机通过网络被联结在一起，可以获得极高的运算能力及广泛的数据共享，这种系统被称作分布式系统。它在资源管理、通信控制和操作系统的结构等方面都与其他操作系统有较大的区别。分布式操作系统是网络操作系统的更高形式，它保持了网络操作系统的全部功能，而且还具有透明性、可靠性和高性能等特点。网络操作系统和分布式操作系统虽然都用于管理分布在不同地理位置的计算机，但最大的差别是：网络操作系统知道确切的网址，而分布式系统则不知道计算机的确切地址；分布式操作系统负责整个的资源分配，能很好地隐藏系统内部的实现细节，如对象的物理位置等，而这些对用户都是透明的。

2.1.3 常用操作系统

1. UNIX

UNIX 是一个强大的多用户、多任务操作系统，支持多种处理器架构，具有较好的可移植性，可运行在许多不同类型的计算机上。其缺点是缺乏统一的标准，应用程序不够丰富，并且不易学习，这些都限制了 UNIX 的应用。

2. Linux

Linux是1991年推出的一款多用户、多任务的操作系统。它的最大特点是其内核源代码可以自由传播。

经历数年发展，自由开源的Linux系统逐渐蚕食以往专利软件的专业领域。Linux有各类发行版，通常为GNU/Linux，如Debian（及其衍生系统Ubuntu、Linux Mint）、Fedora、openSUSE等。Linux发行版作为个人计算机操作系统或服务器操作系统，在服务器上已成为主流的操作系统。

3. Mac OS X

Mac OS是一套运行于苹果Macintosh系列电脑上的操作系统。Mac OS是首个在商用领域成功的图形用户界面。Mac OS具有较强的图形处理能力，被广泛用于桌面出版和多媒体应用等领域，但它与Windows缺乏较好的兼容性，这影响了它的普及。

4. Windows

Windows是由微软公司成功开发的操作系统。其生动形象的图形用户界面、十分简便的操作方法，吸引了成千上万的用户，目前成为装机普及率最高的一款操作系统。

5. iOS

iOS是苹果公司开发的手持设备操作系统。与苹果的Mac OS X操作系统一样，属于类Unix的商业操作系统。目前被广泛应用于iPhone、iPod touch、iPad以及Apple TV等产品上，最新版本为iOS12。

6. Android

Android是一种以Linux为基础的开放源代码的操作系统，主要用于便携设备。Android操作系统最初由Andy Rubin开发，最初主要支持手机。2005年由Google收购注资，并组建开放手机联盟开发改良，逐渐扩展到平板电脑及其他领域，如电视、数码相机、游戏机等。

7. Windows Phone

Windows Phone是微软于2010年发布的一款手机操作系统，它将微软旗下的Xbox Live游戏、Xbox Music音乐与独特的视频体验集成至手机中。其后续系统是Windows 10 Mobile。

8. Chrome OS

Chrome OS是谷歌于2009年开发的一款基于Linux的操作系统，发展出与互联网紧密结合的云操作系统，工作时运行Web应用程序。Chrome OS支持Intel x86和ARM处理器，软件结构极其简单，可以理解为在Linux的内核上运行一个使用新的窗口系统的Chrome浏览器。对于开发人员来说，Web就是平台,所有现有的 Web 应用可以完美的在 Chrome OS 中运行,开发者也可以用不同的开发语言为其开发新的 Web 应用。

2.1.4 Windows 操作系统的发展历程

Microsoft Windows,是美国微软公司研发的一套图形界面操作系统,它问世于 1985 年,起初仅仅是 Microsoft-DOS 模拟环境,后续的系统版本由于微软不断地更新升级,不但易用,也逐渐成为用户最喜爱的操作系统之一。

Windows 采用了图形化模式 GUI,比 DOS 需要键入指令使用的方式更为人性化。随着电脑硬件和软件的不断升级,微软的 Windows 版本也在不断升级,从架构的 16 位、32 位再到 64 位,系统版本从最初的 Windows 1.0 发展到大家熟知的 Windows 95、Windows 98、Windows ME、Windows 2000、Windows 2003、Windows XP、Windows Vista、Windows 7、Windows 8、Windows 8.1、Windows 10 和 Windows Server 服务器企业级操作系统,并在持续更新和完善。

2.2 Windows 10 基本介绍

2.2.1 新特性与运行环境

Windows 10 于 2015 年 7 月正式发布,具有如下新特性:

1. 全设备平台统一化

从 4 英寸屏幕的“迷你”手机到 80 英寸的巨屏电脑,都将统一采用 Windows 10 这个名称。这些设备将会拥有类似的功能,微软正在从小功能到云端整体构建这一统一平台,跨平台共享的通用技术也在开发中。

2. 高效的多桌面、多任务、多窗口

分屏多窗口功能增强,用户可以在屏幕中同时摆放四个窗口,Windows 10 还会在单独窗口内显示正在运行的其他应用程序,并可智能给出分屏建议。用户可以根据不同的目的和需要来创建多个虚拟桌面,切换也十分方便。点击加号即可添加一个新的虚拟桌面。

3. 全新命令提示符功能

在 Windows 10 中,命令提示符功能全面进化,不仅支持直接拖曳选择,而且可以直接操作剪贴板,支持更多功能快捷键。

4. 开始屏幕与开始菜单

同时结合触控与键鼠两种操控模式。传统桌面开始菜单照顾了 Win7 等老用户的使用习惯,Windows 10 还同时照顾到了 Win8 用户的使用习惯,依然提供主打触摸操作的开始屏幕，方便两代系统用户切换到 Windows 10 后的操作适应。

5. Microsoft Edge 浏览器取代 IE

Windows 10 放弃了饱受诟病的 IE，推出了 Microsoft Edge 浏览器作为替代。除了创建修改并分享页面、集成 Cortana 之外，还增加了对 Firefox 浏览器以及 Chrome 浏览器插件的支持。

6. 人工智能助理 Cortana

Cortana（中文名：微软小娜）是微软发布的全球第一款个人智能助理。它具有了解用户的喜好和习惯、帮助用户进行日程安排、问题回答等功能。Cortana 是微软在机器学习和人工智能领域方面的尝试，以实现用户与小娜的智能交互。它会记录用户的行为和使用习惯，利用云计算、搜索引擎和非结构化数据分析，读取和学习文本文件、电子邮件、图片、视频等数据，来理解用户的语义和语境，从而实现人机交互。

作为一款优秀的操作系统，Windows10 所需的计算机硬件配置要求并不高。只要计算机能够流畅运行 Win7、Win8，即可运行 Windows 10。

Win10 标准配置：CPU 要求 1 GHz 以上、2 G 以上内存、同时显卡必须支持 Directx9，显卡器分辨率为 800 * 600 以上，硬盘空间至少 16 G 以上。

2.2.2　桌面的组成

Windows 10 的桌面组成如图 2-1 所示。

图 2-1　Windows 10 桌面组成

1. 开始菜单

最左侧是开始菜单，它融合了 Win7 开始菜单以及 Win8 开始屏幕的特点，添加了导航栏和个性化的动态磁贴，其高度、宽度均可调节。

2. 文件浏览器

文件浏览器，即“我的电脑”，可以从这里进入计算机的所有文件夹。

3. 最近常用列表

最近常用列表显示用户近期经常使用的应用程序。

4. 个性化磁贴

用户可以直接将常用程序、文档及文件夹拖到此处并重命名，方便快速访问。

5. 动态磁贴

与 Windows Phone 和 Windows 8 类似，图标会显示实时的动态信息流，如天气、新闻、社交网络通知、邮件等。

6. 搜索栏和语音助手 Cortana

在此处输入文件名、应用程序名或其他内容，能够迅速获得本地和网络搜索结果。除了文本搜索以外，点击右侧的话筒图标还可进行语音搜索。

7. 任务视图按钮

这是 Windows 10 加入的新图标，紧贴在搜索框右边。点击它能看到所有的活动窗口，即使某些窗口被最小化也能看见。用户可以在这些窗口中选择出想要的运行程序。

8. Edge 浏览器

它是 IE 的继任者，添加很多的新特性，并支持 Chrome 及 Firefox 的插件。

9. 桌面壁纸

桌面壁纸被称为“透着光的窗户”，用户可以设置丰富的个性化桌面。

10. 任务托盘

Windows 10 新增了“活动中心”功能，用户可以查看通知和进行简单的控制操作。

11. 回收站

回收站是操作系统中的一个系统文件夹，用以存放用户临时删除的文档资料。另外，存放在回收站的文件可以被恢复。

2.2.3 文件和文件夹

文件(File)是有名称的一组相关信息的集合。在计算机系统中，所有的程序和数据都是以文件的形式存放在计算机的外存储器上。例如，C 源程序、Word 文档、各种可执行程序等都是文件。

在操作系统中，负责管理和存取文件信息的部分称为文件系统或资源管理系统。在文件系统的管理下，用户可以按照文件名访问文件，而不必考虑各种外存储器的差异，不必了解文件在外存储器上的具体物理位置以及是如何存放的。文件系统为用户提供了一个简单、统一的访问文件的方法，因此也被称为用户与外存储器的接口。

1. 文件

(1)文件名。

在计算机中，任何一个文件都有文件名。文件名是存取文件的依据，即按名存取。一般来说，文件名包括文件主名和扩展名两部分，如图 2-2 所示。

××××××××.×××

主名　扩展名

图 2-2　文件名

Windows 文件名的命名规则如下：

①不能出现以下字符：\ / ? * :“<> |。

②不区分英文字母的大小写。

③在查找和显示时可以使用通配符?和*。其中?代表任意一个字符，*代表任意一个字符串。

④长度不超过 255。

(2)文件类型。

通常，文件的扩展名表示文件的类型。不同类型文件的处理是不同的。例如，JPG 是图像文件、MP3 是音频文件、EXE 是可执行文件，RAR 是压缩文件、MOV 是视频文件。

(3)文件属性。

文件除了文件名以外，还有文件大小、占用空间、所有者信息等，这些信息统称为文件属性。重要的属性有以下两种：

①只读属性。该属性对文件起到保护的作用，此类文件只能被读取，不能被修改或删除。

②隐藏属性。具有隐藏属性的文件在一般情况下是不显示的。

2. 文件夹

文件夹(Folder)俗称目录(Directory)，用于分类存放大量的文件。

(1)树状结构。

磁盘上的文件成千上万，为了进行有效的管理，用户通常在磁盘上创建文件夹(目录)，在文件夹下再创建子文件夹(子目录)，即将磁盘上所有文件组织成树状结构，然后将文件分门别类地存放在不同的文件夹中，如图 2-3 所示。这种结构像一棵倒置的树，树根为根文件夹（根目录），树中每一个分支为子文件夹（子目录），树叶为文件。

在树状结构中，用户可以将同一个项目相关的文件存放在同一文件夹中，也可以按文件类型或用途将文件分类存放；同名文件可以存放在不同文件夹中；也可以将访问权限相同的文件放在同一文件夹中，集中管理。

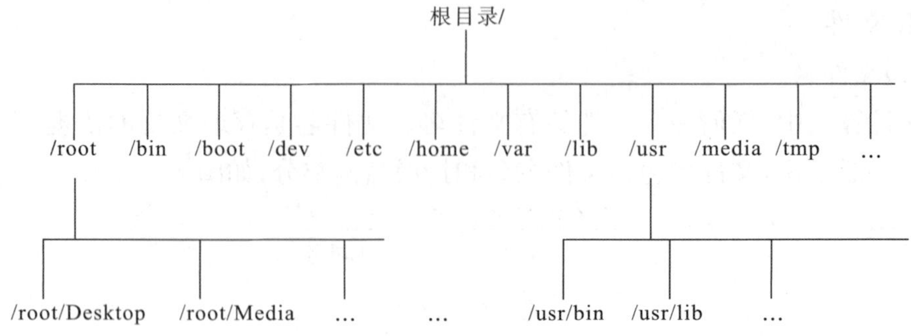

图 2-3 树状目录结构

（2）文件路径。

当一个磁盘的目录结构被建立后，所有的文件可以分门别类地存放在所属的文件夹中。接下来的问题是如何访问这些文件，如果要访问的文件不在同一个目录中，就必须加上文件路径，以便文件系统可以查找到所需文件。文件路径分为两种：

①绝对路径。绝对路经指从根目录开始，依序到某个文件的名称。

②相对路径。相对路径指从当前目录开始到某个文件的名称。

假设有如图 2-3 所示的 Windows 系统目录结构。Media 和 lib 文件的绝对路径为 C:\root\Media 和 C:\usr\lib。如果当前目录为 root，则 lib 文件的相对路径为..\usr\lib（使用“..”表示上一级目录）。

（3）系统文件夹。

图 2-4 所示为资源管理器的树状结构，用户可以在该窗口中访问任何文件。计算机所有的磁盘都以文件夹的形式组织。

Windows 10 安装完毕后，会在所安装的驱动器（一般为 C 盘）上创建四个系统文件夹。

①Windows 文件夹。Windows 文件夹主要存放 Windows 10 的核心内容，被称为主目录。

②用户文件夹。用户文件夹主要存放各用户的文档和个性化设置的一些参数。

③Program Files 文件夹。Program Files 文件夹主要存放安装的应用程序文件。

④Intel 文件夹。Intel 文件夹主要存放有关 IIS 的文档。

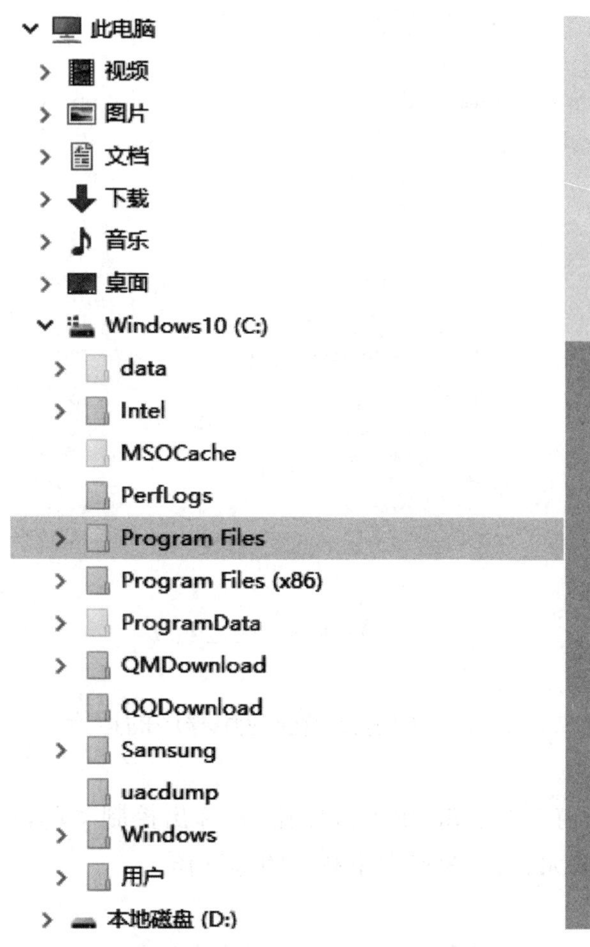

图 2-4　Windows 资源管理器的树状结构

2.2.4　窗口的组成

Windows 10 窗口组成如图 2-5 所示。

1. 标题栏

标题栏用于显示窗口的名称，即程序名或文档名。

双击标题栏，可将窗口最大化或还原。当窗口不在最大化状态下时，将鼠标指向标题栏然后拖动，可将窗口拖动到指定位置。

2. 最小化按钮

单击该按钮可以将窗口变为最小状态，即当前程序转入后台工作，窗口变为非活动窗口。

3. 最大化/还原按钮

它们用于窗口最大化或还原状态切换控制。

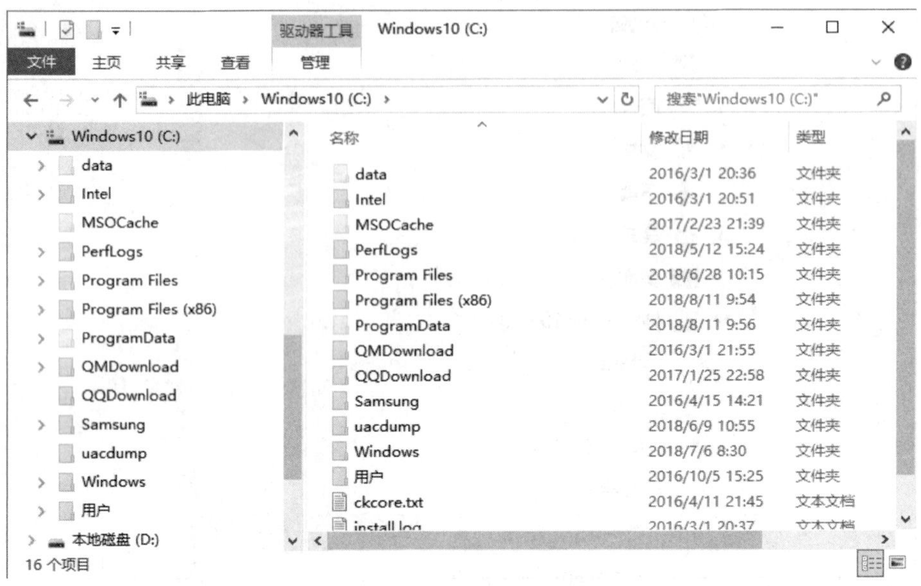

图 2-5　Windows 10 窗口组成

4. 关闭按钮

单击此按钮可以关闭窗口，即退出当前应用程序的运行。

5. 控制菜单

控制菜单位于窗口左上角，单击该按钮，将弹出控制菜单，通过菜单项，可以对窗口进行移动、放大、改变窗口大小和关闭等操作。

6. 菜单栏

菜单栏列出应用程序的各种功能，每一项称为菜单项。

7. 工具栏

工具栏通常位于菜单栏下，其中的每个小图标对应下拉菜单中的一个常用命令。使用工具栏可以提高工作效率。

8. 窗口工作区

窗口工作区是位于工具栏下面的区域，用于显示和处理各工作对象的信息。

9. 窗口边角(框)

窗口边角(框)是指窗口最外围的四条边线，通过拖动窗口的边角(框)可以控制窗口的大小。

10. 滚动条

滚动条包括水平和垂直滚动条。当窗口工作区容纳不下窗口要显示的信息时，会出现窗口滚动条。

2.2.5　快捷方式的创建、使用及删除

在桌面上，凡是图标的左下角带有一个弧形箭头的都是快捷方式，如图 2-6

所示。为了快速地启动某个应用程序或文件，通常在便捷的地方（例如桌面或开始菜单）创建快捷方式。

2-6　快捷方式

快捷方式是连接对象的图标，它不是这个对象本身，而是指向该对象的指针。用户不仅可以为应用程序创建快捷方式，而且可以为 Windows 中的任何一个对象创建快捷方式。例如，可以为程序文件、文档、文件夹、控制面板、打印机等创建快捷方式。

创建快捷方式有如下两种方法：

(1)按住“Ctrl＋Shift”组合键进行拖曳。例如，在桌面上为 Microsoft Word 建立快捷方式，只需按住“Ctrl＋Shift”组合键不松手，将 Winword. exe 拖到桌面上，桌面上就会再现如图 2-6 所示的快捷方式。

(2)选中要创建快捷方式的文件单击右键，在弹出的菜单中选择“发送到”—“桌面快捷方式”，即可在桌面上为该文件创建快捷方式。

2.3　Windows 10 资源管理器

文件资源管理器是 Windows 系统提供的资源管理工具，用于查看计算机中的所有资源，它提供树形文件系统结构，使用户能够更清楚、直观地认识计算机中的文件和文件夹。另外，在“文件资源管理器”中还可以对文件进行各种操作，如，打开、复制、移动等。

2.3.1　文件资源管理器组成

文件资源管理器窗口如图 2-7 所示。包括标题栏、菜单栏、工具栏、左窗口、右窗口和状态栏等几部分。“文件资源管理器”窗口与一般窗口大同小异，包括文件夹窗口和文件夹内容窗口。左边的文件夹窗口以树形目录的形式显示文件夹，右边的文件夹内容窗口是左边窗口中所打开的文件夹中的内容。

图 2-7　文件资源管理器

2.3.2　文件夹与文件的使用及管理

管理文件和文件夹是 Windows 的主要功能。由于采用树状结构组织计算机中的本地资源和网络资源，因此操作起来十分方便。

使用 Windows 的一个显著特点是：先选定操作对象，再选择操作命令。选定对象是最基本的，绝大多数的操作都从选定对象开始。

1. 选定文件或文件夹

(1)选定单个文件夹或文件，只需单击窗口中的文件或文件夹图标即可。

(2)选定多个文件夹或文件、全部选定和取消选定可执行下面的操作。

①连续选择：先单击第一个文件(夹)，再按住 Shift 键不松手，同时单击最后一个文件(夹)，或者拖动鼠标进行框选。

②间隔选择：按住 Ctrl 键不松手，逐一单击选中。

③选定全部：选中“编辑”菜单，选择“全部选定”命令，或按“Ctrl＋A”快捷键。

④取消选定：在空白区单击即可取消所有选定；若取消某个单独的文件(夹)，可按住 Ctrl 键不松手，再单击要取消的文件(夹)。

2. 移动与复制文件(夹)

(1)用剪贴板移动与复制。

①移动：移动文件(夹)执行选定—“剪切”—定位—“粘贴”步骤。

②复制：复制文件(夹)执行选定—“复制”—定位—“粘贴”步骤。

(2)用鼠标移动与复制。

①移动:按住 Shift 键将文件(夹)拖动到目标文件夹,如果在同一驱动器中进行操作,则不用按住 Shift 键。

②复制:按住 Ctrl 键将文件(夹)拖动到目标文件夹,如在不同驱动器间进行操作,则不用按 Ctrl 键。

3. 删除文件或文件夹

对于文件或文件夹的操作可以选定后单击右键,或者使用快捷键完成。同样,对于文件的删除也可以使用多种方法。选定要删除的文件,单击键盘上的 Del 键进行删除,或在弹出的菜单中选择“删除”命令,或直接将文件拖入回收站。

说明:众所周知,对于误删除到回收站里的文件是可以恢复的,但是以下三类文件被删除后是不能恢复的。

①可移动磁盘上的文件。

②网络上的文件。

③在 MS-DOS 方式中被删除的文件。

2.4　Windows 10 系统环境设置

2.4.1　控制面板的使用

控制面板是用来进行系统设置和设备管理的一个工具集。在控制面板中,用户可以根据自己的喜好对键盘、鼠标、桌面等进行设置和管理,还可以进行添加或删除程序等操作。

启动控制面板的方式很多,最简单的就是选择“开始”菜单—“设置”命令,如图 2-8 所示。

图 2-8　控制面板

2.4.2 个性化设置

1. 桌面设置

在图 2-8 所示窗口中选择“个性化”，弹出如图 2-9 所示对话框，即可进行桌面等个性化设置。

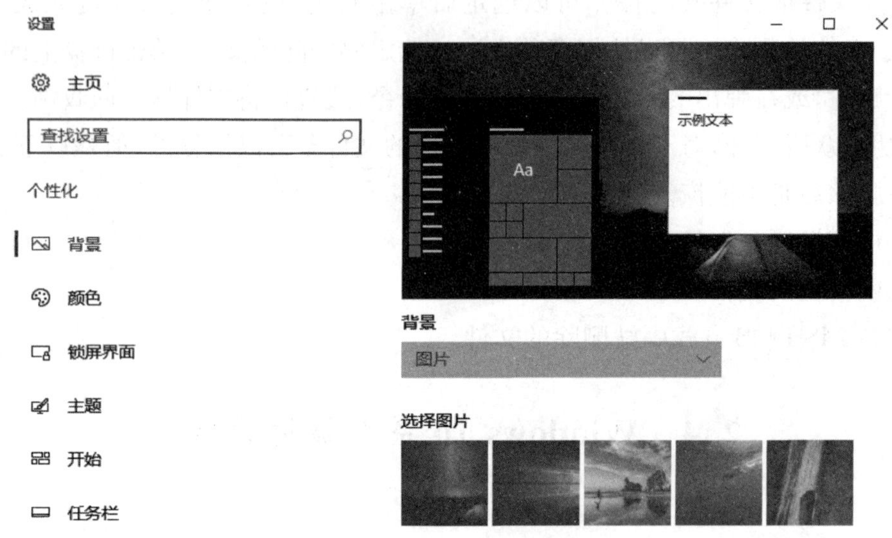

图 2-9 桌面设置对话框

在上图所示对话框中，还有“主题”“开始”等多个标签卡，可以用来设置屏保程序、显示分辨率、开始菜单等。

2. 用户管理

Windows 10 是一个多任务多用户的操作系统，它允许多个用户共同使用同一台计算机。这就需要进行用户管理，包括创建新用户以及为用户分配权限等。在 Windows 10 中，每一个用户都有自己的工作环境，如桌面、屏幕保护程序等。

Windows 10 用户帐户有两种类型：计算机管理员（Administrator）和受限用户（User），它们的权限如表 2-1 所示。

表 2-1 用户权限

任务	计算机管理员	受限用户
安装程序和软件	√	
进行系统范围的更改	√	
访问和读取所有非私人的文件	√	
创建与删除用户帐户	√	
更改其他人的用户帐户	√	

续表

任务	计算机管理员	受限用户
更改自己的帐户名与类型	√	
更改自己的图片	√	√
创建、更改或删除自己的密码	√	√

在图 2-8 所示窗口中选择“帐户”，弹出如图 2-10 所示对话框，即可对用户帐户进行管理。

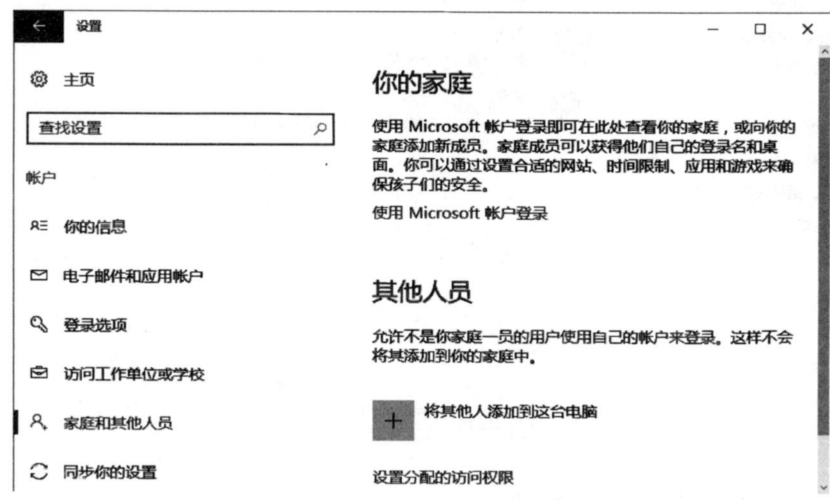

图 2-10　用户帐户对话框

3. 设置语言选项

在图 2-8 所示窗口中选择“时间和语言”选项，弹出如图 2-11 所示对话框，即可对输入法、日期和时间等进行设置。

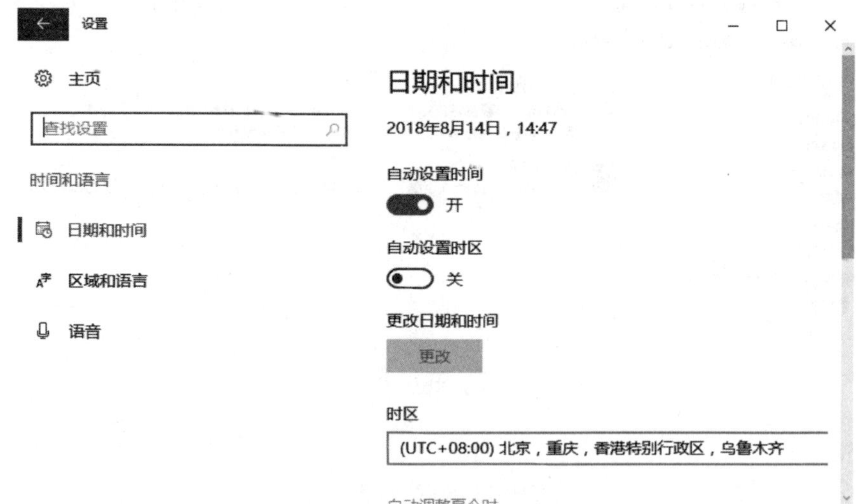

图 2-11　时间和语言对话框

在如图 2-11 所示对话框中,可以进行时区及时间的修改。选择对话框左侧“区域和语言”选项,单击“其他日期、时间和区域设置”,进入如图 2-12 所示对话框,在该对话框中进行输入法的修改与删除等操作。

图 2-12 时钟、语言和区域对话框

2.4.3 程序的添加和删除

在控制面板中,双击“程序”图标,可打开如图 2-13 所示窗口,在该对话框中,可以完成更改或删除程序等操作。

图 2-13 程序对话框

使用该对话框应注意：

(1)删除应用程序最好不要直接从文件夹中删除，因为一方面不可能删除干净，有些 DLL 文件安装在 Windows 目录中，另一方面很可能会误删除其他程序也需要的 DLL 文件导致其他依赖这些 DLL 文件的程序无法正常运行。

(2)安装应用程序通常有下列途径：

① 目前，很多应用软件的安装文件，特别是绿色软件的安装包在互联网中均提供下载，用户只需下载其压缩包进行解压即可绿化。

② 直接运行安装光盘上的安装程序(通常是 Setup. exe 或 Install. exe)。

2.5　Windows 10 常用工具

Windows 10 自带很多功能强大的各类工具，例如磁盘清理工具、放大镜工具、画笔工具等。它们能够在用户使用计算机的过程中给予用户极大的便捷。

2.5.1　磁盘管理

磁盘是微型计算机必备的最重要的外部存储器，为了确保信息安全，掌握有关磁盘基本知识和管理磁盘的正确方法是非常必要的。

一块新硬盘，假定出厂时未经任何处理，在安装后，还需经过磁盘分区、格式化主分区和逻辑驱动器，才能正常使用。其中磁盘分区可以将磁盘分为主分区和逻辑驱动器。

1. 磁盘分区

硬盘(包括可移动硬盘)的容量很大，为了方便管理，或在同一计算机中安装多个操作系统，人们通常将一块硬盘划分为几个分区。

在 Windows 10 操作系统中，可以创建多个主分区，只有在创建了主分区后才能创建后面的逻辑驱动器。主分区不能再细分，所有的逻辑驱动器组成一个扩展分区，如图 2-14 所示。删除分区时，主分区可以直接删除，扩展分区需要先删除逻辑驱动器后再删除。

主分区	NTFS
主分区	exFAT
主分区	…
逻辑驱动器	NTFS
逻辑驱动器	exFAT
逻辑驱动器	…

图 2-14　磁盘分区

2. 文件系统

Windows 10 支持的常用文件系统有三种：FAT32、NTFS 和 exFAT。

(1) FAT32。FAT32 可以支持容量达 8TB 的卷，单个文件大小不能超过 4GB。

(2)NTFS。NTFS 是 Windows 10 的标准文件系统，单个文件大小可以超过 4GB。NTFS 兼顾了磁盘空间的使用与访问效率，提供了高性能、安全性、可靠性等高级功能。例如，NTFS 提供了诸如文件和文件夹权限、加密、磁盘配额和压缩等高级功能。

(3)exFAT。exFAT 意为扩展 FAT，是为了解决 FAT32 不支持 4GB 以上文件而推出的文件系统。对于闪存，NTFS 不适用，而 exFAT 更为合适。这是因为 NTFS 采用“日志式”文件系统，需要不断读写，会损伤闪盘芯片。

3. 磁盘管理

在 Windows 10 操作系统中，除了在安装时可以进行简单的磁盘管理以外，磁盘管理一般是通过“开始”菜单—“管理工具”—“计算机管理”—“磁盘管理”进行。依次选择上述菜单即可得到如图 2-15 所示对话框。从图 2-15 中可以看出，计算机只有一个磁盘 0，它被分为三个主分区和由两个逻辑驱动器组成的扩展分区。

对新硬盘进行磁盘分区和创建逻辑驱动器或对已有分区进行修改的方法是：在代表磁盘空间的区域上单击鼠标右键，在弹出的快捷菜单中选择相关命令。

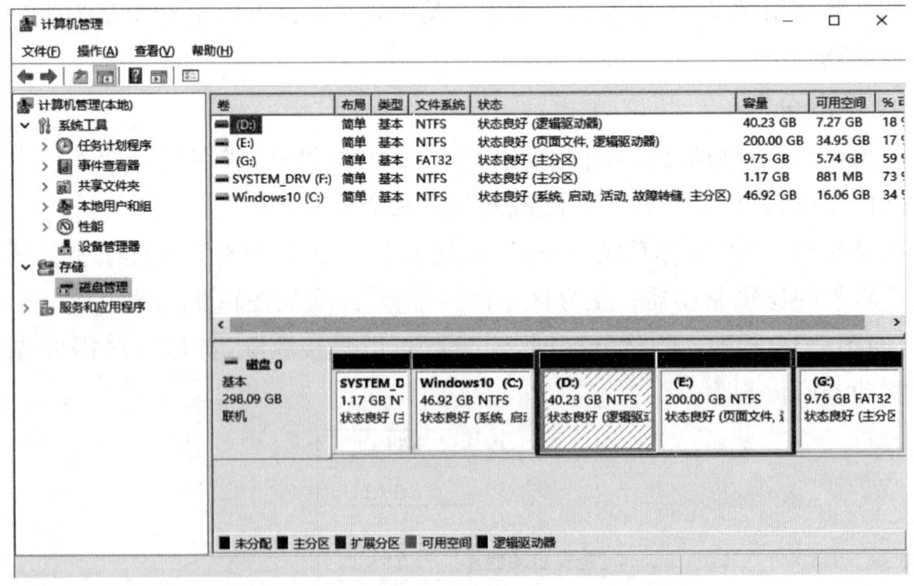

图 2-15 磁盘管理

4. 磁盘格式化

磁盘分区并创建逻辑驱动器后还不能使用，还需要进行格式化的操作。格式化磁盘的目的是：

①将磁道划分为若干个扇区，每个扇区 512 字节。

②安装文件系统，建立根目录。

旧磁盘也可以进行格式化。如果对旧磁盘进行格式化操作，将删除磁盘上原有的信息。因此对磁盘（尤其 C 盘）进行格式化要特别慎重。

磁盘可以被格式化的条件是：磁盘不能处于写保护状态，磁盘上不能有打开的文件。

选中需要格式化的磁盘，单击右键，在弹出的菜单中选择“格式化”命令，即可打开格式化磁盘对话框，如图 2-16 所示。

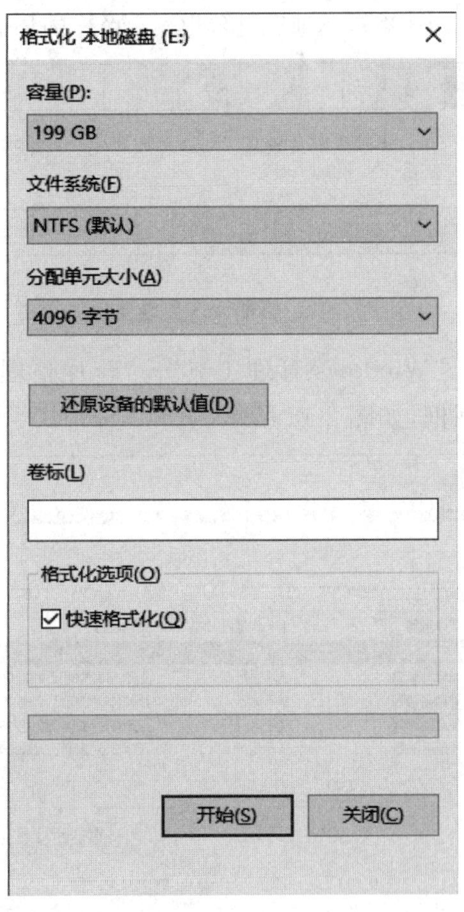

图 2-16　格式化磁盘

①容量：只有格式化软件时才能选择磁盘的容量。

②文件系统：Windows 10 操作系统支持 FAT32、NTFS 和 exFAT 文件系统。

③分配单元大小：文件占用磁盘空间的基本单位。只有当文件系统采用 NTFS 时该项才可以选择，否则只能采用默认值。

④卷标:卷的名称,也称为磁盘名称。

如果选定快速格式化,则仅仅删除磁盘上的文件和文件夹,而不检查磁盘是否被损坏等情况。快速格式化只适用于曾经格式化过的磁盘或磁盘没有损坏的情况。

2.5.2 磁盘碎片整理

磁盘碎片又称为文件碎片,是指一个文件没有被保存在一片连续的磁盘空间上,而是被分散着存放在各个角落。在计算机工作一段时间以后,磁盘由于进行了大量的读/写操作,比如复制、删除和移动等,而产生了磁盘碎片。磁盘碎片太多就会影响数据的读/写速度,因此需要定期进行磁盘碎片整理工作,消除磁盘碎片,提高计算机的性能。图 2-17 反映了整理磁盘碎片前后的情况。

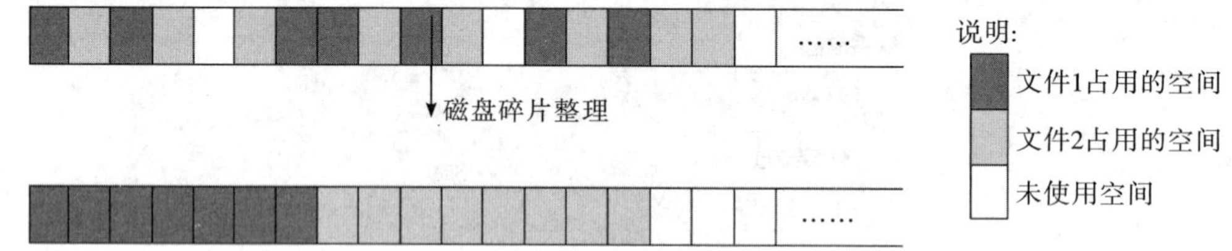

图 2-17 磁盘碎片整理前后

选择“开始”菜单—“Windows 管理工具”—“碎片整理和优化驱动器”选项,进入“优化驱动器”对话框,如图 2-18 所示。

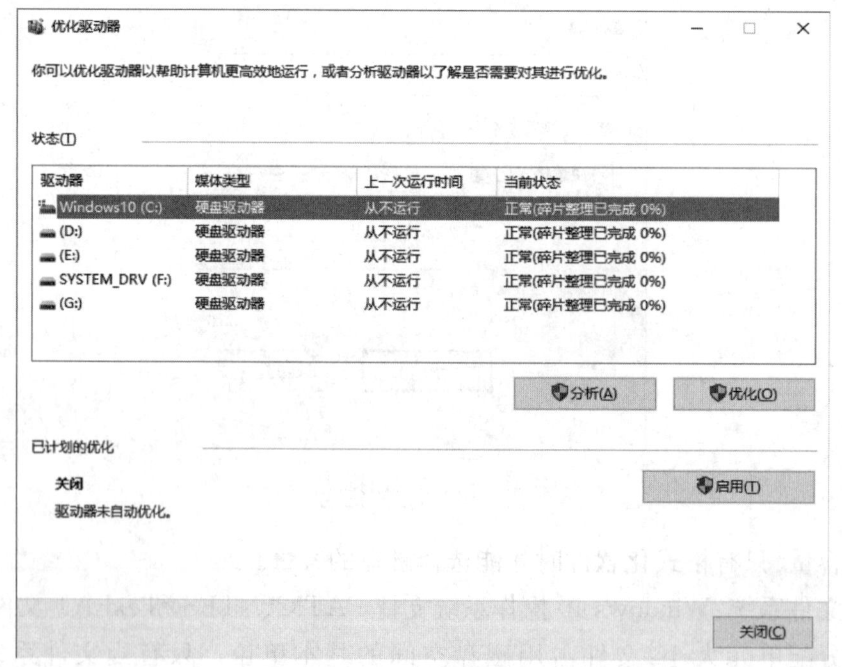

图 2-18 “优化驱动器”对话框

2.5.3　磁盘清理

计算机工作一段时间后，会产生很多的垃圾文件，如已经下载的程序文件、Internet 临时文件等。利用 Windows 10 操作系统提供的磁盘清理工具，可以轻松而又安全地实现磁盘清理，删除无用的文件，释放硬盘空间。

选择"开始"菜单—"Windows 管理工具"—"磁盘清理"选项，进入如图 2-19 所示的"磁盘清理：驱动器选择"对话框，选择要清理的驱动器后，随即弹出磁盘清理对话框，如图 2-20 所示。

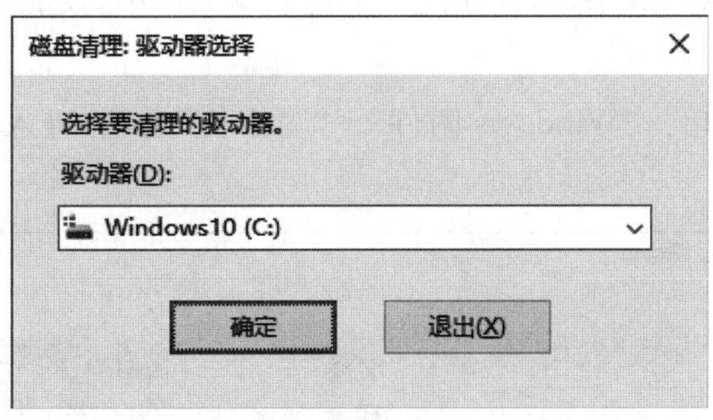

图 2-19　"磁盘清理：驱动器选择"对话框

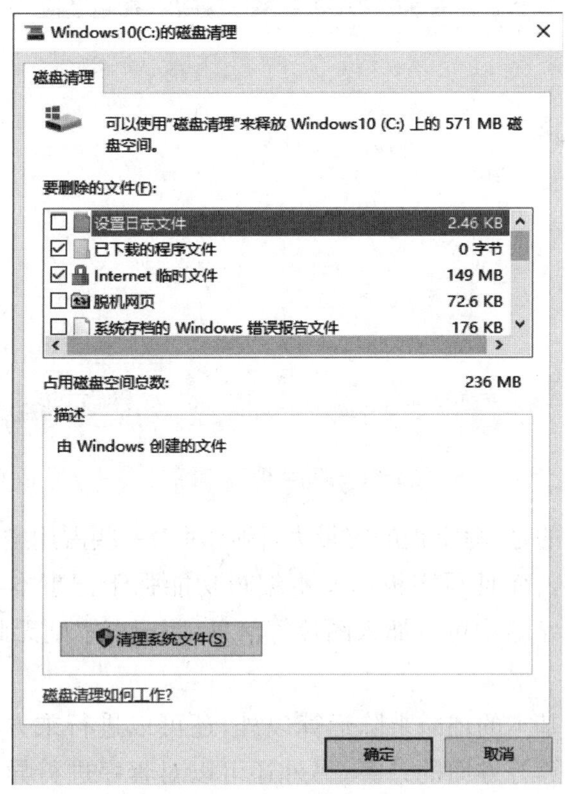

图 2-20　磁盘清理对话框

2.5.4 常用基本工具的简单使用

1. 记事本

记事本是 Windows 操作系统自带的一款工具，方便用户进行简单文本的编辑操作。选择“开始”菜单—“Windows 附件”—“记事本”选项，进入记事本编辑窗口。用户可以在记事本中编辑文本信息，可以使用“格式”菜单中的“字体”进行文本字形、字号的设置。值得注意的是，记事本只支持 txt 文本格式文件，不支持 rtf 等格式，没有各种格式效果，而且在同一个记事本文件中，仅能设置一种字体。

2. 写字板

选择“开始”菜单—“Windows 附件”—“写字板”选项，进入写字板编辑窗口，如图 2-21 所示。

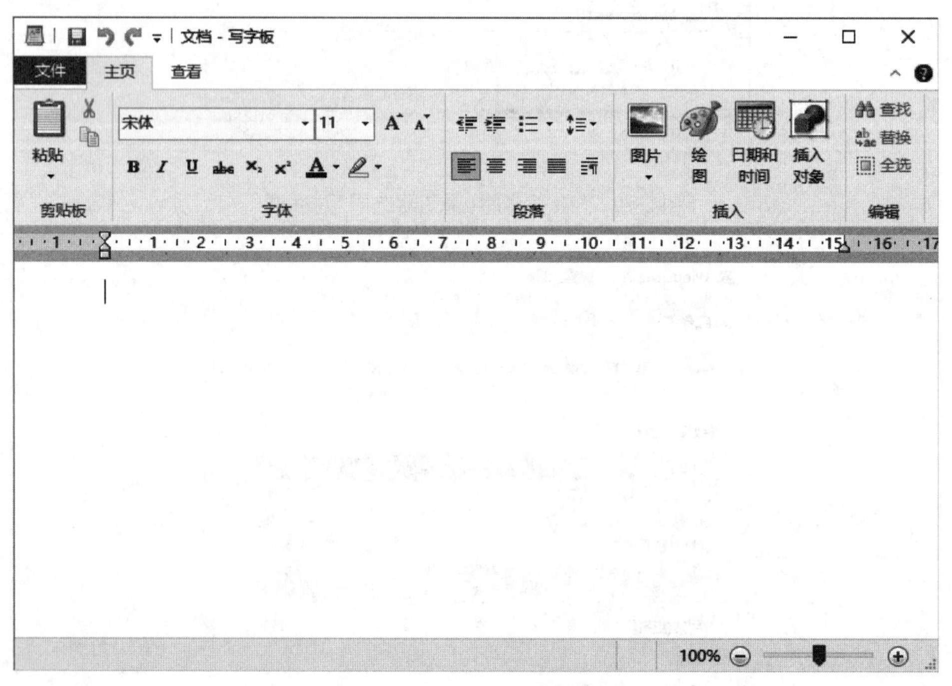

图 2-21 “写字板”编辑窗口

与记事本不同的是，写字板的容量大，因此对于一些占用空间较大的文件，可以采用写字板保存。而且写字板的文本编辑功能强于记事本，可以说写字板是 Word 的雏形，在写字板中可以插入图片等信息，而记事本则无此功能。

3. 计算器

计算机除了最基本的加减乘除运算以外，还可以进行乘方、指数、三角函数、统计甚至程序员运算等方面的计算，另外还可以对程序进行异或、逻辑判断与移位等操作。

选择“开始”菜单—“Windows 附件”—“计算器”选项，进入计算器窗口，如图 2-22 所示。

计算机有多种工作界面，用户只需选择计算器窗口左侧的按钮，即可选择标准型、程序员型或其他类型，如图 2-23 所示。

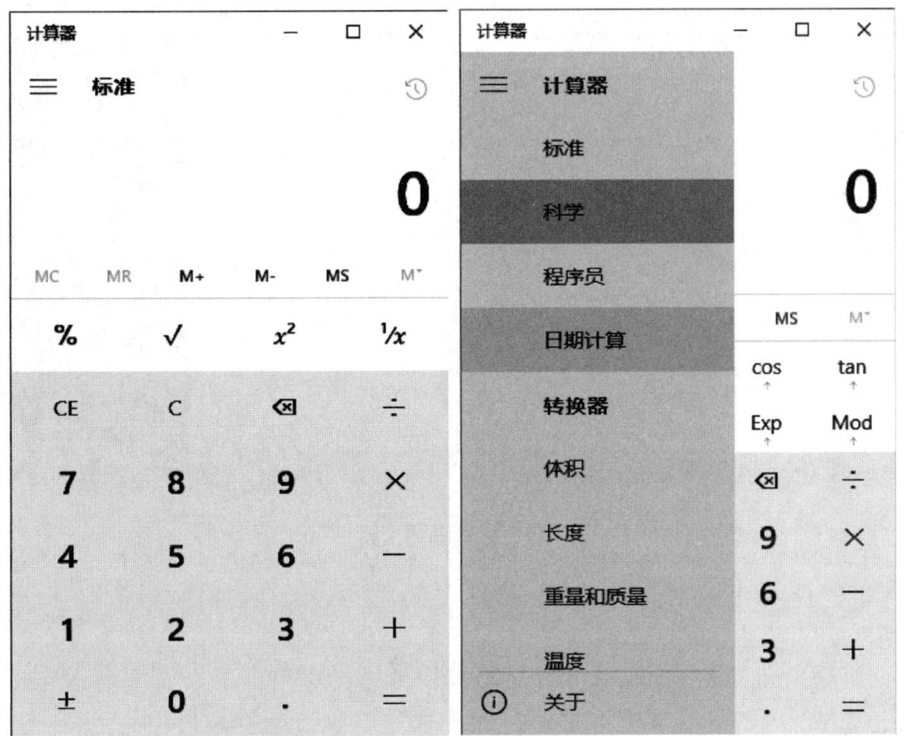

图 2-22　计算器　　　　图 2-23　多种工作模式切换

4. 画图

选择“开始”菜单—“Windows 附件”—“画图”选项，进入画图窗口，如图 2-24 所示。该软件提供了多种工具供用户选择。

①橡皮擦工具：可以擦除画面中不想要的部分。

②涂色工具：使用前景色对封闭区进行填充。

③喷枪工具：该工具由鼠标的拖动速度决定，速度越慢，斑点越密集；反之，速度越快，斑点越稀疏。

④曲线工具：利用该工具可以绘制单弯头曲线、双弯头曲线。

⑤铅笔工具：可以绘制任意线条。

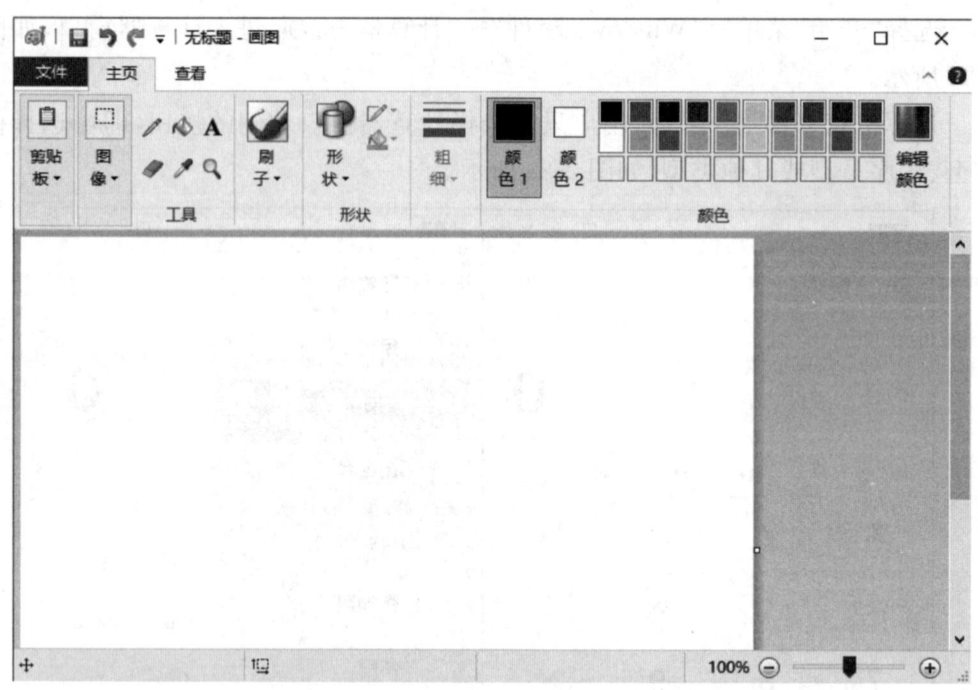

图 2-24　画图工具

习 题 2

一、单选题

1. Windows 10 操作系统的主要功能是________。

A. 实现软、硬件转换　　B. 管理计算机系统所有的软、硬件

C. 把源程序转换为目标程序　　D. 进行数据处理

2. 关于 Windows 10 操作系统，下列说法正确的是________。

A. 是用户与软件的接口　　B. 不是图形用户界面操作系统

C. 是用户与计算机的接口　　D. 属于应用软件

3. Windows 10 操作系统的特点不包括________。

A. 图形界面

B. 多任务

C. 即插即用(英文为 Plug-and-Play，缩写为 PnP)

D. 卫星通信

4. Windows 10 系统提供的用户界面是________。

A. 命令行界面　　B. 显示器界面

C. 字符界面　　D. 交互式的图形界面

5. 装有 Windows 10 系统的计算机正常启动后，我们在屏幕上首先看到的是________。

A. Windows 10 的桌面　　B. 关闭 Windows 的对话框

C. 有关帮助的信息　　D. 出错信息

6. 下列关于 Windows 10 的“关闭选项”说法中，错误的是________。

A. 选择“锁定”选项，若要再次使用计算机一般来说必须输入密码

B. 计算机进入“睡眠”状态时将关闭正在运行的应用程序

C. 若需退出当前用户而转入另一个用户环境，可通过“注销”选项来实现

D. 通过“切换用户”也能快速地退出当前用户，回到“用户登录界面”

7. 关于 Windows 10 运行环境说法正确的是________。

A. 对内存容量没有要求　　B. 对处理器配置没有要求

C. 对硬件配置有一定要求　　D. 对硬盘配置没有要求

8. 在 Windows 10 的支持下，用户________。

A. 最多只能打开一个应用程序窗口

B. 最多只能打开一个应用程序窗口和一个文档窗口

C. 最多只能打开一个应用程序窗口，而文档窗口可以打开多个

D. 可以打开多个应用程序窗口和多个文档窗口

9. 在 Windows 10 中，对桌面背景的设置可以通过________。

A. 鼠标右键单击“我的电脑”，选择“属性”菜单项

B. 鼠标右键单击“开始”菜单

C. 鼠标右键单击桌面空白区，选择“个性化”菜单项

D. 鼠标右键单击任务栏空白区，选择“属性”菜单项

10. 在 Windows 10 中，如果要删除桌面上的图标或快捷图标则可以通过________。

A. 按鼠标右键单击桌面空白区，然后选择弹出式菜单中相应的命令项

B. 在图标上点左键，然后选择弹出式菜单中相应的命令项

C. 在图标上点右键，然后选择弹出式菜单中相应的命令项

D. 以上操作均不对

11. 在 Windows 10 中，关于桌面上的图标，正确的说法是________。

A. 删除桌面上应用程序的快捷方式图标，就是删除对应的应用程序文件

B. 删除桌面上应用程序的快捷方式图标，并未删除对应的应用程序文件

C. 在桌面上建立应用程序的快捷方式图标，就是将对应的应用程序文件复制到桌面上

D. 在桌面上只能建立应用程序快捷方式图标，而不能建立文件夹快捷方式图标

12. 在 Windows 10 中,用鼠标左键单击“开始”按钮,可以打开________。
A. 快捷菜单 B. 开始菜单 C. 下拉菜单 D. 对话框
13. Windows 10 的“桌面”是指________。
A. 整个屏幕 B. 全部窗口 C. 某个窗口 D. 活动窗口
14. 在 Windows 10 中,“Alt+Tab”组合键的作用是________。
A. 关闭应用程序 B. 打开应用程序的控制菜单
C. 应用程序之间相互切换 D. 打开"开始"菜单
15. 在 Windows 10 中,不能在“任务栏”内进行的操作是________。
A. 排列桌面图标 B. 设置系统日期和时间
C. 切换窗口 D. 启动“开始”菜单
16. Windows 10 中,不能对窗口进行的操作是________。
A. 粘贴 B. 移动 C. 大小调整 D. 关闭
17. 用鼠标双击窗口的标题栏,则________。
A. 移动窗口的位置 B. 最小化窗口
C. 改变窗口的大小 D. 关闭窗口
18. 在 Windows 10 中,要移动桌面上的图标,需要使用的鼠标操作是________。
A. 单击 B. 双击 C. 拖放 D. 移动鼠标
19. 在 Windows 10 中,要实现同时改变窗口的高度和宽度,可以拖放________。
A. 窗口边框 B. 窗口角 C. 滚动条 D. 菜单栏
20. 在 Windows 10 中,当一个程序窗口被最小化后,该程序将________。
A. 终止运行 B. 继续运行 C. 暂停运行 D. 以上都不正确

二、判断题

1. 操作系统类似于计算机硬件和人类用户之间的接口。 ( )
2. 操作系统演化的动力之一就是基本硬件技术的进步。 ( )
3. 计算机的主频越高,内存越大,执行应用程序的速度也越快。 ( )
4. 若某计算机感染了病毒,只要删除所有带毒文件,就能消除所有病毒。 ( )
5. 在记事本中保存的文件的扩展名是 TXT。 ( )
6. 屏幕保护程序中的口令,主要是为保护数据不被他人修改而设置的。 ( )
7. 窗口最小化是指关闭该窗口。 ( )
8. 在 Windows 10 中,鼠标的左右功能可以互换。 ( )

9. 无论对于什么窗口，只要将窗口最大化，就不会再有滚动条。（　　）

10. 在删除文件夹时，其中所有的文件及下级文件夹也同时被删除。（　　）

三、上机操作题

1. 点击“通知和操作”，设置系统参数。
2. 点击“电源和睡眠”，设置系统参数。
3. 在设置中点击“网络和 Internet”，完成网络的 IP 地址的修改。
4. 在设置中点击“网络和 Internet”，完成 Internet 连接共享的设置。

第3章 Word 2013 文字处理系统

【学习目标】

- 了解 Office 2013 的安装与卸载，Word 2013 的相关概念、新功能介绍及帮助命令的使用等。
- 熟练掌握 Word 2013 文本编辑的基本操作，字体、段落与页面设置，查找与替换功能的使用，页眉、页脚与页码的设置，插入自选图形与 SmartArt 图形操作，页面设置相关参数的设置、打印预览与打印参数设置等。
- 能够运用 Word 2013 录入文字、调整文档格式，绘制表格与表格属性设置，插入图片及图片格式的设置等。

3.1 Word 2013 概述

3.1.1 Office 2013 简介

Microsoft Office 2013(又称为 Office 2013 或 Office 15)是应用于 Microsoft Windows 系统的一套办公套装软件，是继 Microsoft Office 2010 之后的新一代套装软件。2012 年 7 月 16 日，微软首席执行官史蒂夫・鲍尔默宣布推出 Office 2013 的客户预览版，该版本于 2013 年 1 月 9 日正式发行。Office 2013 除了在风格上保持与以往版本统一之外，在功能和操作上向着更好地支持平板电脑以及触控设备的方向发展。这具体体现在，新一代 Office 具备 Metro UI 界面，使得它在平板上的操作如同在 PC 机一样方便。同时，Office 2013 的几个重要组件都在原有基础上进行了重大改进：Word2013 比原先版本多出了双击放大、平滑滚动、视频嵌入以及通过浏览器在线分享文件的新功能；Excel 2013 在此基础上还能够获得新的格式控制及图标动画，同时，Excel 表格导入 PowerPoint 不再会受到格式困扰；其他一些组件也得到不同程度的改进，例如 Outlook 构建了天气预报功能以及更好的多账号支持，OneNote 更适用于平板等。

Office 2013 办公软件代号为 Office 15(其实是第 13 个版本)，名称为 Office 2013，该命名方式符合微软对产品的命名习惯，很多 Windows 操作系统和 Office 都以年份来命名，比如 Windows 95/98、Office 2003/2007/2010。新版本的 Office

2013 相较于以前的版本具有以下五大特点：

(1)操作界面大为改善。Office 2013 一改以往操作界面略显冗长的风格，新版本将 Office 2010 文件打开时的 3D 带状图像取消了，这使得操作界面看起来清晰简洁。新版本下，当用户想创建一个新的文档时，能够看到许多可用模板的预览图像。

(2)PDF 文档可完全编辑。对 PDF 文档的处理在现实中往往令人头疼，因为 PDF 文档一般无法编辑，而 PDF 文档编辑与修改在实际中有很多的应用。以往的 Office 版本都不能编辑 PDF 文档，在新版的 Office 2013 面前一切问题迎刃而解，套件中的 Word 能够打开并编辑一般 PDF 类型的文件，并且可以以 PDF 文件或 Word 支持的任何文件类型保存。

(3)自动创建书签。这是 Office 2013 新增加的功能，相信体验过新版本的用户都已经体会到这项功能所带来的便利，特别是对于那些经常与篇幅巨大的 Word 文档打交道的用户来说，这无疑会大大提高他们的工作效率。

(4)内置图像搜索功能。在 Office 2010 中，想要插入网络图片，用户需要打开网页浏览器搜索图片后插入 PowerPoint 演示文稿，或者使用“插入剪切画”功能搜索 Office 剪切画官方网站的图片。微软考虑到了用户这方面的需求，在 Office 2013 中增加了“插入联机图片”功能，用户只需在 Office 中就能使用必应搜索找到合适的图片，然后将其插入到任何 Office 文档中。

(5)快速分析工具。对大多数用户而言，如何用合适的方法分析与呈现数据一直是个困扰。不过有了 Excel 快速分析工具，这问题就变得简单多了。在用户输入数据后，Excel 2013 将会提供一些建议来更好地格式化、分析以及呈现数据等。这一功能受到了广大用户的一致好评。

3.1.2　Office 2013 的安装与卸载

1. Office 2013 的安装

(1)打开电脑中 Microsoft Office 2013 的安装包，在文件夹里找到安装程序 setup. exe，如图 3-1 所示，以管理员身份运行。

(2)运行安装程序后，会出现“阅读 Microsoft 软件许可证条款”对话框(如图 3-2 所示)，用户在阅读以后，点击“我接受此协议的条款”，单击“继续”按钮，进入下一步安装。

(3)完成上述第(2)步之后，会弹出安装方式对话框，用户可根据自己的具体情况选择一种方式安装，文中选择自定义安装，即点击图 3-3 中的“自定义”按钮。

(4)在弹出的如图 3-4 所示的对话框中，点击“安装选项”，在这里会出现 Office 2013 内部所带的全部组件。用户可以根据自己的工作需求选取所需组件，

onenote.zh-cn	2012/10/4 12:34	文件夹
osm.zh-cn	2012/10/4 12:34	文件夹
osmux.zh-cn	2012/10/4 12:34	文件夹
outlook.zh-cn	2012/10/4 12:34	文件夹
powerpoint.zh-cn	2012/10/4 12:34	文件夹
proofing.zh-cn	2012/10/4 12:34	文件夹
proplus.ww	2012/10/4 12:34	文件夹
publisher.zh-cn	2012/10/4 12:34	文件夹
updates	2012/10/4 12:34	文件夹
word.zh-cn	2012/10/4 12:34	文件夹
autorun	2011/12/14 5:04	安装信息
readme	2012/8/20 9:54	HTM 文件
setup.dll	2012/10/1 18:15	应用程序扩展
setup	2012/10/1 18:13	应用程序

图 3-1 安装程序

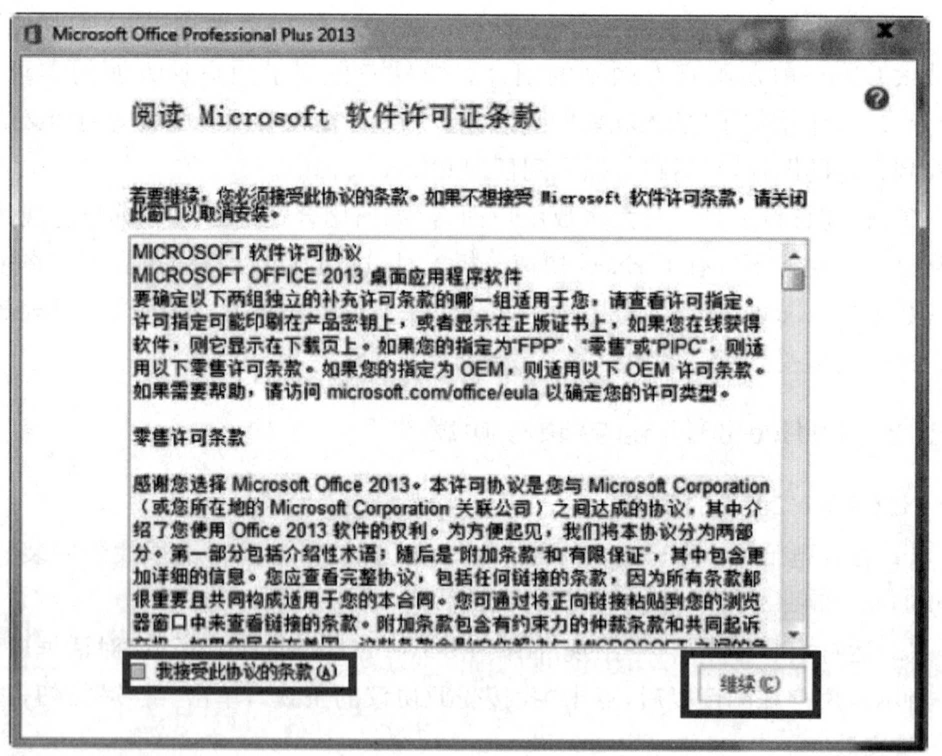

图 3-2 安装协议

一般而言只需要选择 Word、Excel、PPT 三个常用组件即可。

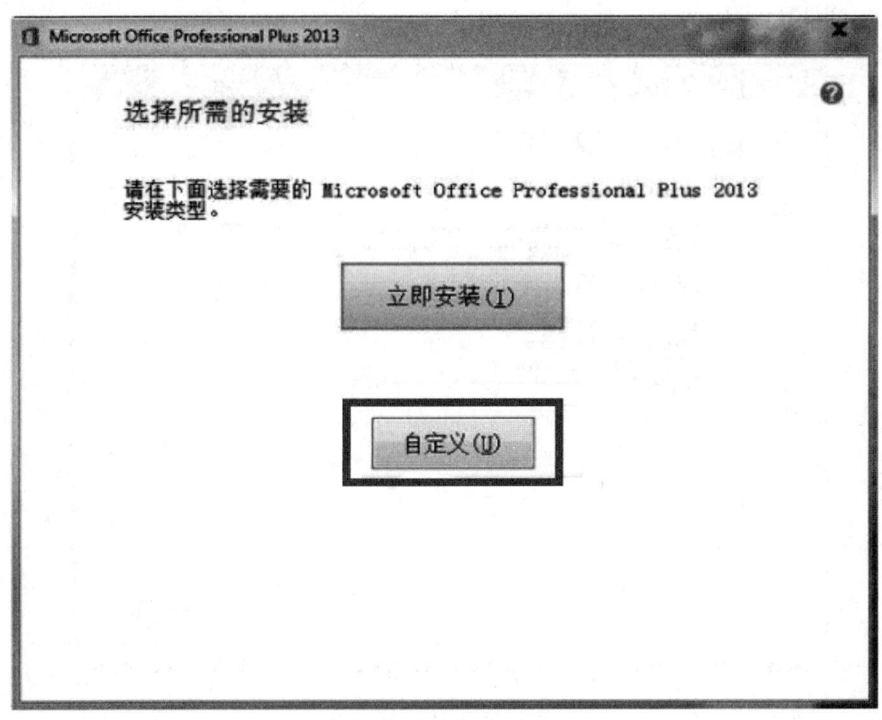

图 3-3　安装方式选择

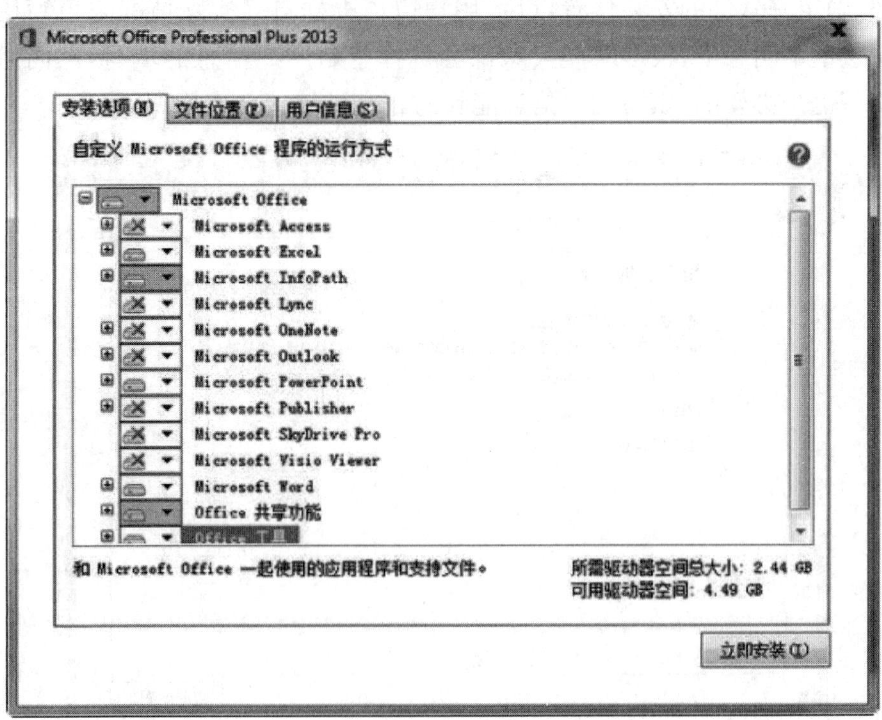

图 3-4　选取组件

(5)接下来选择 Office 2013 的安装位置，点击文件位置，然后点击“浏览”按钮，选择具体安装位置。一般建议安装在 D 盘，如图 3-5 所示。

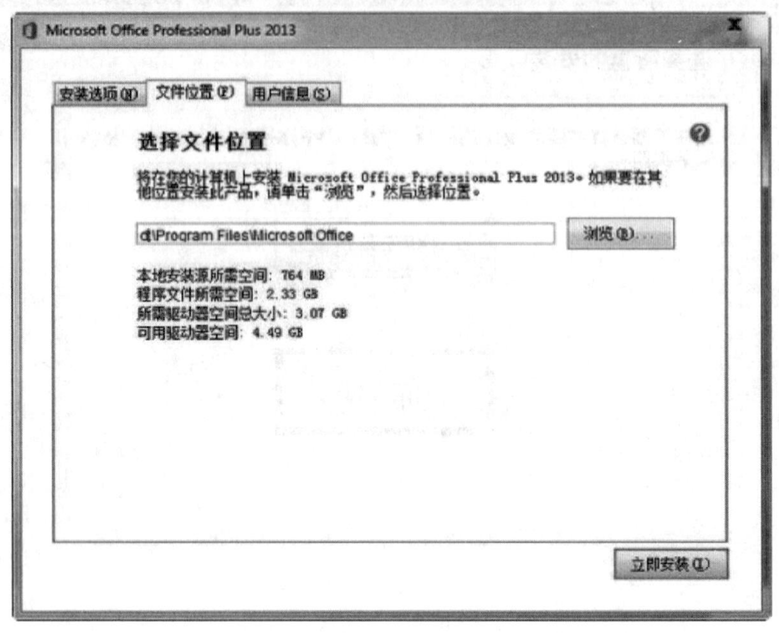

图 3-5　安装位置选择

（6）确定好软件的安装位置以后，用户应当根据自己实际情况来填写用户信息。在这里申明一下，很多时候大家都会选择忽略用户信息的填写，然而用户信息的填写也是必要的，填写用户信息能够防止文件被他人盗用。

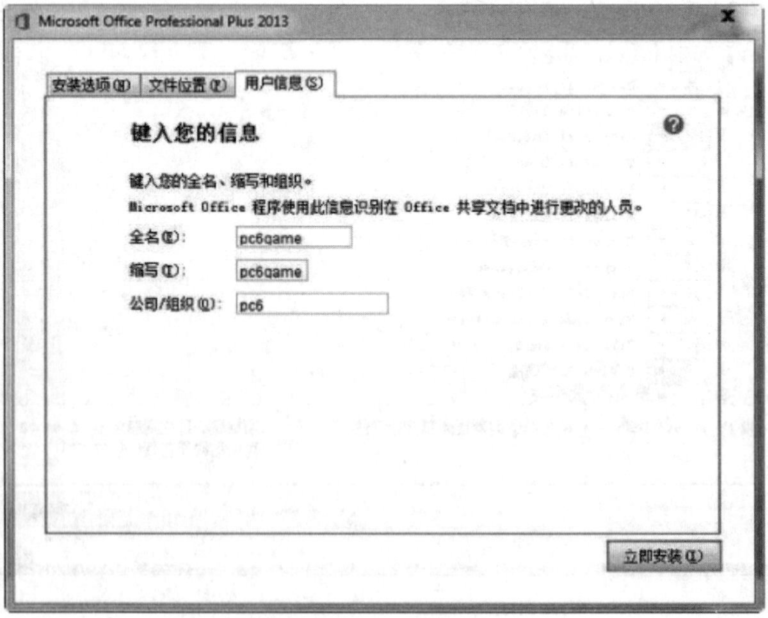

图 3-6　“用户信息”填写

(7)上述步骤都完成以后,用户可以直接点击“立即安装”,等到软件安装完毕,将弹出如图 3-7 所示界面,点击“关闭”按钮,整个安装过程就结束了。

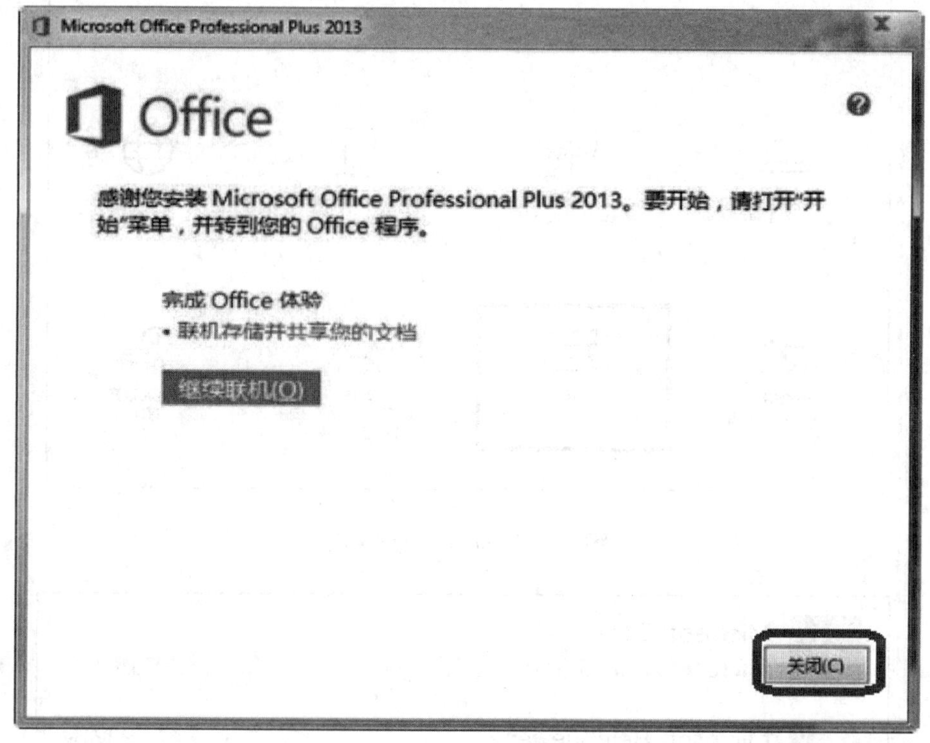

图 3-7　安装完成

2. Office 2013 的卸载

(1)卸载 Office 2013 有很多种方式,在这里介绍一种直接从电脑应用端完成卸载 Office 2013 的方式,这种方式对用户来说应该是最容易的。首先打开 Windows 的设置界面,具体操作是:鼠标移至电脑左下角“开始”菜单栏,单击 Windows 窗口图片,在出现的菜单栏里找到“设置”,点击“确定”,出现如图 3-8 所示界面。

(2)在 Windows 设置界面找到“应用”选项(见图 3-8 中方框选中部分),选定后点击进入,将弹出“应用和功能”菜单栏,在其中找到 Microsoft Office Professional Plus 2013(见图 3-9),单击后将出现“修改”和“卸载”两个选项,点击“卸载”,即可卸载 Office 2013。

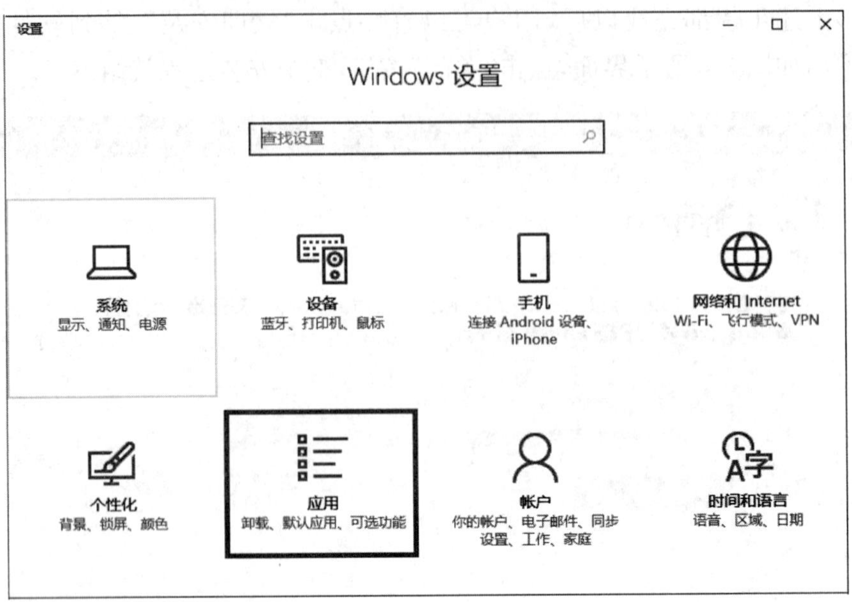

图 3-8 Windows 设置窗口

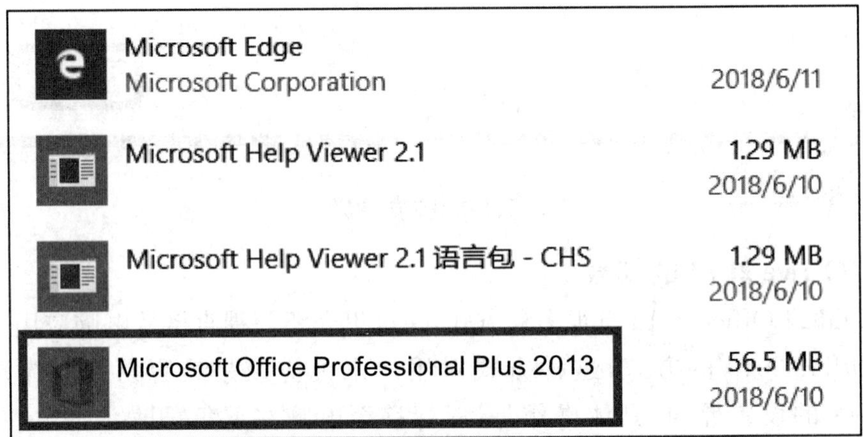

图 3-9 卸载程序

3.1.3 Office 2013 的功能特点

Office 2013 作为 Office 系列办公软件新一代版本，其功能比以往版本更加强大，处理文件也更加方便和高效。Office 2013 软件包里包括了很多套件，要分析其功能特点，可以从其最常用的三个套件 Word、Excel 和 PowerPoint 入手。下面将从 Word、Excel 和 PowerPoint 这三个套件出发，全面分析 Office 2013 软件包的功能特点。

1. Word 2013 的特点

Word 2013 相对于以往版本更整洁、更加赏心悦目。用户可以借助新的模板和设计工具来对文档进行润色，并且可以通过全新的改进方法来共享和处理文档。全新的阅读模式能够让阅读者更明确重点、注意力更集中，从而获得更佳的阅读感受。在新的阅读模式下，文字自动在列中重排，以便于阅读。Word 2013 在使用时，具备以下特色：

①对象放大：当用户查看表、图表、图像或在线视频时，通过鼠标单击可对选中的对象进行放大，完成后，再单击一次可将其返回原始大小。

②自动添加书签：Word 2013 会自动为用户上次访问的内容添加书签，当用户在中断工作再回来时不必花费额外时间去找上次访问的地方，通过书签可直接返回中断点。

③回复注释：在用户所讨论的文本旁添加注释，以便跟踪会话。

④简化共享：默认情况下，用户的文档被在线保存到 SkyDrive 或 SharePoint 中。用户可以向每个人发送一个指向同一个文件的链接并赋予其查看和编辑权限，这样每个人都能看到最新版本。

⑤联机演示：用户与他人共享文档，即使他们没有安装 Word 也可得到共享。若用户已向他们发送链接，当用户自己在屏幕上通读文档时，联机的其他人可在浏览器中跟随用户一起阅读。

⑥对齐参考线：将图表、照片、图与文本对齐，以获得经过润色的专业外观。便于使用的参考线在需要时立即显示，在用户完成操作后立即消失。

⑦实时布局：当将照片、视频或形状拖到新位置时，文本将立即重排。当松开鼠标按钮时，用户的对象和周围文本将留在其所需的位置。

⑧PDF 重排：在 Word 中打开 PDF 文件，其段落、列表、表和其他内容就像在 Word 中显示的内容一样。

2. Excel 2013 的特点

Excel 2013 与以往版本相比更平易近人，用户只需轻轻一点，就可以将庞大的数字图像化处理，用户分享自己的见解也比以往要更容易一些。总结下来 Excel 2013 具备以下特点：

①推荐的数据透视表：Excel 汇总数据的同时并提供各种数据透视表选项的预览，让用户自己选择最能体现其观点的数据透视选项。

②快速填充：Excel 可学习并识别用户整理数据的模式，然后自动填充剩余的数据，而不再使用公式或宏。这是一种更为简便的整理数据的功能选项。

③推荐的图表：Excel 会推荐能够最好地展示用户数据模式的图表。快速预览图表和图形选项，然后选择最适合的选项，这与推荐的数据透视表的原理类似。

④快速分析透镜:这是 Excel 2013 一次有趣的尝试,它探索各种方法来直观展示用户数据。当用户对所看到的模式感到满意时,只需单击一次即可应用格式设置迷你图、图表和表。

⑤图表格式设置控件:通过一个全新的交互性更佳的界面来完成更改图表的标题、布局和其他图表元素,从而达到快速而简便地优化图表的作用。

⑥同 Word 类似,Excel 在文件共享上也做得比以前更好。共享可以促进与他人合作或共享,将链接发送给同事或将链接发布到社交网络或联机演示。

⑦简化共享:在默认情况下,用户的工作簿在线保存到 SkyDrive 或 SharePoint。向每个人发送一个指向同一个文件的链接以及查看和编辑权限,此时每个人就都能看到最新版本了。

⑧发布到社交网络:用户只需在他的社交网络页面上嵌入其电子表格中的所选部分,即可在 Web 上共享这部分内容。

⑨联机演示:用户可通过 Lync 会话或会议与他人共享自己的工作簿并进行协作,此外用户也可以让他人掌控自己的工作簿。

3. PowerPoint 2013 的特点

PowerPoint 2013 与以前版本相比也有很多改变,首先微软将 16∶9 比例作为 PowerPoint 2013 的默认长宽比,这一改变迎合了多数使用者的宽屏幕的分辨率,创造出专业的外观设计、宛如电影的吸引力。

PowerPoint 2013 同样加入 Start Experience 新功能,让用户可以快速获得喜爱的文件、专业设计的范本以及最近浏览的历史纪录等。

PowerPoint 2013 还加入新的图表引擎(Chart Engine)工具,使用户能够十分轻松地将图表从 Excel 2013 汇出、并汇入 PowerPoint 2013 中,同时也不会破坏原有的格式。

微软在 Word 2013 新增的恢复阅读(Resume Reading)功能也出现在 PowerPoint 2013 中,自动书签会标出用户最后操作的位置。

对于从事业务工作的用户来说,演示文稿的确是一个不可或缺的重要工具。与 Word、Excel 一样,PowerPoint 是微软开发的一个大型应用程序。而微软最新推出的 Office 2013 不仅精简度大增,实用性也有很大提升。除此之外它还拥有一款新图标以及可广泛积聚信息的云集成功能。并且 Office 2013 的演讲者视图变得更加易于调用,只需点击右键即可找到。

3.1.4 Word 2013 的用户界面

Office 2013 除延续了 Office 2010 的 Ribbon 菜单栏外,还融入了 Metro 风格。整体界面趋于平面化,显得清新简洁。流畅的动画和平滑地过渡,带来不同于以往的使用体验。Office 2013 只提供白色、浅灰色、深灰色三种主题颜色，主题颜色不能像 Windows 7、Windows 8 系统一样可自定义，但可自定义右上方的花纹样式。下面，以 Word 2013 为例，来介绍 Office 2013 用户界面的构成。

Word 2013 的用户界面整体风格与以往版本并没什么太大的区别，还是趋向于简约明亮的风格。如图 3-10 所示，可将 Word 2013 的界面分成一个个功能区进行介绍：

1. 标题栏

顾名思义，标题栏的作用就是用来显示文档的标题，它是一篇文档用以区别于其他文档的重要标签。

2. 快速访问工具栏

从左至右，第一个按钮用来对界面进行移动、改变界面大小、最小化以及最大化操作；第二个按钮用以保存当前文档；第三个按钮用于撤销用户上一步操作，可连续点击它进行多步撤销操作；第四个按钮为“重复输入”按钮，用户可通过点击它重复输入上一步输入的内容，同样可连续点击它进行多次重复输入操作。

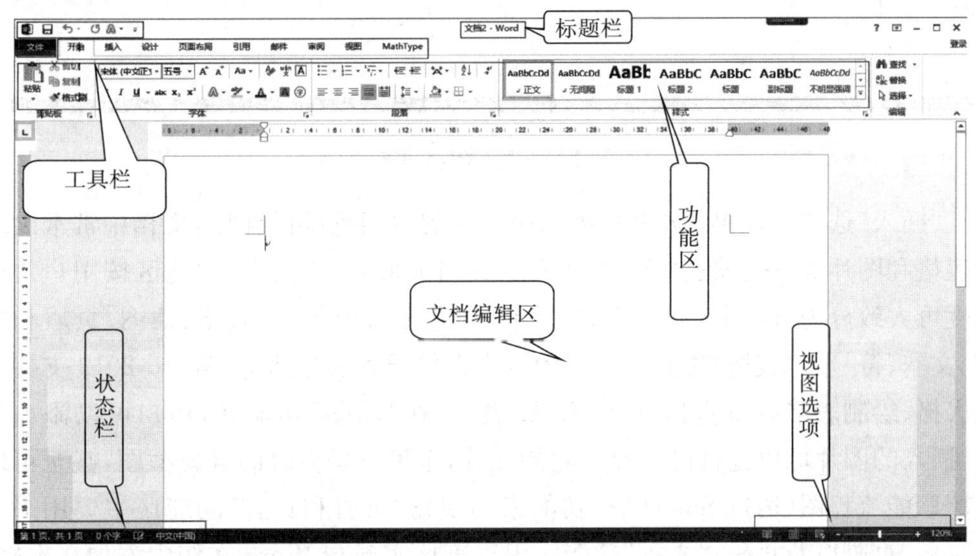

图 3-10　Word 2013 用户界面

3. 选项标签

从左至右依次为“开始”“插入”“设计”“页面布局”“引用”“邮件”“审阅”“视图”以及“MathType”选项卡，这些选项标签构成了 Word 2013 主要的操作选项，下文将具体介绍其中几个比较重要的选项标签。

首先来看“开始”选项卡，如图 3-11 所示，它的功能区可分成五大块，依次为剪切板、字体、段落、样式和编辑。在剪切板里，用户可以进行剪切、复制、粘贴以及格式刷操作；在字体功能块，用户主要会用到对字体的一些具体的操作，包括字体、字形、字号、效果、颜色以及上下标等；在段落功能块里，主要涉及的操作包括项目符号和编号、段落对齐、行间距和段落间距以及边框和底纹等；在样式功能块里，主要涉及对样式的创建、应用以及删除等操作，例如用户可在此功能块里创建文档标题以及正文的样式；在编辑功能块里，用户可进行查找、替换、选择操作，对文档进行适当调整和修改。

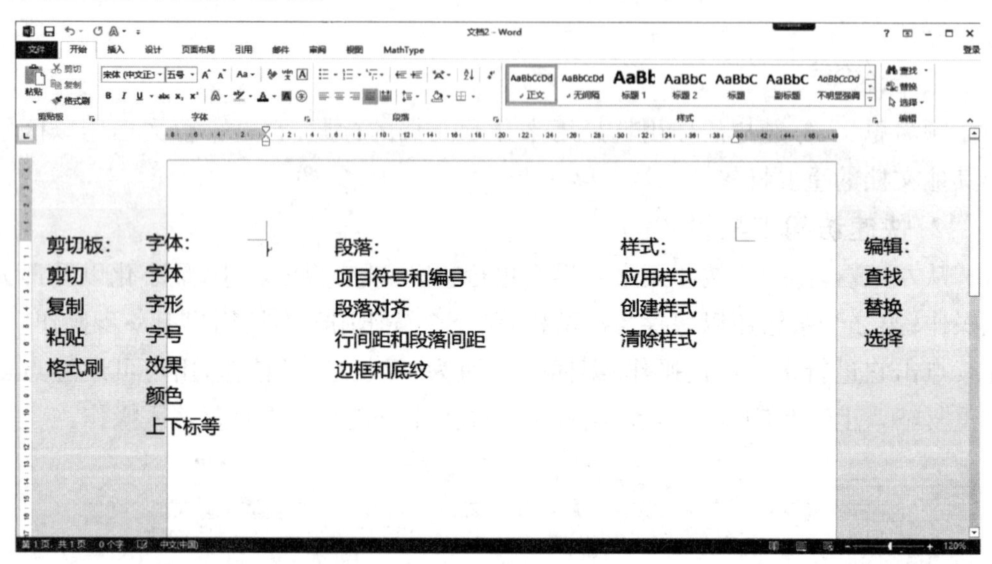

图 3-11 “开始”选项卡

“插入”选项卡在 Word 文档编辑过程中起着很重要的作用，文档中常常出现的表格和图片等都是通过“插入”加入到文档中来的。“插入”功能区按用户常用程度可大致分为五部分，如图 3-12 所示，从左至右依次为：表格、插图、页眉和页脚、文本、符号。“表格”功能区主要为用户提供插入表格服务，Word 2013 支持插入表格、绘制表格以及直接插入 Excel 表格；在“插图”功能区，用户可以添加图片，插入的图片可以是自己已经保存的图片，也可以是实时的屏幕截图，甚至可以是跨职能流程图（通过 SmartArt 功能来实现）；“页眉和页脚”功能区主要用来添加页眉、页脚以及页码；“文本”功能区用于直接实现在 Word 文档中添加文本框、艺术字的操作，这似乎常常用于 PowerPoint 中，在 Word 文档中应用并不多见；“符号”功能区主要用来输入公式和一些符号，例如一些希腊字母就是通过这个区来实现的。

“页面布局”选项卡主要负责文档纸张的有关设置，同样根据用户的使用程度可大致将其分为页面设置、稿纸设置和段落三个分区。顾名思义，“页面设置”分区是用来设置文档页面的，包括页面的纸张大小、纸张方向、页边距以及分栏的设置；“稿纸设置”一般用来设置稿纸页面布局；“段落”分区用来设置文档的段落，使页面布局看起来更加合理且美观。

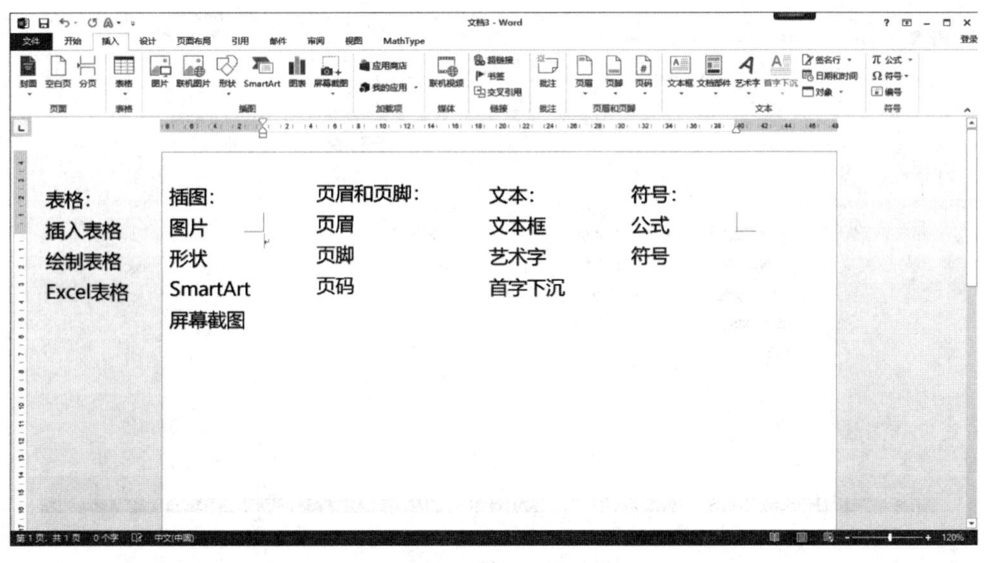

图 3-12　“插入”选项卡

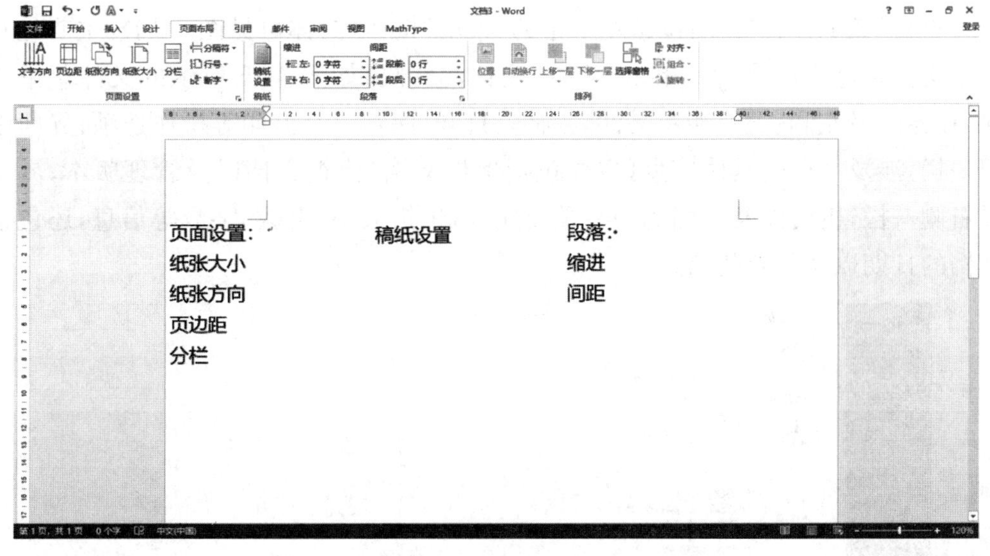

图 3-13　“页面布局”选项卡

“视图”选项卡也是用户经常使用的功能区之一，视图功能通常是用户在检阅文档时要使用的一个重要功能。如图 3-14 所示，“视图”功能区也可分为三个主要分区，依次为视图、显示比例和窗口。在“视图”分区里，用户可通过切换不同的视图，包括阅读视图、页面视图、Web 视图、大纲视图以及草稿视图来获得最佳阅读视图；在“显示比例”里，用户可切换不同页面的显示比例，其中包括 100%、单页、多页、页宽等多个操作选项；最后在“窗口”分区里，用户可对窗口进行新建窗口、全部重排和拆分等操作。

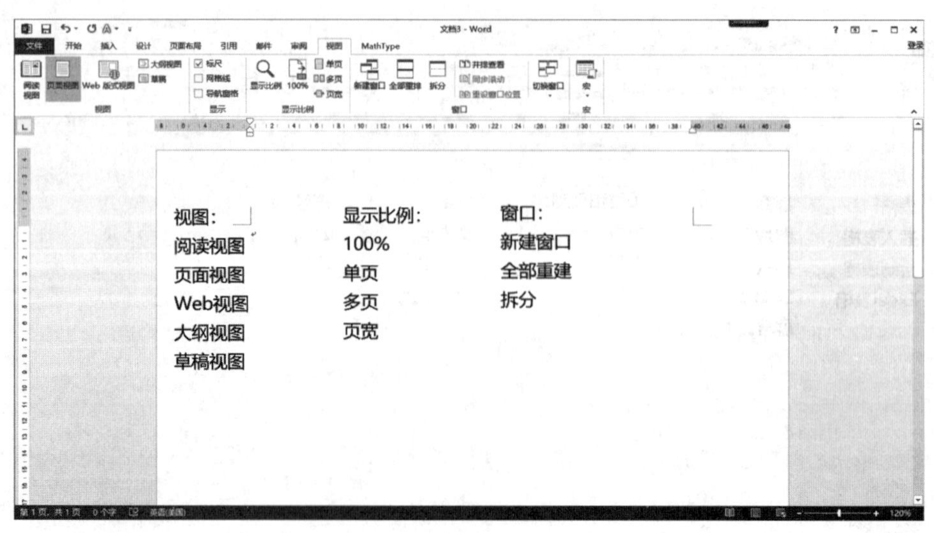

图 3-14 “视图”选项卡

4. 菜单按钮

Word 2013 用户界面位于左上角的“菜单”按钮(具体可见图 3-10),主要是对整个文档来进行操作的。单击“菜单”按钮,会弹出如图 3-15 所示的文件菜单界面,在界面最左侧一栏,涉及文件的新建、打开、保存以及打印等操作选项;界面中间一栏,涉及文档的具体信息,主要包括保护文档、检查文档以及管理版本;界面最右侧一栏,主要涉及文档的一些重要属性,包括大小、页数、字数等信息,还包括文档的日期以及作者的信息。

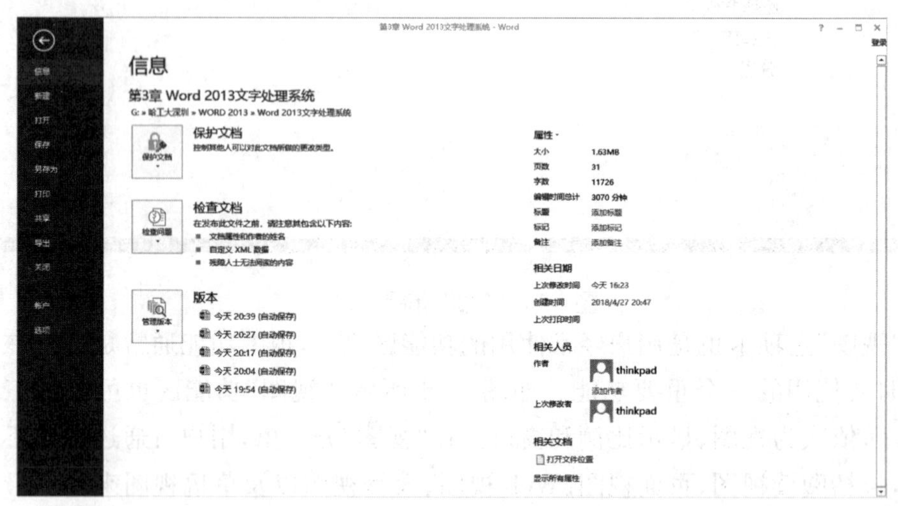

图 3-15 文件菜单界面

5. 功能区

如图 3-10 所示,Word 2013 的功能区是指选项标签的子菜单栏,它涉及编辑文档时要进行的相关具体操作。关于常见的功能区,在上文选项标签的介绍部分已经有介绍，在这里便不再赘述。

6. 状态栏

如图3-10所示，Word 2013的状态栏会显示文档的一些基本信息，比如页数、字数以及语言等信息。

7. 视图选项

参考图3-10，Word 2013的视图选项位于界面的右下角位置，它提供给用户三个主要的视图选项：阅读视图、页面视图以及Web版式视图，用户可根据个人需求选择合适的视图。当然，用户也可通过界面上方功能选项“视图”去选择更多的视图，这里的视图选项相当于快捷选取视图的按钮。

8. 文档编辑区

文档编辑区见图3-10中间空白的部分。文档编辑区的作用就是供用户编辑自己的文档，包括文字、表格、图片等各种元素。

3.2 Word 2013的基本操作

3.2.1 文档创建

Word 2013的基本操作从创建一个文档开始，下面将示范创建一个新文档的基本步骤：

①单击左上角“文件”按钮，找到“新建”并单击它；

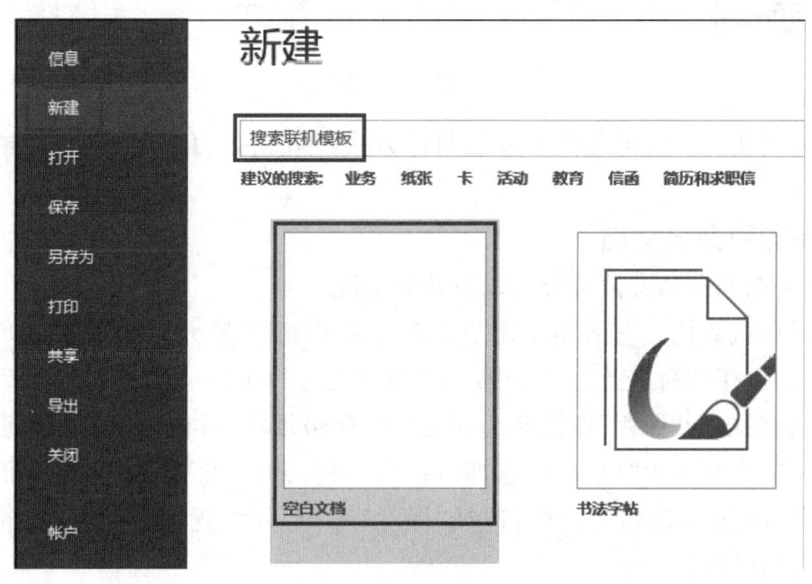

图3-16 新建文档

②单击“新建”命令以后，右侧的视图将列出一些新建文件选项，用户可以根据需求选择文档模板，可供选择的文档模板有空白文档、联机模板以及自定义模板(默认情况下自动选择“空白”文档类型)；

做好以上步骤以后，用户就已经创建了一个空白文档，然后就可以在空白文档中编辑相应的内容。用户还可以通过按“Ctrl＋N”组合键的方式来快捷打开空白文档。

③文档编辑之后，点击“保存”按钮或组合键“Ctrl＋S”保存文档。

3.2.2 文档编辑

1. 打开与关闭文档

在编辑文档之前，先来简单介绍一下文档的打开与关闭操作：

(1)打开文档。文档可以是最近使用过的文档或 SkyDrive 网盘上的文档。打开文档的方式主要有两种：第一种方式，在文件夹窗口中双击文件图标可直接打开相应文档；第二种方式，在 Word 2013 窗口界面单击“文件”按钮，在弹出的窗口中选择“打开”命令(如图 3-17 所示)，打开选择相应的文档。

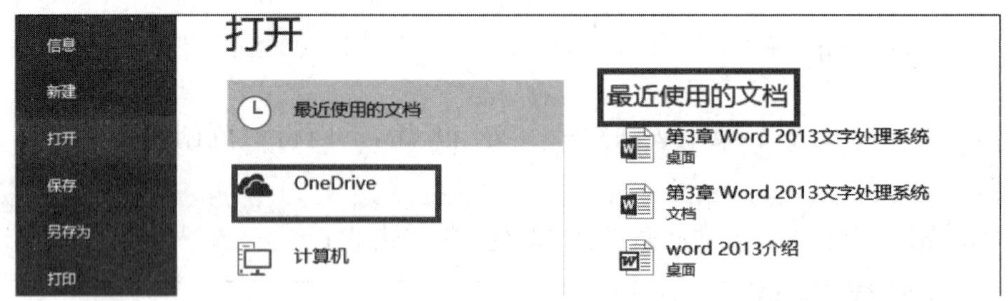

图 3-17 打开文档

(2)关闭文档。关闭文档可采取两种方式，单击右上角“关闭”按钮或使用组合键“Ctrl＋F4”。

2. 保存和命名文档

保存文档和命名文档可分为以下几种情况：

(1)保存新文档。它适用于用户编辑一篇崭新的 Word 文档时，用户可采取两种方式来保存和命名此文档。第一种方式是按“Ctrl＋S”组合键，然后在弹出的访问工具栏单击“保存”按钮并选好文档保存路径，最后在弹出的保存窗口编辑好文档名，单击右下角“保存”按钮即可；第二种方式是在 Word 2013 界面直接单击“文件”按钮进入访问工具栏，选择“保存”命令，并设置保存路径，编辑文档名称，单击“保存”按钮。

(2)保存已存盘文档。当用户对已存档的文件进行修改了以后，需要保存文档，此时直接按组合键“Ctrl＋S”或者单击访问工具栏的“保存”按钮即可。

(3)将文档另行保存。若用户需要对文档另行保存,可单击 Word 2013 窗口左上角“文件”按钮,在访问工具栏找到“另存为”选项并单击它,然后选择文件的其他保存路径,最后在弹出的“另存为”窗口命名文档并点击“保存”按钮。

3. 输入文本

图 3-18　视图

在输入文本之前,用户需要了解 Word 2013 提供了多种工作环境,称为视图。用户单击 Word 窗口选项标签中的“视图”选项,左上方出现如图 3-18 所示的视图选项区,用户在编辑文本之前选择一个合适的工作视图,一般常用的视图模式为“页面视图”。

在页面空白处输入相关文本,编辑文本时,有以下几个细节需要了解:

(1)光标的定位与移动。光标在文中显示为闪烁的黑色竖线“|”,光标的位置是文字的插入点,光标的作用是确定要输入相关内容的位置。如表 3-1 所示,在 Word 2013 中,用户可通过键盘按键快捷地控制光标位置。

(2)输入文本时涉及输入法之间的切换,不同输入法之间的切换通过组合键“Ctrl+Shift”来实现,中英文切换通过“Shift”键来切换,英文字符大小写通过“Caps Lock”键切换。

(3)对于无法通过键盘上的按键直接录入的符号,可以从 Word 2013 提供的符号集中选择所需的符号,操作步骤如下:

将插入点移至目标位置,切换到“插入”选项卡,在“符号”选项组中单击“符号”按钮,从下拉菜单中选择在文档中已使用过的符号。

如果未发现所需符号,请单击“其他符号”命令(或在插入点右击,从快捷菜单中选择“插入符号”命令),打开“符号”对话框。

在“字体”下拉列表框中选择符号的字体,在“子集”下拉列表框中选择符号的种类。在下方的列表框中选择要插入的符号并单击“插入”按钮,最后单击“关闭”按钮。

表 3-1 Word 2013 中键盘按键控制光标的方式

键盘按键	作用	键盘按键	作用
↑、↓、←、→	光标上、下、左、右移动	Shift+F5	返回到上次编辑的位置
Home	光标移至行首	End	光标移至行尾
Page Up	向上滚过一屏	Page Down	向下滚过一屏
Ctrl+↑	光标移至上一段落的段首	Ctrl+↓	光标移至下一段落的段首
Ctrl+←	光标向左移动一个汉字(词语)或英文单词	Ctrl+→	光标向右移动一个汉字(词语)或英文单词
Ctrl+Page Up	光标移至上页顶端	Ctrl+Page Down	光标移至下页顶端
Ctrl+Home	光标移至文档起始处	Ctrl+ End	光标移至文档结尾处

(4)编辑数学公式可直接利用 Word 2013 插入公式功能,具体方法为:切换到“插入”选项卡,在“符号”选项组中单击“公式”按钮右侧的箭头按钮,从下拉菜单中选择所需公式。当没有合适的公式时,请选择“插入新公式”命令,此时 Word 将自动切换到“公式工具|设计”选项卡,接着使用其中的相关命令编辑公式即可。除了上述方法外,还可以通过 MathType 公式编辑器来完成编辑数学公式,MathType 公式编辑器需要用户下载并安装至 Word 2013 上,安装完以后可以在选项卡处找到对应的 MathType 一栏,如图 3-19 所示,用户单击“MathType”的标签之后,在其功能区点击“内联”选项,即可在文档相关位置插入数学公式。

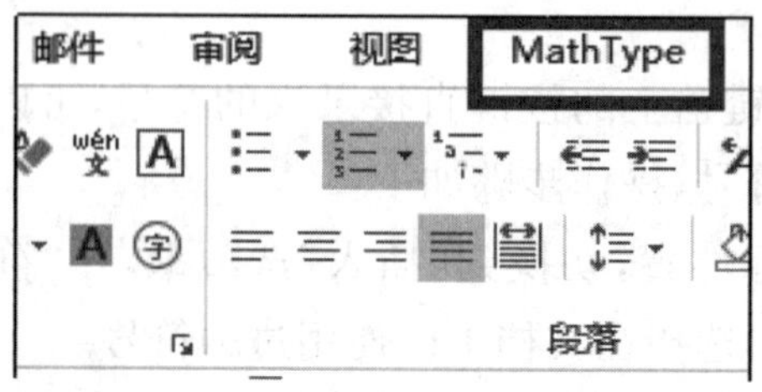

图 3-19 公式编辑器 MathType

4. 文本选定

文本选定后,才能对选定后的文本内容进行编辑和修改操作。在大部分情况下,用户都可以通过鼠标拖动来选定对应的文本,具体操作是:按住鼠标左键,从待选定的文本起点一直拖动到终点,然后松开鼠标左键,即可完成一段连续文本的选定。涉及不连续文本选定时,每一段的操作与连续操作一致,只不过在整个选定过程中,要一直按住“Ctrl”键,完成选定后松开即可。单击鼠标左键即可取消选定。鼠标选取文本的常用操作见表 3-2。

表 3-2 鼠标选取文本常用操作

选取对象	操作	选取对象	操作
任意字符	拖动要选取的字符	字或单词	双击该字或单词
一行文本	单击该行左侧的选中区	多行文本	在字符左侧选中区中拖动
大块区域	单击文本块起始处,按 Shift 键再单击文本块结束处	句子	按住 Ctrl 键,并单击句子中的任意位置
一个段落	双击段落左侧的选中区域或在段落中三击	多个段落	在选中区拖动鼠标
整个文档	三次单击选中区	矩形文本区域	按住 Alt 键,再用鼠标拖动

另一种选取文本的方法是用键盘来选取文本,一般来说,用键盘选取文本的操作在实际中应用较少,不如用鼠标操作方便。本书将用键盘选取文本的具体操作列出来供读者参考,如表 3-3 所示。

表 3-3 键盘选取文本的常用方法

组合键	作用	组合键	作用
Shift+→	向右选取一个字符	Ctrl+Shift+↑	插入点与段落开始之间的字符
Shift+←	向左选取一个字符	Ctrl+Shift+↓	插入点与段落结束之间的字符
Shift+↑	向上选取一行	Ctrl+Shift+Home	插入点与文档开始之间的字符
Shift+↓	向下选取一行	Ctrl+Shift+End	插入点与文档结束之间的字符
Shift+Home	插入点与行首之间的字符	F8+(↑↓→←)	选中到文档的指定位置
Shift+End	插入点与行尾之间的字符	Ctrl+A	整个文档

通过观察表 3-3 能够发现,用键盘选取文本的操作总体来说要比鼠标操作繁琐,实际应用中选中整个文档的操作按组合键"Ctrl+A"比较常用,其他操作相对使用较少,读者可自行体验。

5. 文本编辑

编辑文本时,有时候会涉及文本的移动、复制以及查找与替换问题,下面将一一介绍这些操作。

(1)移动文本。移动文本,顾名思义就是将一段文本从一个位置移动到另一个位置。移动文本最常用的方式是通过剪切、粘贴操作来完成,具体操作是:将要移动的文本选定,按住组合键"Ctrl+X"剪切文本,再将光标移动到目标位置点,按住组合键"Ctrl+V"粘贴文本。

(2)复制文本。复制文本常常是为了减少工作量。当涉及一些编辑起来很费时间的文本时,例如数学公式,复制操作将会带来很大的便利。具体操作是:将要复制的文本选定,按住组合键“Ctrl+C”复制文本,再将光标移动到目标位置点,按住组合键“Ctrl+V”粘贴文本。

(3)粘贴文本。Word 2013 同以往版本一样,提供选择性粘贴功能。复制或移动文本后,切换到“开始”选项卡,在“剪贴板”选项组中单击“粘贴”按钮下方的箭头按钮,从下拉菜单中选择适当的命令可以实现选择性粘贴,如图 3-20(a)所示,按 Esc 键,可以隐藏“粘贴”选项按钮。

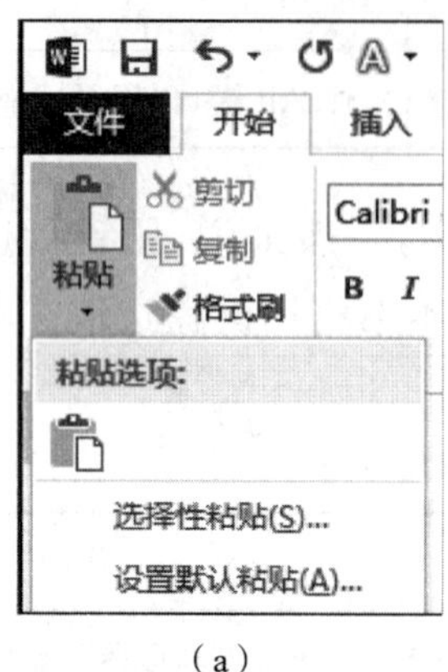

(a)

(b)

图 3-20 粘贴选项

复制和移动文本还有其他操作方法可供用户使用,详情见表 3-4。

表 3-4 复制与移动文本操作方法

操作方式	复制	移动
选项卡按钮	①切换到“开始”选项卡,在“剪贴板”选项组中单击“复制”按钮; ②单击目标位置,然后单击“粘贴”按钮	将左侧步骤中的第①步改为单击“剪切”按钮即可
快捷键	①按“Ctrl+C”组合键; ②在目标位置按“Ctrl+V”组合键	将左侧步骤中的第①步改为按“Ctrl+X”组合键
鼠标	①在短距离内复制文本,按住 Ctrl 键,然后拖动选择的文本块; ②到达目标位置后,先释放鼠标左键,再放开 Ctrl 键	在左侧的步骤①中不按 Ctrl 键
快捷菜单	①将鼠标指针移至选取内容上,按下右键同时拖动指针到目标位置; ②松开鼠标右键后,从快捷菜单中选择“复制到此位置”命令	在左侧步骤的第②步中选择“移动到此位置”命令

利用“Office 剪贴板”的储存功能，可以快速复制多处不相邻的内容，方法为：切换到“开始”选项卡，在“剪贴板”选项组中单击“对话框启动器”按钮，打开“Office 剪贴板”任务窗格(如图 3-20(b)所示)。然后按“Ctrl+C”组合键，将选中的内容放入剪贴板。

(4)撤销与恢复。用户在编辑文档时，很可能出现不小心删除了不想删除的内容或想撤销上一步操作的情况，此时用户可以使用快速访问工具栏中的按钮或快捷键方式撤消和恢复一次操作，具体方法见表 3-5。

表 3-5　撤销和恢复一次操作的方法

操作方式	撤销前一次操作	恢复撤销的操作
工具栏按钮	单击快速访问工具栏中的“撤销”操作	单击快速访问工具栏中的“恢复”按钮
快捷键	按“Ctrl+Z”组合键	按“Ctrl+Y”组合键

(5)查找与替换。查找与替换常常在纠正文档中相同文段的错误时使用，例如用于某个文中常用词的纠错，如果逐个去纠正会显得很麻烦，这时候使用查找和替换就会很方便。查找文本可以使用“导航”窗格搜索文本，通过 Word 2013 的“导航”窗格，可以查看文档结构，也可以对文档中的某些文本内容进行搜索，搜索到所需的内容后，Word 会自动将其突出显示，操作步骤如下：

①将光标定位到文档的起始处，切换到“视图”选项卡，选中“显示”选项组内的“导航窗格”复选框(或按“Ctrl+F”组合键)，打开“导航”窗格。

②在窗格的文本框中输入要搜索的内容。

③Word 将在“导航”窗格中列出文档中包含查找文字的段落，同时会自动将搜索到的内容突出显示。

通过“查找和替换”对话框查找文本时，可以对文档内容一处一处地进行查找，灵活性比较大，操作步骤如下：

①切换到“开始”选项卡，在“编辑”选项组中单击“查找”按钮右侧的箭头按钮，在下拉菜单中选择“高级查找”命令，打开“查找和替换”对话框。

②在“查找内容”下拉列表框中输入要查找的文本，如果之前已经进行过查找操作，也可以从“查找内容”下拉列表框中选择。

③单击“查找下一处”按钮开始查找，找到的文本反相显示；若查找的文本不存在，将弹出含有提示文字“Word 已完成对文档的搜索，未找到搜索项”的对话框。

④如果要继续查找，再次单击“查找下一处”按钮；若单击“取消”按钮，对话框关闭，同时，插入点停留在当前查找到的文本处。

替换功能是指将文档中查找到的文本用指定的其他文本予以替代，或者将查找到的文本的格式进行修改，操作步骤如下：

①按“Ctrl+H”组合键，打开“查找和替换”对话框，并显示“替换”选项卡。

②在“查找内容”下拉列表框中输入或选择被替换的内容，在“替换为”下拉列表框中输入或选择用来替换的新内容。若“替换为”下拉列表框中未输入内容，则可以将被替换的内容删除。

③单击“全部替换”按钮，若查找的文本存在，则它们被实现了替换处理。如果要进行选择性替换，可以先单击“查找下一处”按钮找到被替换内容，若想替换则单击“替换”按钮；否则继续单击“查找下一处”按钮，如此反复即可。

④如果要根据某些条件进行替换，可单击“更多”按钮打开扩展的对话框，在其中设置查找或替换的相关选项，接着按照上述步骤进行操作。

虽然“查找与替换”功能在现实中非常实用，但却并不被广大用户所熟知。下面将通过一个简单的例子来讲解查找与替换操作，让读者能更加熟练地掌握这项技能。假设用户在文档编辑完以后发现词语“监察”被误用为“检查”，而且文中多次使用该词语，那么该怎么来修正呢？首先按组合键“Ctrl+H”，然后在弹出的对话框中，在“查找内容”一栏写上“检查”，在“替换为”一栏写上“监察”，再点击“全部替换”即可。可以发现，如此操作起来非常方便。

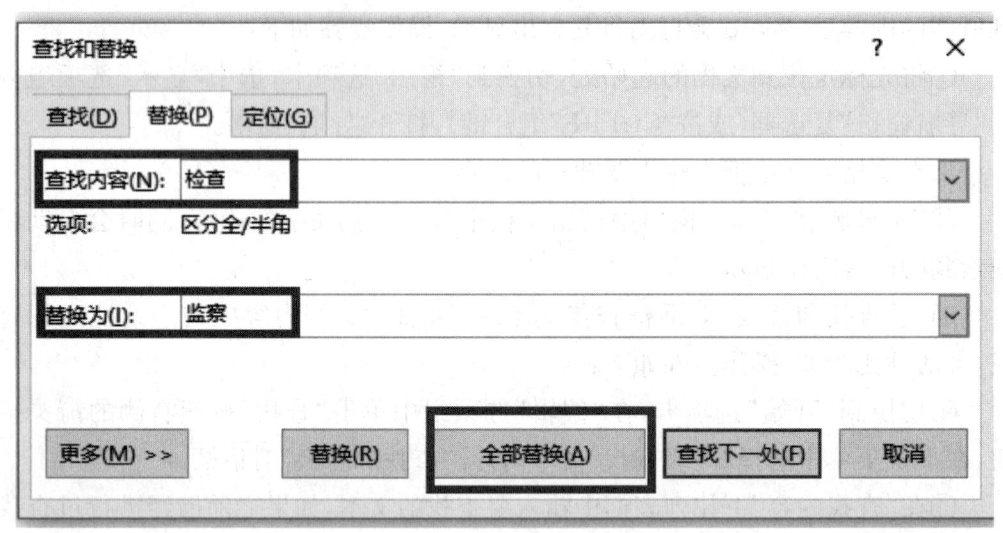

图 3-21 查找与替换

3.2.3 文档格式化

一篇好文档必须有好的格式才能让读者读起来感觉条理清晰。下面将会具体介绍 Word 2013 的文档排版，具体将涉及标题、字符格式以及段落格式的设置。

1. 标题的设置

标题是文档内容的提炼，一篇好文档一定会有合理的标题的设置，在 Word 2013 里，标题设置栏位于工具栏右上角位置，用户可根据自己的需要设置各级标题。例如用户要设置标题 1 格式，在右上角标题栏找到标题 1 一栏，鼠标右击打开“修改”选项可看到关于标题 1 的属性，假设修改格式为“宋体中文，二号，加粗”，如图 3-22 所示。

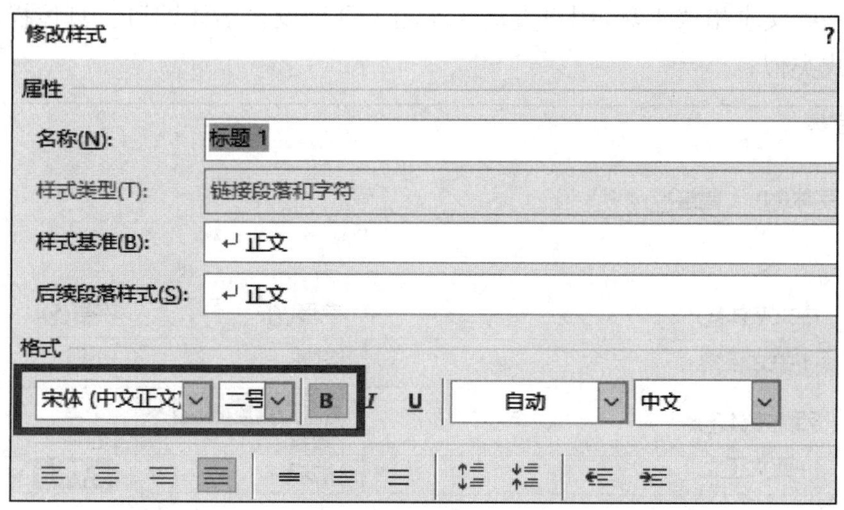

图 3-22　标题格式设置

2. 字符的设置

(1)设置字体、字号与字形。

设置字体、字号与字形的方法很多种，这里介绍常用的几种方式。

第一种方式，使用功能区工具设置字符格式。固定字体工具栏位于工具栏左上角位置，浮动字体工具栏可通过单击鼠标右键弹出，在工具栏里直接修改字符属性即可。在图 3-23 中，将段落中部分字体加粗、倾斜、颜色改为红色后效果如图所示。

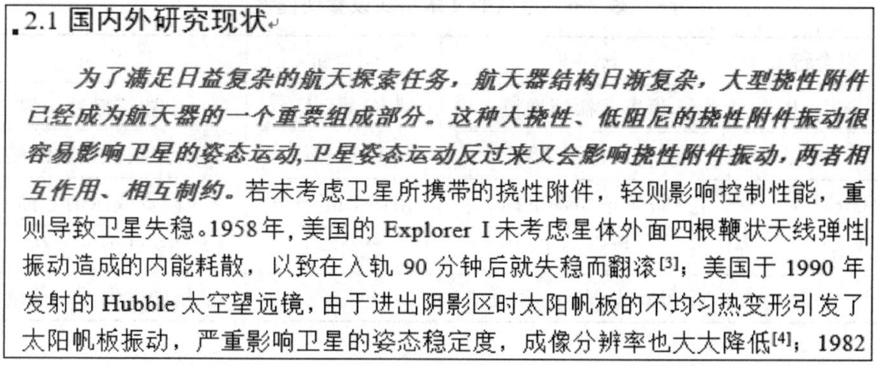

2.1 国内外研究现状

为了满足日益复杂的航天探索任务，航天器结构日渐复杂，大型挠性附件已经成为航天器的一个重要组成部分。这种大挠性、低阻尼的挠性附件振动很容易影响卫星的姿态运动,卫星姿态运动反过来又会影响挠性附件振动，两者相互作用、相互制约。若未考虑卫星所携带的挠性附件，轻则影响控制性能，重则导致卫星失稳。1958 年，美国的 Explorer I 未考虑星体外面四根鞭状天线弹性振动造成的内能耗散，以致在入轨 90 分钟后就失稳而翻滚[3]；美国于 1990 年发射的 Hubble 太空望远镜，由于进出阴影区时太阳帆板的不均匀热变形引发了太阳帆板振动，严重影响卫星的姿态稳定度，成像分辨率也大大降低[4]；1982

图 3-23　字体设置示例

第二种方式，通过字体对话框来设置字符格式。右击弹出选项栏，选中“字体”一栏，打开“字体”对话框，如图 3-24 所示。然后在“字体”选项卡的“中文字体”“西文字体”下拉列表框中设置文本的字体，在“字号”“字形”组合框中设置文本的字号与字形，在“效果”栏中为文字添加特殊效果。

第三种方式是使用浮动工具栏。选中要设置格式的文本，然后将鼠标稍向上移动，将出现浮动工具栏。浮动工具栏很好地利用了人体工程学，具有“字体”选项组的一些文本格式工具，用户直接在浮动工具栏设置字体即可。具体操作与第一种方式类似。

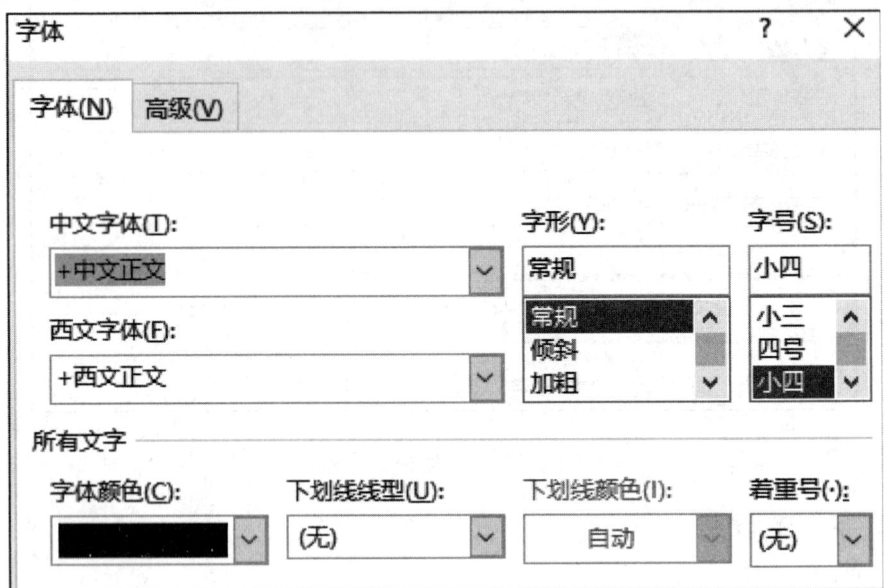

图 3-24 字体设置

字体设置也会涉及一些快捷键操作，表 3-6 中列出了一些常用的文本格式设置快捷键。

表 3-6 默认的文本格式设置快捷键

组合键	作用	组合键	作用
Ctrl+B	设置或撤销加粗	Ctrl+I	设置或撤销倾斜
Ctrl+U	设置或撤销下划线	Ctrl+K	设置或撤销超链接
Ctrl+=	设置或撤销下标	Ctrl+Shift++	设置或撤销上标
Ctrl+[	字号减少 1 磅	Ctrl+]	字号增大 1 磅
Ctrl+Shift+<	字号减少到下一预设值	Ctrl+ Shift+>	字号增大到下一预设值

(2)美化字体。

①设置文本效果。单击“字体”选项组中的“文本效果”及其右侧的箭头按钮，

从下拉菜单中选择适当的命令可以设置文本效果，包括文本的轮廓、阴影、映像和发光效果（见图 3-25(a)）。如果用户对预设的文本效果不满意，可以打开“设置文本效果格式”对话框（见图 3-25(b)），然后在其中进行自定义设置。

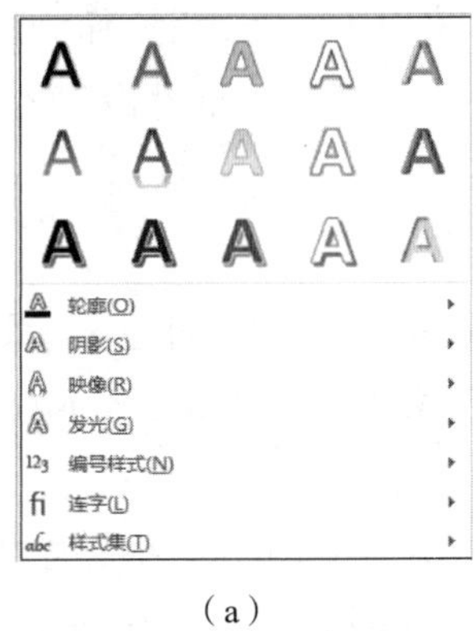

(a)

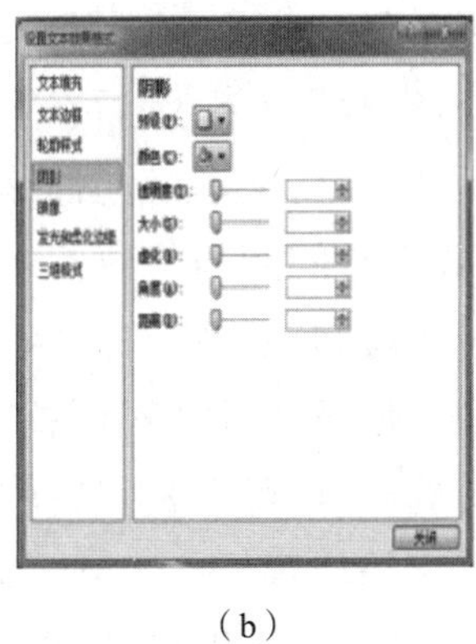

(b)

图 3-25 设置文本效果

②设置字体颜色。单击“字体”选项组中的“字体颜色”及其右侧的箭头按钮，从下拉菜单中选择适当的命令可以设置文本的字体颜色（见图 3-26(a)）。如果对 Word 预设的字体颜色不满意，可单击下拉列表中的“其他颜色”按钮，打开“颜色”对话框（见图 3-26(b)），在其中自定义文本颜色。

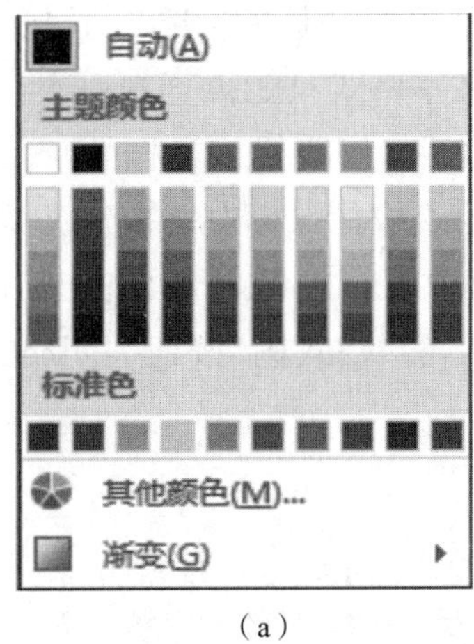

(a)

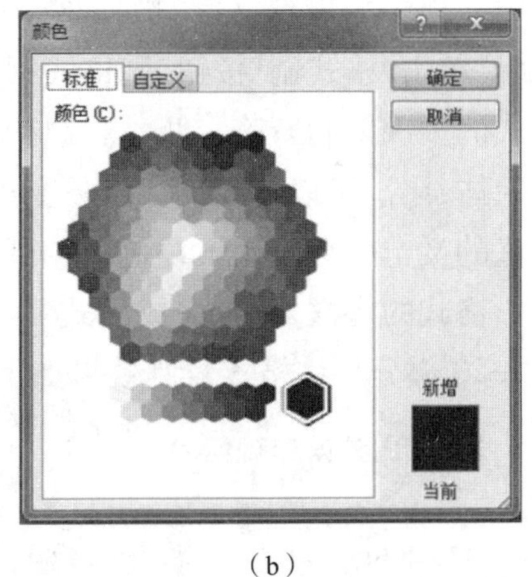

(b)

图 3-26 设置文本颜色

③设置字符边框与底纹。在“字体”选项组中反复单击“字符边框”按钮，可以设置或撤消文本的边框。反复单击“字符底纹”按钮，文本的背景在灰色和默认值之间切换。单击“字体”选项组中的“突出显示”按钮及其右侧的箭头按钮，从下拉菜单中选择适当的命令可以为文本设置其他的背景颜色，按钮图标中的颜色与当前文本的背景颜色一致；选择其中的“无颜色”命令，可以将选取文本的背景颜色恢复成默认值。

切换到“开始”选项卡，在“段落”选项组中单击“底纹”按钮及其右侧的箭头按钮，从下拉菜单中选择适当的命令可以设置字符的底纹效果。

(3)设置字符缩放。

切换到“开始”选项卡，在“段落”选项组中单击“中文版式”按钮，从下拉菜单中选择“字符缩放”命令，然后在子菜单中选择适当的比例，即可设置在保持文本高度不变的情况下，文本横向伸缩的百分比。

(4)设置字符间距与位置。

①设置字符间距。字符间距是指文本中相邻两个字符间的距离，系统默认为“标准”类型。打开“字体”对话框，切换到“高级”选项卡，将“间距”下拉列表框设置为合适的选项，即可设置字符的间距。

②设置字符位置。在“字体”对话框的“高级”选项卡中，将“位置”下拉列表框设置为合适的选项，可以设置选定文本相对于基线的位置。其中，选择“提升”选项时，应在“磅值”框中输入提升的磅值；选择“降低”后，应在“磅值”框中输入相对于基线降低的磅值。

(5)格式刷。

格式刷是 Word 里快速实现文本格式统一的工具，在实际文档编辑中是一个非常好用的工具。以图 3-23 中文本为例，使用格式刷工具可实现文本格式统一，首先选中文档中的黑色文字部分，然后双击左上角剪贴板的“格式刷”按钮两次(此时如果单击“格式刷”按钮，则格式刷记录的文本格式只能被复制一次，不利于同一格式的多次复制)；第二步，将鼠标指针移动至待修改格式文档处，即图 3-23 的红色字体部分，可以看到鼠标指针变成了刷子状，按住鼠标左键拖选文本，则格式刷刷过的文本将会应用被复制的格式；可以释放鼠标左键，再次拖选其他文本实现同一格式的多次复制；完成格式复制以后，单击“格式刷”按钮关闭格式刷工具。图 3-23 部分字体格式复制效果如图 3-27 所示。

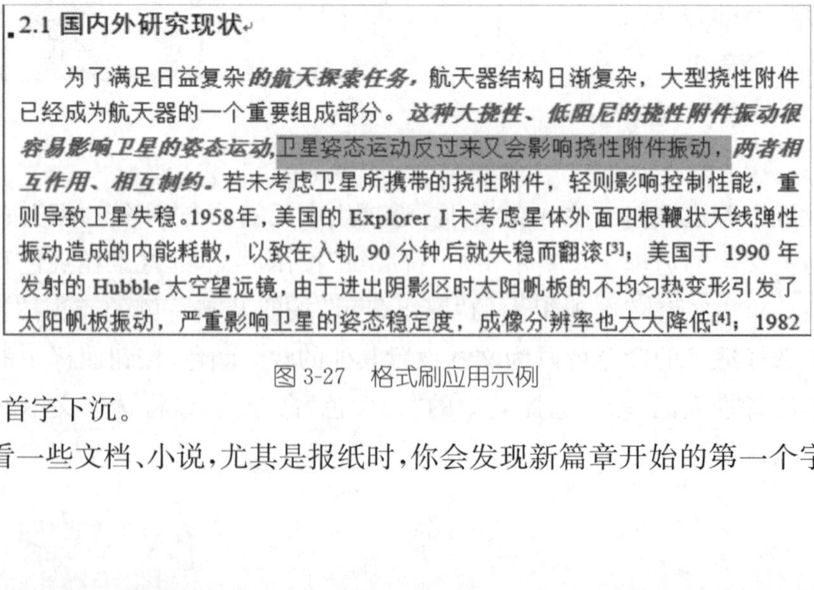

2.1 国内外研究现状

为了满足日益复杂***的航天探索任务，***航天器结构日渐复杂，大型挠性附件已经成为航天器的一个重要组成部分。***这种大挠性、低阻尼的挠性附件振动很容易影响卫星的姿态运动，***卫星姿态运动反过来又会影响挠性附件振动，***两者相互作用、相互制约。***若未考虑卫星所携带的挠性附件，轻则影响控制性能，重则导致卫星失稳。1958年，美国的 Explorer I 未考虑星体外面四根鞭状天线弹性振动造成的内能耗散，以致在入轨 90 分钟后就失稳而翻滚[3]；美国于 1990 年发射的 Hubble 太空望远镜，由于进出阴影区时太阳帆板的不均匀热变形引发了太阳帆板振动，严重影响卫星的姿态稳定度，成像分辨率也大大降低[4]；1982

图 3-27 格式刷应用示例

(6)首字下沉。

当看一些文档、小说，尤其是报纸时，你会发现新篇章开始的第一个字要比其他字大得多，这是使用了首字下沉的效果。Word 2013 中同样可以使用首字下沉功能。首先打开文档，选中需要设置的文字或者把光标放到段首；然后，在“文本”选项组里单击“首字下沉”按钮，这时会出现一个下拉菜单，选择一类“下沉”效果应用到文档中；下沉字体如图 3-28 方框圈中的“为”字，在“为”周围存在一个可缩放文本框，可以通过调整它来改变下沉字体大小。

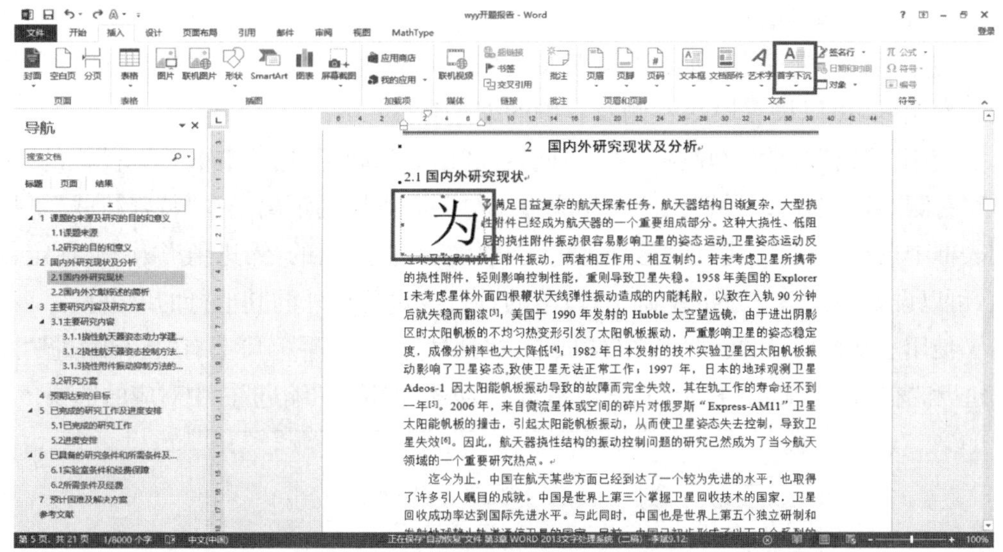

图 3-28　首字下沉示例

3. 段落格式的设置

(1)设置段落对齐方式。

在设置段落格式中，第一项就是要设置段落的对齐方式。表 3-7 中列出了不同的段落对齐方式所表示的含义以及对应的快捷键操作，用户在设置段落对齐方式时可以好好参考表 3-7。下面来说说具体在文档中怎么设置段落的对齐方式。

表 3-7　段落对齐方式含义及组合键

水平对齐方式	含义	组合键
左对齐	使文本向左对齐，Word 不调整行内文字的间距，右边界处的文字可能产生锯齿	Ctrl+L
居中对齐	段落中的每一行都居中显示	Ctrl+E
右对齐	使正文的每行文字沿右页边距对齐，包括最后一行	Ctrl+R
分散对齐	正文沿页面的左、右边距在一行中均匀分布，最后一行也分散充满整行	Ctrl+Shift+J
两端对齐	使文本按左、右边距对齐，Word 会自动调整每一行内文字的间距，最后一行靠左边距对齐	Ctrl+J

使用功能区工具：切换到“开始”选项卡，在“段落”选项组中单击“文本左对齐”按钮、“居中”按钮、“文本右对齐”按钮、“两端对齐”按钮或“分散对齐”按钮。

使用“段落”对话框：单击“段落”选项组中的“对话框启动器”按钮，在需要设置格式的段落内右击，从快捷菜单中选择“段落”命令。接着，在“缩进和间距”选项卡的“常规”栏中，将“对齐方式”下拉列表框设置为适当的选项。

(2)设置段落缩进。

使用功能区工具：切换到“页面布局”选项卡，通过“段落”选项组的“左”和“右”微调框，可以设置段落左侧及右侧的缩进量。

使用“段落”对话框(见图3-29，下同)：在“缩进和间距”选项卡的“缩进”栏的“左侧”“右侧”微调框可以设置段落的相应边缘与页面边界的距离。在“特殊格式”下拉列表框中选择“首行缩进”或“悬挂缩进”选项，然后在后面的“缩进值”微调框指定数值，可以设置在段落缩进的基础上，段落的首行或除首行外的其他行的缩进量。

使用水平标尺：切换到“视图”选项卡，找到“标尺”，水平标尺上有“首行缩进”“左缩进”和“右缩进”等缩进标记，其作用相当于“段落”对话框“缩进”栏中对应的选项。

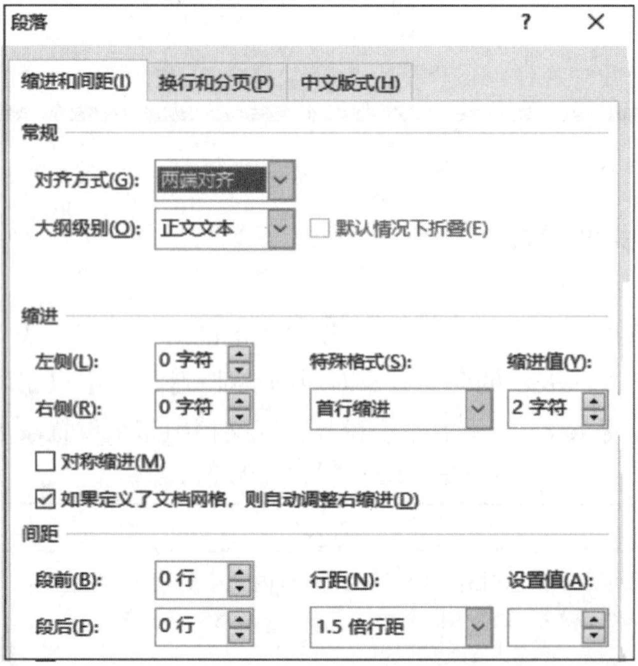

图3-29 段落格式

(3)设置段落间距与行距。

使用功能区工具：切换到“开始”选项卡，在“段落”选项组中单击“行和段落间距”按钮，从下拉菜单中选择适当的命令，可以设置当前段落的行距。

使用“段落”对话框：在“缩进和间距”选项卡的“间距”栏中，通过“段前”“段后”微调框可以设置选定段落的段前和段后间距；“行距”下拉列表框用于设置选定段落的行距，如果选中“固定值”“多倍行距”或“最小值”选项，可在“设置值”微调框中输入具体的值。

(4)设置段落边框和底纹。

设置段落底纹：设置段落底纹是指为整段文字设置背景颜色，方法为：切换到“开始”选项卡，在“段落”选项组中单击“底纹”按钮及其右侧的箭头按钮，从中选择适当的颜色。用户也可以选择“其他颜色”命令，在打开的“颜色”对话框中自定义段落的底纹。

设置段落边框：设置段落边框是指为整段文字设置边框。在“段落”选项组中，单击“边框”按钮及其右侧的箭头按钮，从下拉菜单中选择适当的命令，即可对段落的边框进行设置。用户也可以通过选择“边框和底纹”命令，在弹出的“边框和底纹”对话框中对段落边框和底纹进行详细设置。单击“边框”选项卡中的“选项”按钮，打开“边框和底纹选项”对话框，能够设置边框与文本之间的距离。

3.2.4 添加页眉与页脚

页眉和页脚是正文之外的内容，其作用除了使文档看起来更加规范以外，还可以增加文档的可读性。一般情况下，页眉显示在页面上方，页眉的内容通常是章节标题；页脚显示在页面下方，页脚的内容通常是页码。那么，该如何来设置一篇文档的页眉和页脚呢？

1. 设置页眉和页脚

(1)切换到“插入”选项卡，在“页眉和页脚”选项组(见图 3-30，下同)中单击“页眉”按钮，出现下拉菜单。

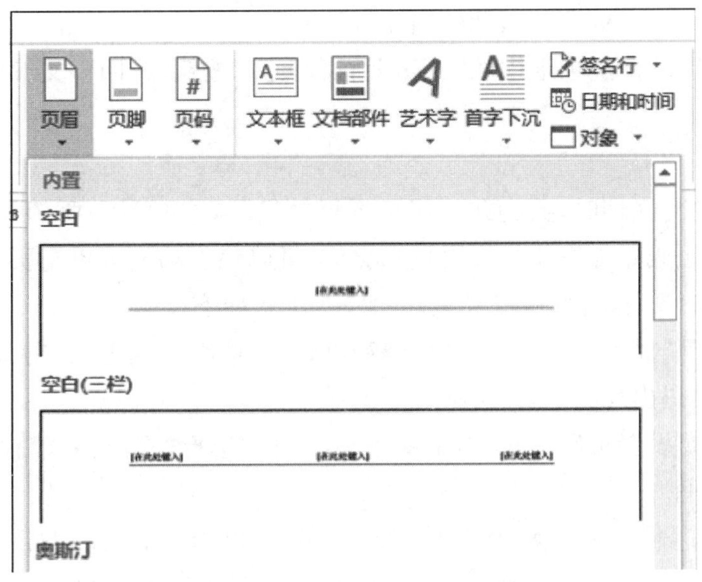

图 3-30 页眉与页脚

(2)从下拉菜单中选择所需的格式后,即可在页眉区添加相应的格式,同时功能区中显示“页眉和页脚工具|设计”选项卡(以下简称“设计”选项卡)。

(3)输入页眉的内容,或者单击“设计”选项卡“插入”选项组内的按钮来插入一些特殊的信息。

(4)单击“导航”选项组中的“转至页脚”按钮,切换到页脚区。页脚的设置方法与页眉相同。

单击“设计”选项卡上的“关闭页眉和页脚”按钮,返回到正文编辑状态。

2. 为奇偶页创建不同的页眉和页脚

(1)双击文档首页的页眉或页脚区,进入页眉和页脚编辑状态。

(2)切换到“设计”选项卡,在“选项”选项组内选中“奇偶页不同”复选框。此时,页眉区的顶部显示“奇数页页眉”字样,用户可以根据需要创建奇数页的页眉。

(3)在“导航”选项组中单击“下一节”按钮,在页眉的顶部显示“偶数页页眉”字样,根据需要创建偶数页的页眉。

(4)如果想创建偶数页的页脚,请单击“导航”选项组中的“转至页脚”按钮,切换到页脚区进行设置。

设置完毕后,单击选项卡中的“关闭页眉和页脚”按钮。

3. 页眉与页脚的修改与删除

对页眉和页脚内容进行编辑的操作步骤如下:

(1)双击页眉区或页脚区,进入对应的编辑状态,接着修改其中的内容,或者进行排版。

(2)如果要调整页眉顶端或页脚底端的距离,请在“位置”选项组中的“页眉顶端距离”和“页脚底端距离”微调框内输入数值。

(3)单击“设计”选项卡中的“关闭页眉和页脚”按钮,返回正文编辑状态。

3.2.5 添加页码

有时候在写文档时,页脚并不用于页码的显示,这时就需要额外进行页码添加的操作了,页码添加操作与页眉页脚类似,页码添加功能区也与页眉页脚相邻,图 3-31 为添加页码示例图,添加页码的操作步骤如下:

(1)切换到“插入”选项卡,在“页眉和页脚”选项组中单击“页码”按钮,从下拉菜单中选择页码出现的位置,再从其子菜单中选择一种页码格式。

(2)如果要设置页码的格式,请从下拉菜单中选择“页码格式”命令,打开“页码格式”对话框。

(3)在“编号格式”列表框中选择一种页码格式,例如,“1,2,3,…”“i,ii,iii,…”等。

(4)如果不想从 1 开始编制页码,请设置“起始页码”微调框中的数字。单击

"确定"按钮,关闭对话框。此时,可以看到修改后的页码。

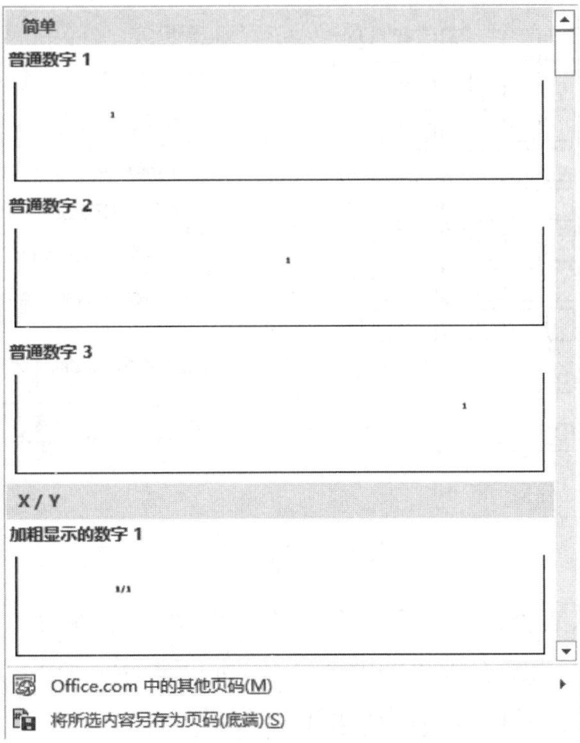

简单
普通数字 1
普通数字 2
普通数字 3
X / Y
加粗显示的数字 1
Office.com 中的其他页码(M)
将所选内容另存为页码(底端)(S)

图 3-31　添加页码示例

3.3　Word 2013 的表格

3.3.1　表格创建

同以前的版本一样,Word 2013 同样能很方便地绘制出我们需要的表格。关于表格的创建,在这里主要介绍两种常用的方法:插入表格和绘制表格。

1. 插入表格

在 Word 2013 功能区找到"插入"一项,点进去之后找到"表格"一栏,选中后能发现如下图所示的表格操作区,当插入的表格规格不超过"10 * 8"时,可以直接在方框区创建表格,如图 3-32(a)方框选中区域表示创建一个 3 行 3 列的表格。具体操作是:将插入点置于目标位置,切换到"插入"选项卡,在"表格"选项组中单击"表格"按钮,用鼠标在出现的示意表格中拖动,以选择表格的行数和列数,同时在示意表格的上方显示相应的行列数。选定所需行列数后,释放鼠标按键即可。

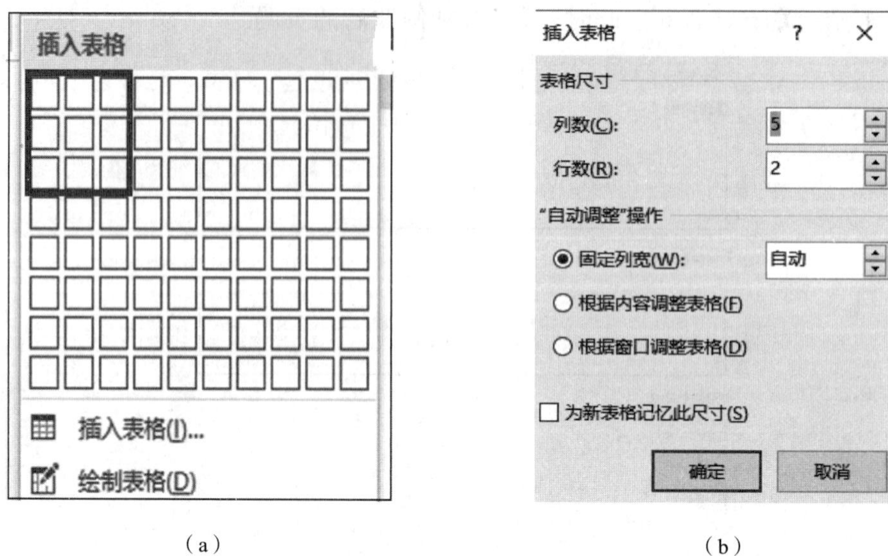

（a） （b）

图 3-32 插入表格

另外一种插入表格的方法是一种自定义创建方式，见图 3-32(a)，单击下方“插入表格”选项，打开后会弹出如图 3-32(b)所示对话框，然后在对话框中填写要创建表格的信息，点击“确定”后表格就创建好了。

2. 绘制表格

创建表格的另一个常用方法就是绘制法，绘制表格比较适用于创建行列并不完全对称的表格，绘制表格的具体操作为：将插入点置于目标位置，切换到“插入”选项卡，在“表格”选项组中单击“表格”按钮，点击下方“绘制表格”选项，会出现一支画笔，用户可以在选中的空白区域绘制自己想要的表格。

3. 删除表格

当表格不再需要时，请单击表格的任意单元格，切换到“表格工具|布局”选项卡(以下简称“布局”选项卡)，在“行和列”选项组中单击“删除”按钮，从下拉菜单中选择“整个表格”命令将其删除。

另外，将鼠标指针放在表格移动控制点上，当指针变为带双向十字箭头形状时，单击左键选定整个表格，然后右击任意单元格，从快捷菜单中选择“删除表格”命令，也可以将表格整体删除。

3.3.2 表格基本操作

表格创建完以后，会涉及表格的基本操作，其中包括表格的行列操作、文字方向选定、单元格操作以及题注的添加等。

1. 行列操作

有时候在表格创建完以后，使用的时候发现还需要额外增加一些行列，这时用户可直接在原表格基础上增加行列。选中原表格，单击鼠标右键，在弹出的操作选项表选中“插入”一项，如下图所示，用户可以在原表格周围插入行和列。

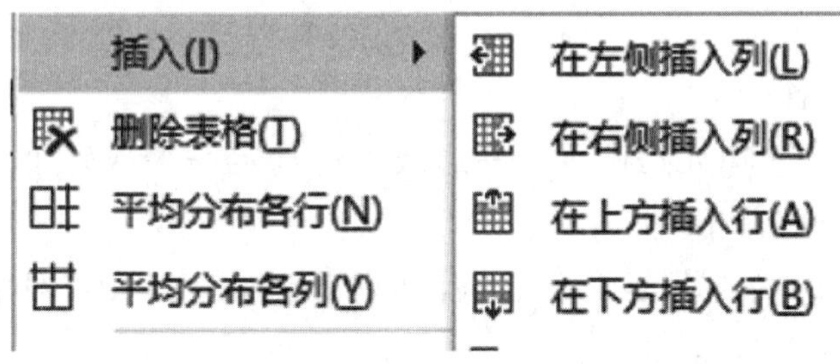

图 3-33　插入行列

如图 3-33 所示，为了让表格看上去更为规范，常常用到“平均分布各行(列)”使得表格行宽(列高)均匀分布。

如果要复制或移动表格的一整行，请按如下步骤进行操作：

(1)选定包括行结束符在内的一整行，然后按“Ctrl＋C”或“Ctrl＋X”组合键，将该行内容存放到剪贴板中。

(2)将插入点置于要插入行的第一个单元格中，然后按“Ctrl＋V”组合键，复制或移动的行被插入到当前行的上方，并且不替换其中的内容。

2. 文字方向

表格中的文字方向是可调的，这是为了适应不同类型表格的要求。当需要调整表格全部或某些单元格的文字方向时，先选中单元格，点击鼠标右键，在弹出的操作选项列表里找到“文字方向”，点进去后会弹出如图所示的对话框，然后按照要求修改文字方向即可。

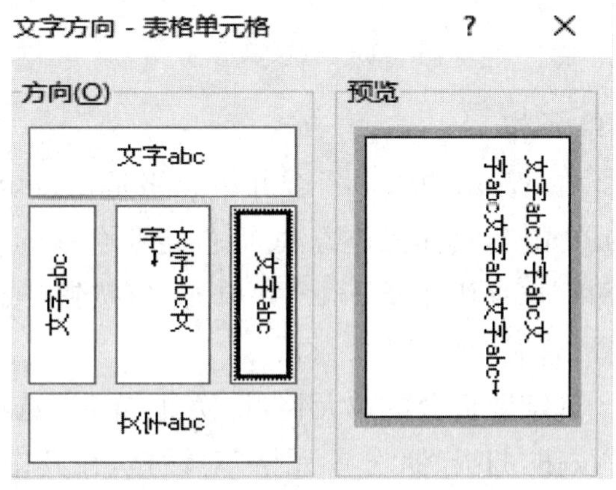

图 3-34　调整文字方向

3. 单元格操作

单元格操作是表格操作里比较重要的操作，单元格作为表格的基本构成元素，在制作表格过程中发挥着重要的作用。在实际制作表格的过程中，往往是先按照前文提及的插入法创建一个行列均匀分布的表格，然后通过单元格操作制作出想要的表格。

4. 插入单元格

第一步：在插入新单元格位置的左边或上边选定一个或几个单元格，其数目与要插入的单元格数目相同。

第二步：切换到“布局”选项卡，在“行和列”选项组中单击“对话框启动器”按钮，打开“插入单元格”对话框。

第三步：选中“活动单元格右移”或“活动单元格下移”单选按钮后，单击“确定”按钮。

5. 删除单元格

选中想要删除的单元格，右击打开操作选项表，找到“删除单元格”一项，点击进入后出现如图 3-35 所示对话框，然后按照自己需求删除对应单元格，最后单击“确定”按钮即可。

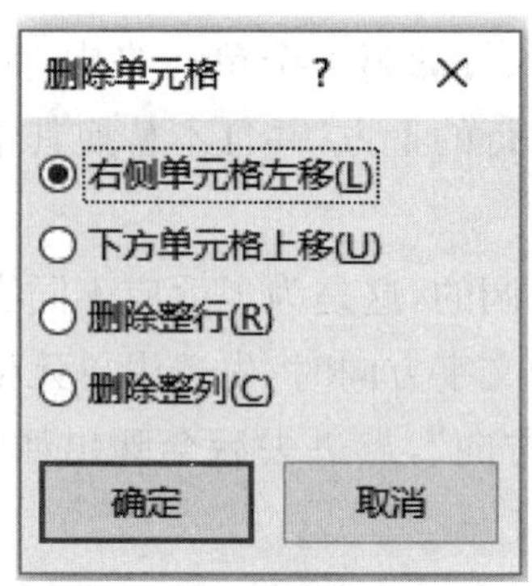

图 3-35 删除单元格

6. 合并与拆分单元格

(1)合并单元格。在 Word 2013 中，合并单元格是指将矩形区域的多个单元格合并成一个较大的单元格，具体操作方法为：选定要合并的单元格，然后切换到“布局”选项卡，在“合并”选项组中单击“合并单元格”按钮(或者右击选定的单元格，从快捷菜单中选择“合并单元格”命令)。

(2)拆分单元格。选定要拆分的单元格，切换到“布局”选项卡，在“合并”选项组单击“拆分单元格”按钮，打开“拆分单元格”对话框，在其中输入要拆分的行数和列数，然后单击“确定”按钮。

7. 添加题注

添加题注的作用一般是为了编辑表名，具体操作是：选中表格，右击打开操作选项表，找到“插入题注”一项，点进去后弹出如图 3-36 所示对话框，加入题注即可。

图 3-36　添加题注

8. 表格中公式的应用

在 Word 2013 中，用户可以借助表格公式对表格中的数据进行数学运算，包括加、减、乘、除以及求和、求平均值等常见运算。选中待操作表格，将光标定格在需要运算的单元格中，然后单击“布局”选项栏“公式”按钮（如图 3-37 所示），出现如图 3-38 所示编辑界面，用户可以在公式一栏输入相应数学运算。例如，图中所示的“＝SUM(ABOVE)”命令表示对选中单元格以上单元格进行求和运算。另外，用户可以在粘贴函数一栏（见图 3-38 中左下方方框圈中部分）选择所要进行的单元格数学运算。

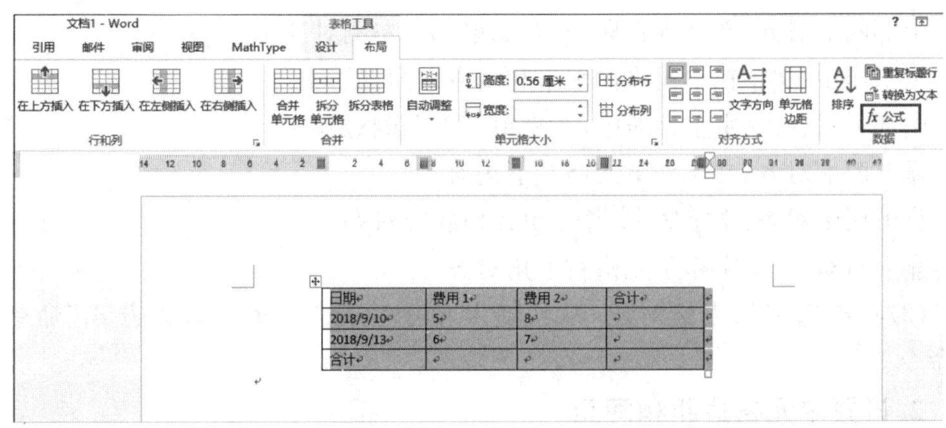

图 3-37　表格中公式应用

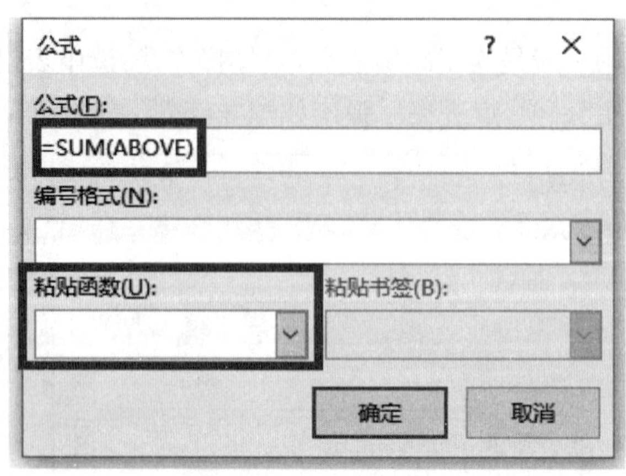

图 3-38　公式编辑界面

3.3.3　表格美化

表格创建好以后，考虑到增加文档的可读性，往往会对其进行一定程度的美化。表格的美化往往涉及表格内文本、单元格大小以及边框和底纹的设置，下面来看看具体如何操作吧。

1. 设置单元格内文本对齐方式

在表格中不但可以水平对齐文字，而且还可以设置垂直方向的对齐效果。选定单元格或整个表格后，可以使用如下方法修改文本的对齐方式：

(1)切换到“布局”选项卡，在“对齐方式”选项组中单击对齐按钮，有以下几种对齐方式：

靠上两端对齐：文字靠单元格左上角对齐。

靠上居中对齐：文字居中，并靠单元格顶部对齐。

靠上右对齐：文字靠单元格右上角对齐。

中部两端对齐：文字垂直居中，并靠单元格左侧对齐。

水平居中：文字在单元格内水平和垂直方向都居中。

中部右对齐：文字垂直居中，并靠单元格右侧对齐。

靠下两端对齐：文字靠单元格左下角对齐。

靠下居中对齐：文字居中，并靠单元格底部对齐。

靠下右对齐：文字靠单元格右下角对齐。

(2)右击选定的表格对象，从快捷菜单中执行“单元格对齐方式”命令的子命令。

2. 设置单元格边距和间距

用户自定义单元格的边距和间距时，请选定整个表格，切换到“布局”选项卡，在“对齐方式”选项组中单击“单元格边距”按钮，在打开的“表格选项”对话框中对相关选项进行设置。

3. 设置行高和列宽

(1)通过鼠标拖动。将鼠标指针移至两列中间的垂直线上，当指针变成双向箭头形状时，按住左键在水平方向上拖动，当出现的垂直虚线到达新的位置后释放鼠标按键，列宽随之发生改变。

(2)手动指定行高和列宽值。选择要调整的行或列，切换到“布局”选项卡，在“单元格大小”选项组中设置“高度”和“宽度”微调框的值。

(3)通过 Word 自动调整功能。切换到“布局”选项卡，在“单元格大小”选项组中单击“自动调整”按钮，从下拉菜单中选择合适的命令。

4. 设置表格的边框和底纹

选中表格对象，右键打开操作选项列表，找到“表格属性”一项，选中后弹出对话框，在其右下角选中“边框和底纹”按钮，进入如图 3-39 所示对话框。

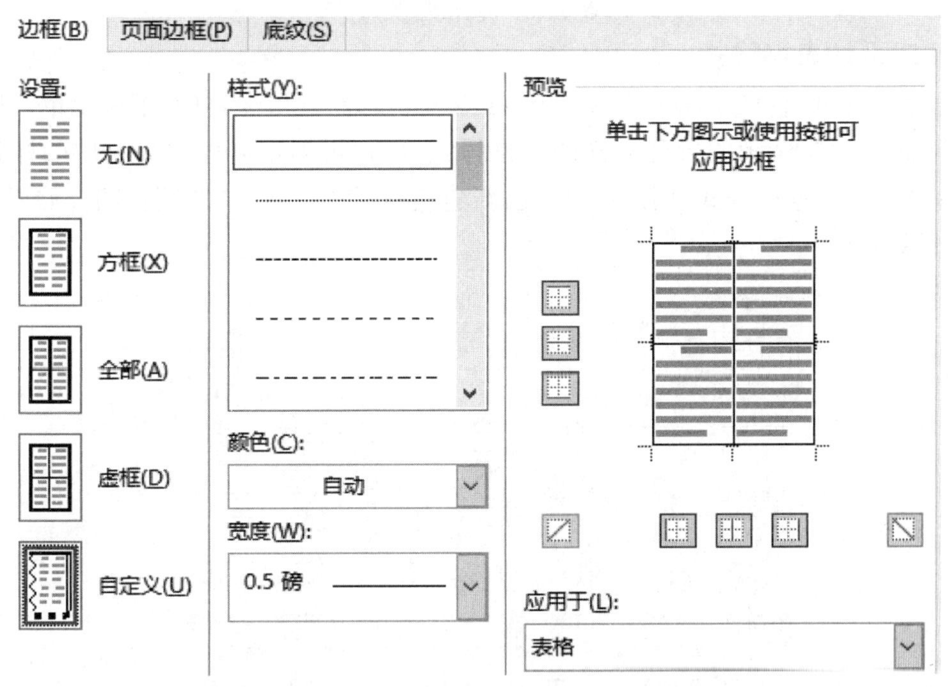

图 3-39 设计表格边框

在对话框中可设计边框的样式、颜色以及宽度，如图 3-39 所示，可以设置成方框、全部、虚框或自定义形式，边框的样式、颜色以及宽度均可以自己设置。

在对话框中单击底纹，弹出如图 3-40 所示界面，可以设置表格底纹的填充色以及图案的样式和颜色。

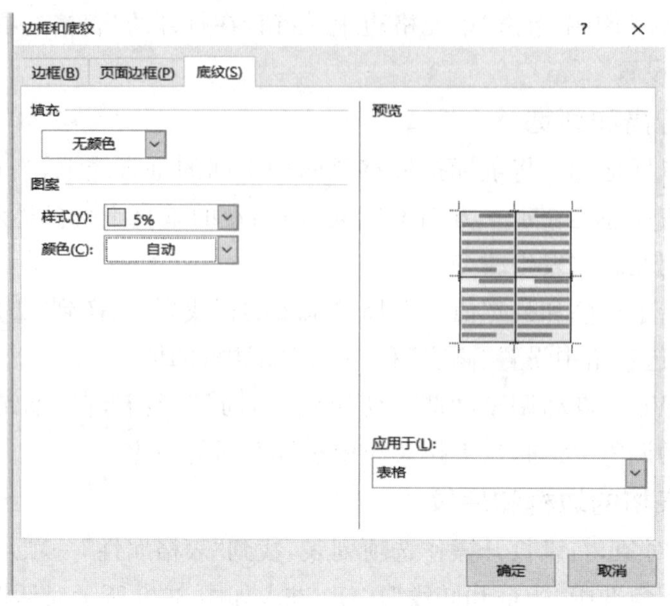

图 3-40　设计表格底纹

5. 设计表格样式

用户还可以设计表格的样式,切换到表格“设计”选项卡,打开下拉菜单,可以看到如图 3-41 所示的各种各样的表格样式,用户可根据需要选择相应的样式。如果找不到满意的样式,用户也可自己新建表格样式,“新建”选项在图 3-41 下方方框圈中部分。

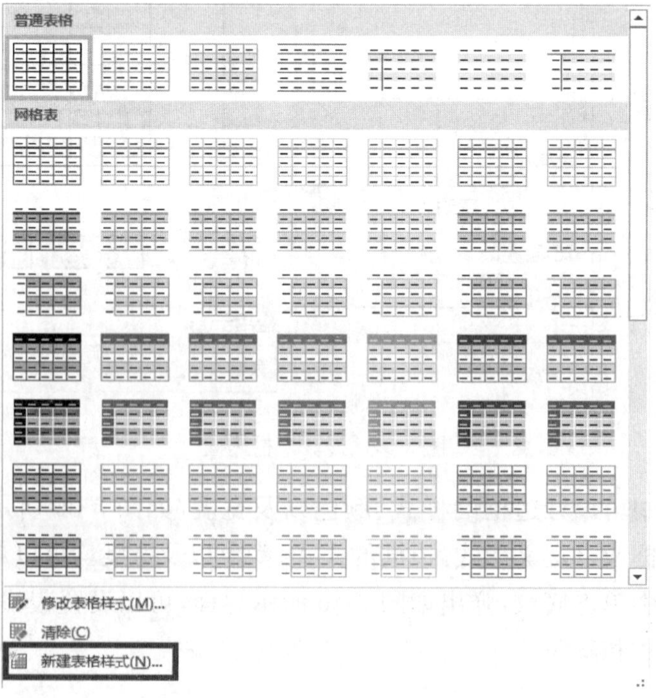

图 3-41　设计表格样式

3.4　Word 2013 的图片与图形

3.4.1　添加图片

图片是文档的必备元素之一，在 Word 2013 中，插入图片、编辑图片以及美化图片的有关操作如下：

1. 插入图片

在文档中插入剪贴画的操作步骤为：

(1)将插入点置于目标位置，切换到"插入"选项卡，在"插图"选项组中单击"图片"按钮，打开"图片"任务窗格(见图 3-42)。

(2)在"搜索文字"文本框中输入图片的关键字，如"人物"等，在"搜索范围"和"结果类型"下拉列表框中进行必要的设置。

(3)单击"搜索"按钮，搜索的结果将显示在任务窗格的"结果"区中，检查是否是自己想要插入的图片。

(4)确定所选图片以后，单击所选的图片，然后单击"插入"按钮，即可将其插入到文档中。

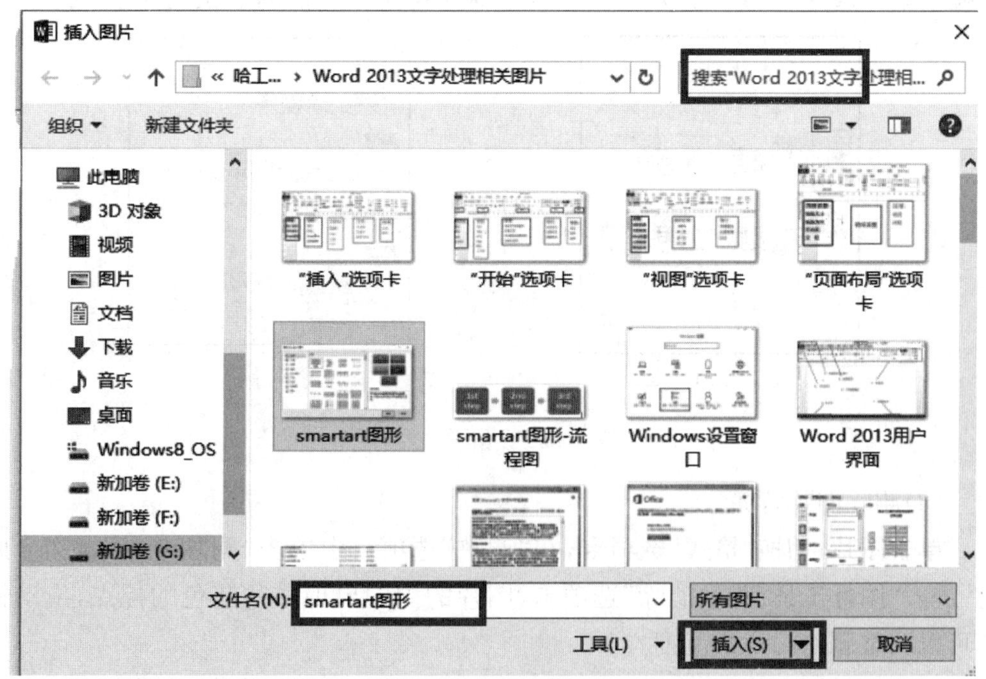

图 3-42　图片任务窗格

2. 编辑图片

(1)调整图片的大小和角度。

单击要缩放(或放大)的图片,其周围出现8个句柄,如果要横向或纵向缩放(或放大)图片,请将鼠标指针指向图片四边的某个句柄上。如果要沿对角线缩放(或放大)图片,请将指针指向图片四角的某个句柄上。按住鼠标左键,沿缩放(或放大)方向拖动鼠标。用鼠标拖动图片上方的绿色旋转按钮,可以任意旋转图片。

如果用户要精确设置图片或图形的大小和角度,可双击图片,切换到“图片工具|格式”选项卡(以下简称“格式”选项卡),在“大小”选项组中对形状“高度”和形状“宽度”微调框进行设置(见图3-43(a))。用户也可以单击“对话框启动器”按钮,打开“布局”对话框(见图3-43(b)),在“大小”选项卡中进行相关的设置。

(2)裁剪图片。

单击文档中要裁剪的图片,切换到“格式”选项卡,在“大小”选项组中单击“裁剪”按钮,此时图片的四周出现黑色的控点。将鼠标指向图片下方的控点,指针变成黑色的“T”形状,向上拖动鼠标,即可将鼠标经过的部分裁剪掉。采用同样的方法,对图片的其他边进行裁剪。单击文档的任意位置,即可完成图片的裁剪操作。

如果要使图片在文档中显示为其他形状,而不是默认的矩形,请单击要裁剪的图片,切换到“格式”选项卡,在“大小”选项组中单击“裁剪”按钮的箭头按钮,从下拉菜单中选择“裁剪为形状”命令,在子菜单中选择所需的形状图标。

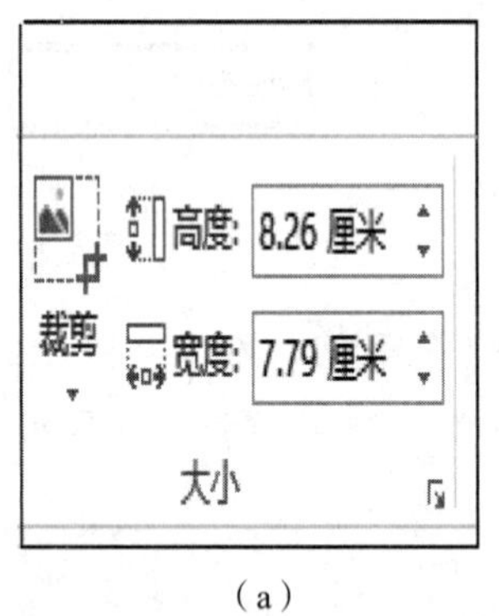

(a)

(b)

图3-43 设置图片大小

(3)删除图片背景。

单击图片,切换“格式”选项卡,在“调整”选项组中单击“删除背景”按钮。此时,进入“图片工具|背景消除”选项卡,图片的周围出现一些蓝色的控点,拖动控点可以调整删除的背景范围。

利用选项卡中的“标记要保留的区域”按钮以及“标记要删除的区域”按钮,然后拖动鼠标对图片中的一些特殊的区域进行标记,从而进一步修正消除背景的准确性。

设置好删除背景的区域后，单击选项卡中的"保留更改"按钮。

图 3-44 删除图片背景

3. 美化图片

(1)设置图片的文字环绕效果。

单击图片，切换到"格式"选项卡，在"排列"选项组中单击"自行换行"按钮，从下拉菜单中选择所需的命令，即可设置图片的文字环绕效果。

(2)设置图片样式。

单击图片，切换到"格式"选项卡，在"图片样式"选项组中单击列表框中所需的样式，可以在文档中立即预览该样式的效果。单击列表框右侧的"其他"按钮，可以从弹出的列表中选择别的样式。

图 3-45 图片样式

(3)调整图片亮度和对比度。

单击图片，切换到"格式"选项卡，在"调整"选项组中单击"更正"按钮，从下拉菜单中选择"亮度和对比度"区域内的一种预定义命令(见图 3-46)。当对这些选项不满意时,请选择“图片更正选项”命令,打开“设置图片格式”对话框,在“图片更正”选项卡中进行适当的设置。

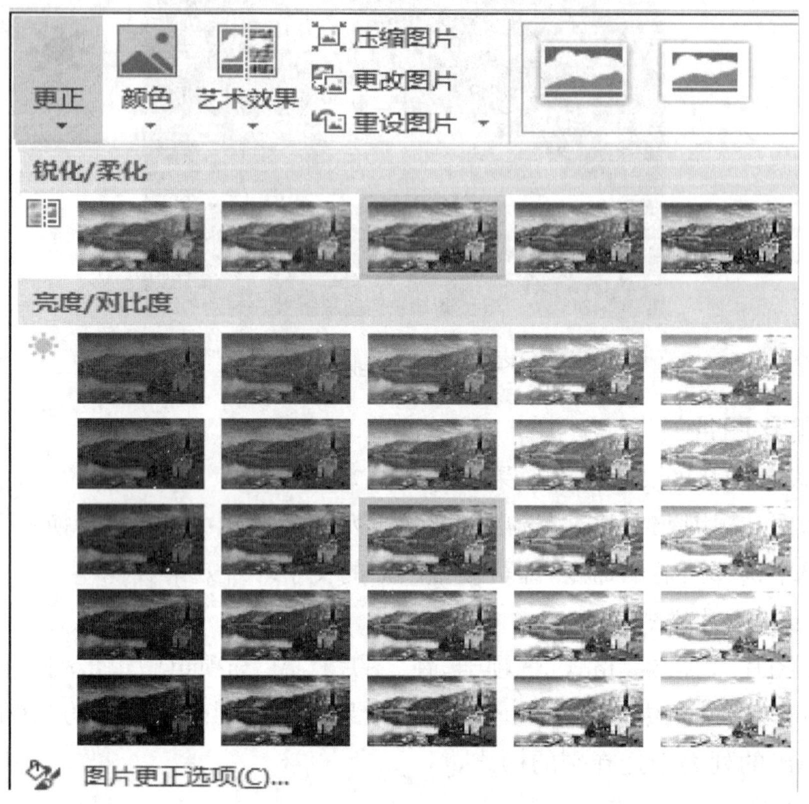

图 3-46 亮度和对比度

(4)调整图片色调。

在 Word 2013 中,可以通过调整图片的色温,达到调整色调的目的,方法为:单击图片,切换到“格式”选项卡,单击“调整”选项组中的“颜色”按钮,从下拉菜单中选择“色调”区内的一种色调(见图 3-47)。

(5)调整图片颜色饱和度。

饱和度是指图片中色彩的浓郁程度,饱和度越高,色彩越鲜艳。对图片的颜色和饱和度调整的方法为:单击图片,切换到“格式”选项卡,在“调整”选项组中单击“颜色”按钮,从下拉菜单中选择“颜色饱和度”区内的一种饱和度(见图 3-47)。

另外,单击“颜色”按钮,从下拉菜单中选择“重新着色”区域内的一种着色样式,可以为图片重新着色,包括灰度、冲蚀、黑白等效果(见图 3-47)。

(6)设置图片的艺术效果。

Word 2013 中的艺术效果是指图片的不同风格,其中预设了标记、铅笔灰度、铅笔素描等效果,设置方法为:单击图片,切换到“格式”选项卡,在“调整”选项组中单击“艺术效果”按钮,从下拉菜单中选择一种艺术效果(见图 3-48)。

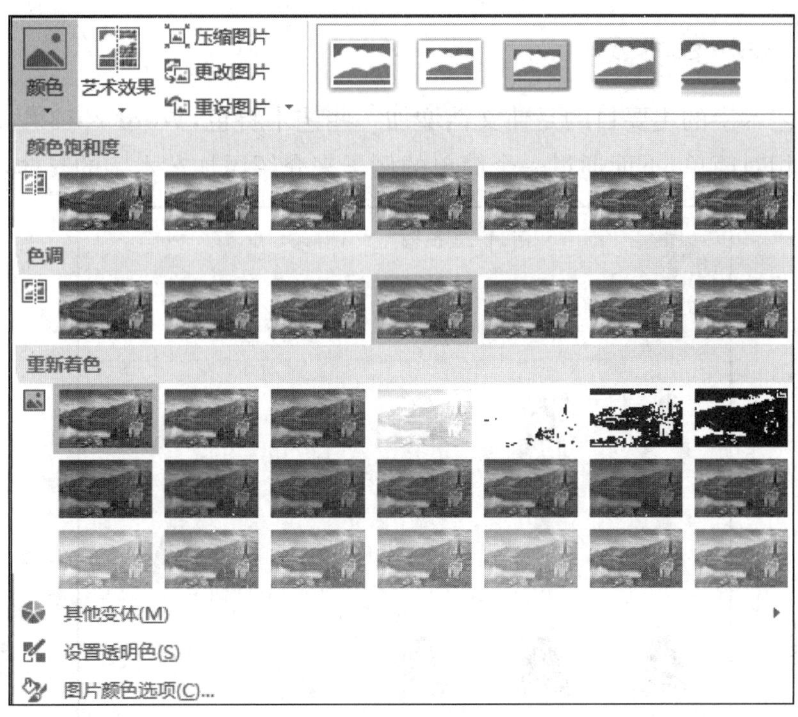

图 3-47 图片颜色效果

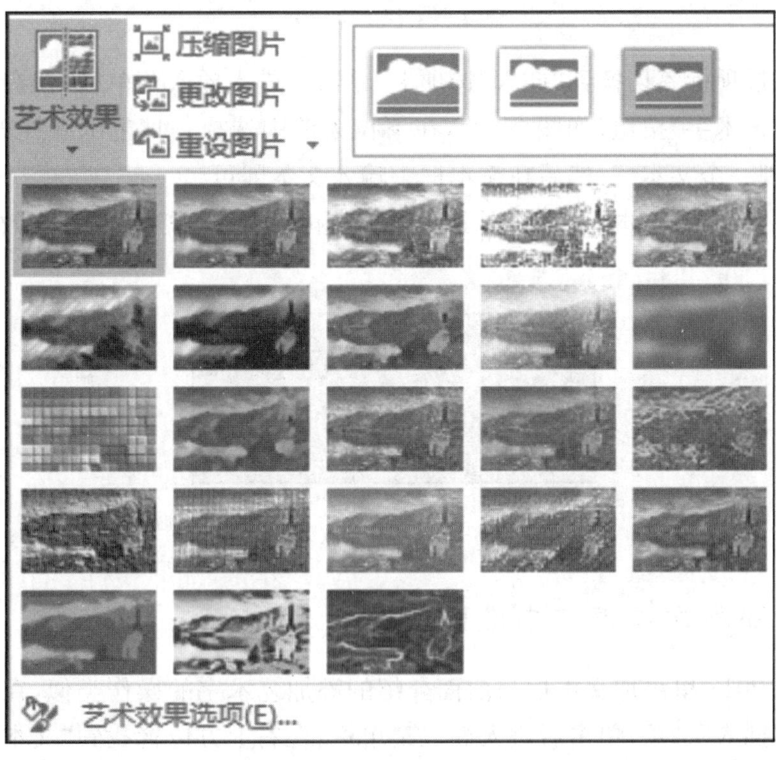

图 3-48 图片艺术效果

3.4.2 添加艺术字

添加艺术字的主要目的是使文档增加一些艺术特色，Word 2013 里添加艺术字的操作相对简单，下面通过一个简单的例子来介绍添加艺术字的具体步骤。

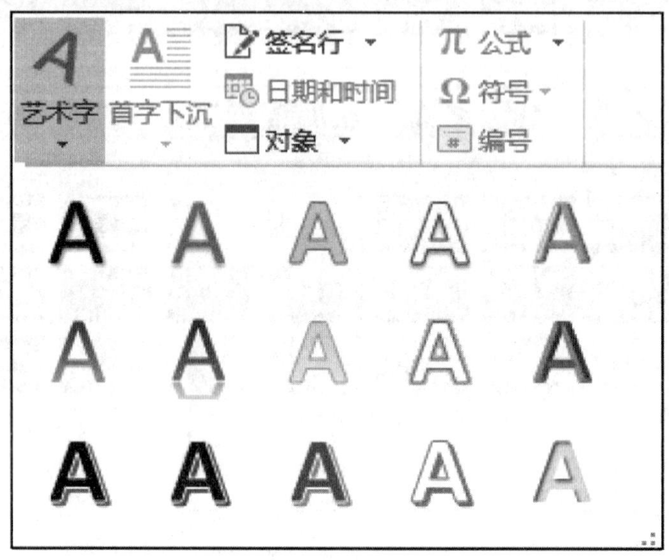

图 3-49 艺术字界面

(1)将选项标签切换到“插入”选项卡，单击后进入插入菜单栏，在右“文本”选项组找到“艺术字”按钮(如图 3-49)，在下拉菜单中选择一种艺术字样式，确定后文档中出现一个文本框，然后在文本框中输入文本即可。

(2)在艺术字文本框中编辑具体内容，再选中调整艺术字的效果，如图 3-50所示。

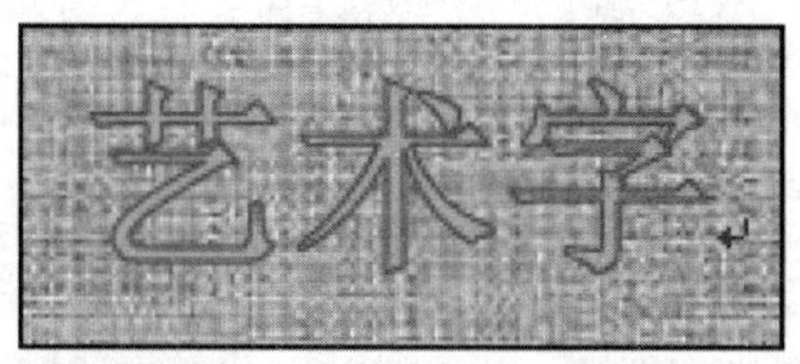

图 3-50 艺术字效果图

3.4.3 添加文本框与自选图形

Word 2013 里添加文本框与前面介绍的添加艺术字的操作类似，在上方菜单栏切换到“插入”一项，单击后进入插入菜单栏，在右上方位置找到“文本框”，选中后能看到内置样式的文本框，可选择一个来创建文本框，也可以自己绘制文本框(见图 3-51 方框圈住区域)。

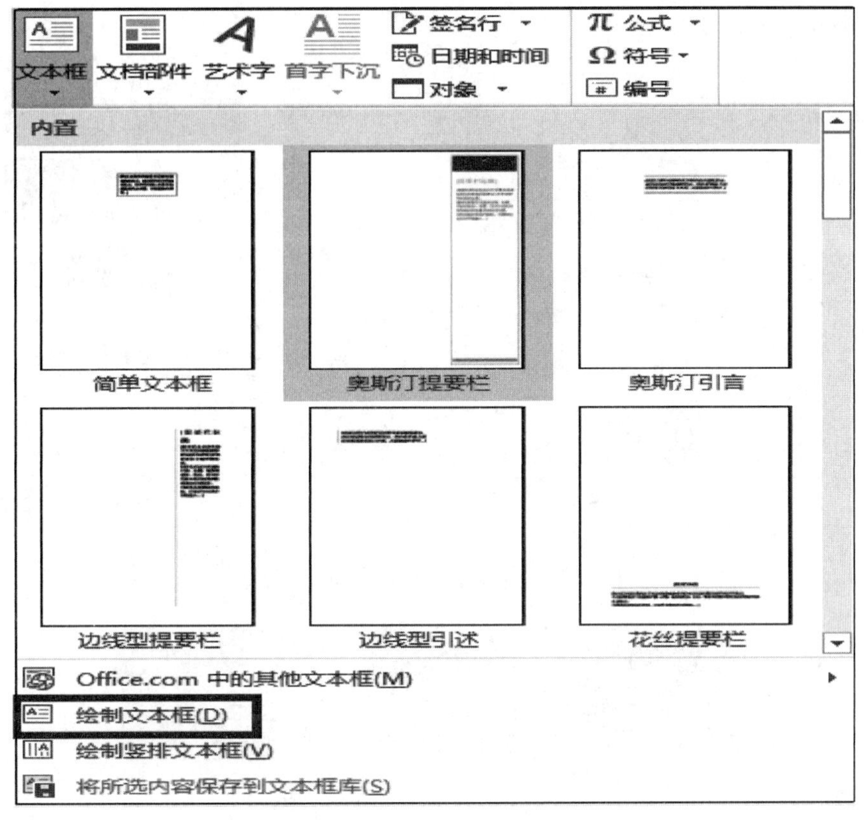

图 3-51　文本框下拉菜单

添加自选图形的操作也类似：在插入菜单栏里找到“形状”，选中后能看到下拉菜单栏里有好多自选图形，选中其中一个后，光标变成“＋”状，在起点处按住鼠标左键，拖动到终点，就插入了选好的自选图形。文中示例插入了一个笑脸图案，如图 3-52 所示。

图 3-52　自选图案

3.4.4　添加 SmartArt 图形

Word 2013 中添加 SmartArt 图形操作与前面提到的操作类似，切换到“插入”选项卡，在“插图”选项组中单击“SmartArt”按钮，在弹出的“选择 SmartArt 图形”（见图 3-53）对话框中选择所需的图形，接着向 SmartArt 图形中输入文字或插入图片。SmartArt 图形可以是各种类型的图形，包括列表、流程、循环、关系和矩阵等。本文画了一个基本流程图作为 SmartArt 图形添加的示例，如图 3-54 所示。

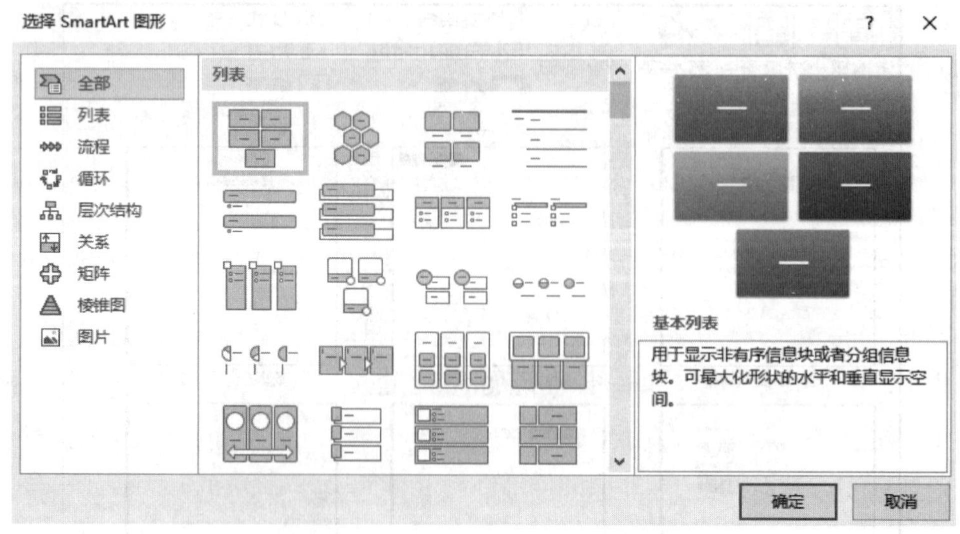

图 3-53　选择 SmartArt 图形对话框

图 3-54　SmartArt 基本流程图

3.5　Word 2013 页面设置与文档打印

3.5.1　页面设置

1. 设置页边距与纸张方向

在文档编辑好以后，通常需要打印出纸质版。在打印之前，用户可通过 Word 2013 里有关文件打印的相关设置对电子版文件进行调整以美化文件打印效果。

首先来学习如何设置页边距和纸张方向。

在 Word 2013 上方菜单栏找到“页面布局”一栏并打开它；然后在左上角菜单栏找到“页边距”，单击点开它，发现如图 3-55(a)所示下拉菜单；页边距类型一共包括：普通、窄、适中、宽等，用户也可以根据需要自定义页边距。单击图 3-55(a)中最下方方框圈中的“自定义边距”按钮，弹出如图 3-55(b)所示对话框，在上方方框圈区域，用户可根据需要来设置页边距上、下、左、右四个方向的预留距离。

设置纸张方向与设置页边距一样，“纸张方向”选项也在“页面边距”的子菜单栏里，单击“纸张方向”选项，会弹出纸张方向选项，包括横向和纵向，用户根据需要选择即可。纸张方向也可在自定义页边距时选择，具体见图 3-55 (b)。

(a) (b)

图 3-55 设置页边距

2. 设置纸张大小

在打印文档时，纸张大小也是不得不考虑的重要因素。设置纸张大小同样在“页面布局”的子菜单栏里进行。在“页面布局”子菜单栏里左上角位置找到“纸张大小”选项，点开后出现如图 3-56(a)所示的下拉菜单，可以看到纸张大小有很多样式，其中常用的是 A4 纸张(图 3-56(a)中间方框圈中部分)。当然，用户也可以点开“其他页面大小”选项(图 3-56(a)最下方方框圈中部分)，选中后弹出如图 3-56(b)所示对话框，用户可以在该对话框中选择纸张大小样式，选择后点击“确定”按钮即可。

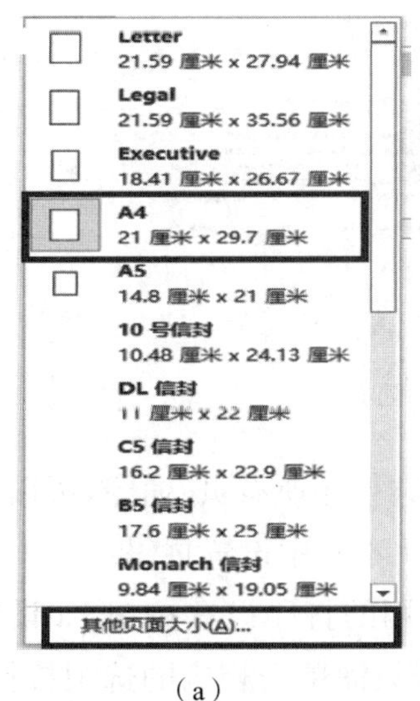

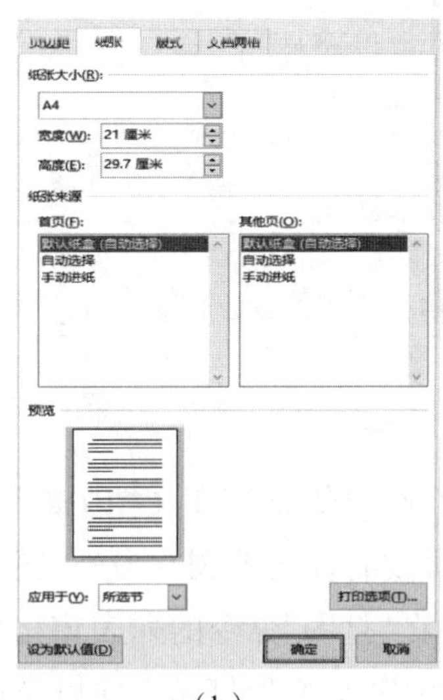

(a) (b)

图 3-56 纸张大小设置

3.5.2 文档打印与预览

1. 打印预览文档

打印预览文档的操作步骤如下：

(1)单击快速访问工具栏中的“打印预览和打印”按钮，此时在文档窗口中将显示所有与打印有关的命令，在最右侧的窗格中能够预览打印效果(如图 3-57 所示)。

(2)拖动“显示比例”滚动条上的滑块能够调整文档的显示大小。单击“下一页”按钮和“上一页”按钮，能够进行预览的翻页操作。

(3)当发现文档中有需要修改的地方时，单击其他选项卡标签，以切换到当前视图中，继续对文档进行编辑处理。

2. 打印文档

对打印的预览效果满意后，即可对文档进行打印，操作步骤如下：

(1)切换到“文件”选项卡，选择“打印”命令，在中间窗格内的“份数”文本框中设置打印的份数，然后单击“打印”按钮，即可开始打印。

图 3-57 文件打印与打印预览

(2)Word 默认打印文档中的所有页面。选择“打印所有页”命令，可以从子菜单中选择要打印的范围。另外，还可以在“页数”文本框中设置页码。

(3)在“打印”命令的列表窗格中还提供了常用的打印设置按钮，如设置页面的打印顺序、页面的打印方向以及设置页边距等，只需单击相应的选项按钮，从子菜单中选择相关的参数即可。

(4)当需要在纸张的双面打印文档，但打印机仅支持单面打印时，请单击中间窗格内的“单面打印”按钮，从下拉菜单中选择“手动双面打印”命令。这样，当所有纸张的第一面都打印完后，系统将提示打印第 2 面，将打印过的纸张翻转到第 2 面再继续打印即可。

3. 保护文档

为文档设置密码的操作步骤如下：

(1)在文档编辑完成后，单击文档左上角“文件”按钮，打开后在下拉菜单右侧发现“保护文档”选项(如图 3-58(a))，单击鼠标左键打开选项，在下拉菜单里选中“用密码进行加密”一项。

(2)在“密码”文本框(如图 3-58(b))中输入密码，密码字符可以是字母、数字和符号，其中字母区分大小写，然后单击“确定”按钮，打开“确认密码”对话框。

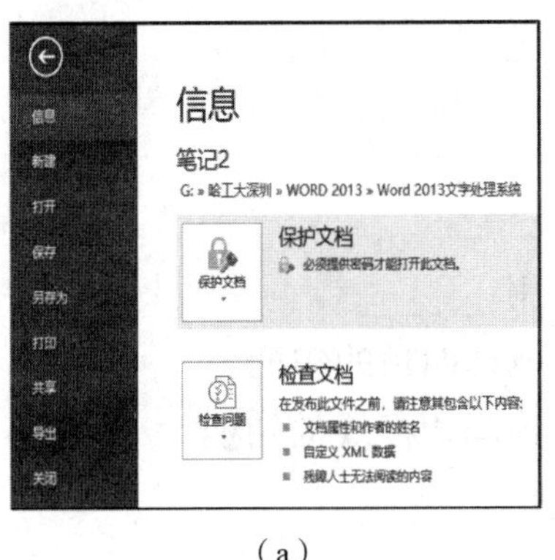

(a)

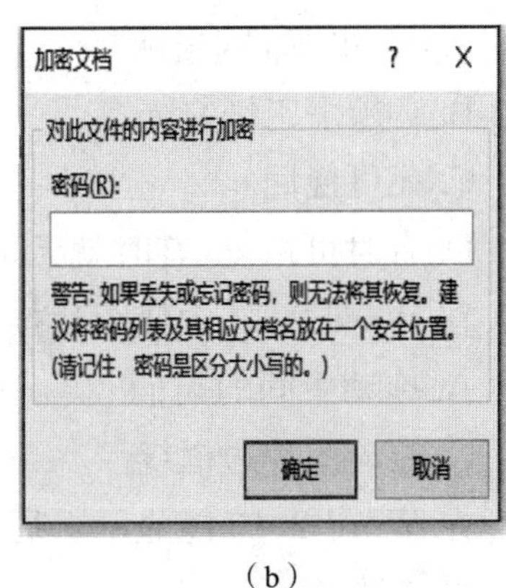

(b)

图 3-58　保护文档

(3)在对话框的文本框中再次输入密码，然后单击“确定”按钮。如果密码核对正确，则返回“另存为”对话框，否则会出现含有提示信息“密码确认不符”的对话框，单击“确定”按钮，重新设置密码。

(4)若密码确认相符，则返回“另存为”对话框，在其中设置保存路径和文件名即可。

习题 3

一、单选题

1. 在 Word 2013 中，当前输入的文字显示在________。

A. 文档的开头　　　　B. 文档的末尾

C. 插入点的位置　　　　D. 当前行的行首

2. 在 Word 2013 中，要新建文档，首先应单击________。

A. “插入”选项卡　　　　B. “审阅”选项卡

C.“视图”选项卡　　D.“文件”选项卡

3. 在 Word 2013 中，进行字体设置后，按新设置的字体显示的文字是________。

A. 插入点所在段落中的文字　　B. 插入点所在行中的文字

C. 文档中被选择的文字　　D. 文档的全部文字

4. 在 Word 2013 中，用于变更文档中出现频率较多的字或词的操作是________。

A. 查找　　B. 复制和粘贴

C. 查找和替换　　D. 删除文本

5. 在 Word 2013 中，查找和替换正文时，若操作错误，则________。

A. 可用“撤消”来恢复

B. 必须手工恢复

C. 无可挽回

D. 有时可恢复，有时就无可挽回

6. 在 Word 2013 中使图片按比例缩放应选用________。

A. 拖动中间的句柄　　B. 拖动四角的句柄

C. 拖动图片边框线　　D. 拖动边框线的句柄

7. 在 Word 2013 能显示页眉和页脚的方式是________。

A. 普通视图　　B. 页面视图

C. 大纲视图　　D. 全屏幕视图

8. 在 Word 2013 中，如果要使图片周围环绕文字应选择________操作。

A.“绘图”工具栏中“文字环绕”列表中的“四周环绕”

B.“图片”工具栏中“文字环绕”列表中的“四周环绕”

C.“常用”工具栏中“文字环绕”列表中的“四周环绕”

D.“格式”工具栏中“文字环绕”列表中的“四周环绕”

9. 在 Word 2013 中，如果要在文档中层叠图形对象，应执行________操作。

A.“绘图”工具栏中的“叠放次序”命令

B.“绘图”工具栏中“绘图”菜单中的“叠放次序”命令

C.“图片”工具栏中的“叠放次序”命令

D.“格式”工具栏中的“叠放次序”命令

10. 在 Word 2013 中，要给图形对象设置阴影，应执行________操作。

A.“格式”工具栏中的“阴影”命令

B.“常用”工具栏中的“阴影”命令

C.“格式”工具栏中的“阴影”命令

D. “绘图”工具栏中的“阴影”命令

11. Word 2013 在编辑一个文档完毕后，要想知道它打印后的结果，可使用________功能。

A. 打印预览　　B. 模拟打印

C. 提前打印　　D. 屏幕打印

12. 在 Word 2013 中编辑文档时，为了使文档更清晰，可以对页眉页脚进行编辑，如输入时间、日期、页码、文字等，但要注意的是页眉页脚只允许在________中使用。

A. 大纲视图　　B. 草稿视图

C. 页面视图　　D. 以上都不对

13. 在 Word 2013 中，下述关于分栏操作的说法，正确的是________。

A. 栏与栏之间不可以设置分隔线

B. 任何视图下均可看到分栏效果

C. 设置的各栏宽度和间距与页面宽度无关

D. 可以将指定的段落分成指定宽度的两栏

14. 在 Word 2013 中，下面关于页眉和页脚的叙述错误的是________。

A. 一般情况下，页眉和页脚适用于整个文档

B. 在编辑“页眉与页脚”时可同时插入时间和日期

C. 在页眉和页脚中可以设置页码

D. 一次可以为每一页设置不同的页眉和页脚

15. 若要设定打印纸张大小，在 Word 2013 中可在________进行。

A. “开始”选项卡中的“段落”对话框中

B. “开始”选项卡中的“字体”对话框中

C. “页面布局”选项卡下的“页面设置”对话框中

D. 以上说法都不正确

16. 在 Word 2013 的“页面设置”中，默认的纸张大小规格是________。

A. 16K　　B. A4　　C. A3　　D. B5

17. 在 Word 2013 的编辑状态下，先后依次打开了 aa. docx、bb. docx、cc. docx、dd. docx 等 4 个文档，当前的活动窗口文档名为________。

A. bb. docx　　B. aa. docx　　C. dd. docx　　D. cc. docx

18. 在 Word 2013 编辑状态打开了一个文档，对文档作了修改，进行关闭文档操作后________。

A. 文档被关闭，并自动保存修改后的内容

B. 文档不能关闭，并提示出错

C. 弹出对话框,并询问是否保存对文档的修改

D. 文档被关闭,修改后的内容不能保存

19. 在 Word 2013 中,如果要删除光标所在位置以前的字符,应该按的键是________。

A. Alt　　B. Ctrl

C. Delete　　D. BackSpace

20. 在 Word 2013 中,当建立一个新文档时,默认的文档段落格式为________。

A. 两端对齐　　B. 居中　　C. 左对齐　　D. 右对齐

二、判断题

1. 在 Word 2013 字号中,中文字号越大,表示的字越大。 (　　)

2. 在 Word 2013 环境下,用户大部分时间可能工作在普通视图模式下,在该模式下用户看到的文档与打印出来的文档完全一样。 (　　)

3. 在 Word 2013 中,文件的扩展名为“. doc”。 (　　)

4. Word 2013 中能插入剪贴画。 (　　)

5. Word 2013 中插入的艺术字能设置字体,不能设置字号。 (　　)

6. 在 Word 2013 中,对当前文档的分栏最多可分为三栏。 (　　)

7. 在 Word 2013 中,使用“页面设置”命令可以指定每页的行数。 (　　)

8. 在 Word 2013 中插入页码时,页码的范围只能从 1 开始。 (　　)

9. 在 Word 2013 中,用微软拼音输入法编辑 Word 文档时,如果需要进行中英文切换,可以使用的组合键是“Ctrl+Alt”。 (　　)

10. 在 Word 2010 中,与“剪贴板”上的“粘贴”命令按钮功能相同的组合键是“Ctrl+V”。 (　　)

三、上机操作题

1. 打开 Word 2013 文字处理软件,建立一个空白的 Word 文档,并在文档中输入“高等学历继续教育课程”,并将该文档以“TEST. docx”名保存。

2. 请新建 Word 文件,并命名为“Word_1. docx”,完成以下操作:

(1)输入如图 3-23 所示文字,并将标题字体设置为橙色、加粗。

(2)将标题设置为居中。

(3)将全文的行间距设置为 1. 5 倍行距。

(4)纸张设置为 A4(21 厘米×29. 7 厘米)。

3. 请新建 Word 文件,并命名为“成绩单. docx”,完成以下操作:

(1)插入一个 3 行 3 列的表格,填入数据,在最上面插入一行,如样例所示。

成绩单		
姓名	语文	数学
张三	90	92
李四	85	90

(2)将表格内外框线改为1.5磅单实线。

(3)将表格中的文字改为粗黑体五号。

(4)将表格中的内容均水平居中。

第4章　Excel 2013 电子表格软件

【学习目标】

- 掌握 Excel 2013 窗口的组成。
- 掌握工作簿、工作表和单元格的概念。
- 掌握编辑和格式化工作表的方法。
- 掌握管理工作簿的方法。
- 掌握 Excel 2013 中公式的使用方法。
- 掌握 Excel 2013 中函数的使用方法。
- 了解图表的类型，掌握图表的创建方法。
- 掌握对数据清单的排序、筛选和分类汇总操作。

4.1　初识 Excel 2013

Microsoft Excel 2013 是微软公司开发出的 Microsoft Office 2013 系列办公软件中的一员，它是一款具有强大电子表格功能的软件。与以前的版本相比，Excel 2013 具有更为强大的数据计算和分析功能。为表述方便，以下简称 Excel 2013 为 Excel。

4.1.1　启动和退出 Excel

启动和退出 Excel 的方法有多种，常用方法的操作步骤如下。

1. 启动 Excel

方法 1：单击桌面的“开始”—“所有程序”—“Microsoft Office 2013” —“Excel 2013”。

方法 2：从桌面快捷方式启动。双击桌面的 Excel 快捷图标。

方法 3：通过打开 Excel 文档来启动。双击一个已保存的 Excel 文档的图标，可以启动 Excel 2013。

2. 退出 Excel

方法 1：单击窗口右上角的“关闭”按钮。

方法 2：单击“文件”选项卡下的“关闭”选项。

方法 3：在文档标题栏上单击鼠标右键，选择“关闭”选项。

方法 4：使用“Alt+F4”快捷键。

4.1.2　Excel 窗口的组成

启动 Excel 后，Excel 窗口含有许多常见的 Windows 元素，包括菜单栏、状态栏和工具栏。另外，窗口还包含 Excel 独特的一些元素，包括公式栏、列标题、行标题、单元格和 Excel 独有的工具按钮。如图 4-1 所示。

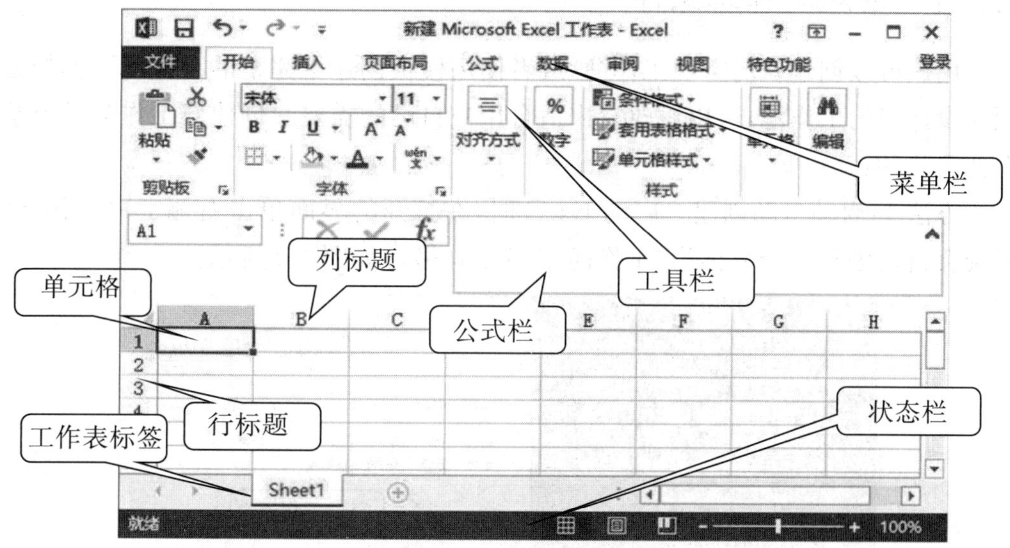

图 4-1　Excel 窗口的组成

单元格：空白区域中行列交叉的地方形成的框称为单元格。每个单元格有一个地址，由列字母和行号组成(A1，B3，C4 等)。

公式栏：在把信息输入单元格时，输入的任何内容都会出现在公式栏中。单元格的位置也出现在公式栏中。

工作表：每个 Excel 文件由一个或多个工作表组成，每个工作表都有一个标签。默认情况下每个 Excel 文件由一个工作表组成，其标签名为 Sheet1。

列标题：工作表顶部的字母，标识工作表中的列。

行标题：工作表右边的编号，标识工作表中的行。

选择器：活动单元格又称为选择器。

4.2 工作簿的创建和管理

Excel 文件称为工作簿，工作簿由多个工作表构成。默认情况下，在打开一个新的 Excel 工作簿时，它包含了一个工作表。每个工作簿有一个文件名，每个工作表有一个标签名。默认情形下，第一个工作簿文件名为工作簿 1，工作表标签名是 Sheet1。

4.2.1 创建工作簿文件

用户可以创建新的空白工作簿，或者使用模板创建更完整的工作簿。模板是预先设计好的工作簿，可以修改它来适合用户自己的需要。创建新工作簿的方法有如下几种：

方法 1：启动自动创建。启动 Excel 时，在打开的界面单击右侧空白工作簿，系统会自动创建一个名称为“工作簿 1”的工作簿。如图 4-2 所示。

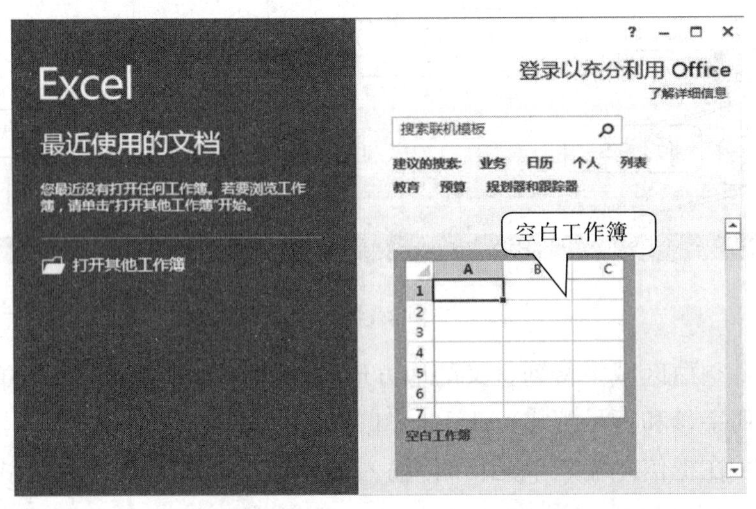

图 4-2 启动 Excel 创建工作簿

方法 2：使用“文件”选项卡。如果已经启动 Excel，那么可以单击“文件”—“新建”—“空白工作簿”，创建一个空白工作簿。

方法 3：使用快速访问工具栏。单击“自定义快速访问工具栏”按钮，选择“新建”选项。将“新建”按钮固定显示在“快速访问工具栏”中，然后单击“新建”按钮，可创建一个空白工作簿，如图 4-3 所示。

方法 4：使用快捷键。在打开的工作簿中，使用“Ctrl＋N”快捷键。

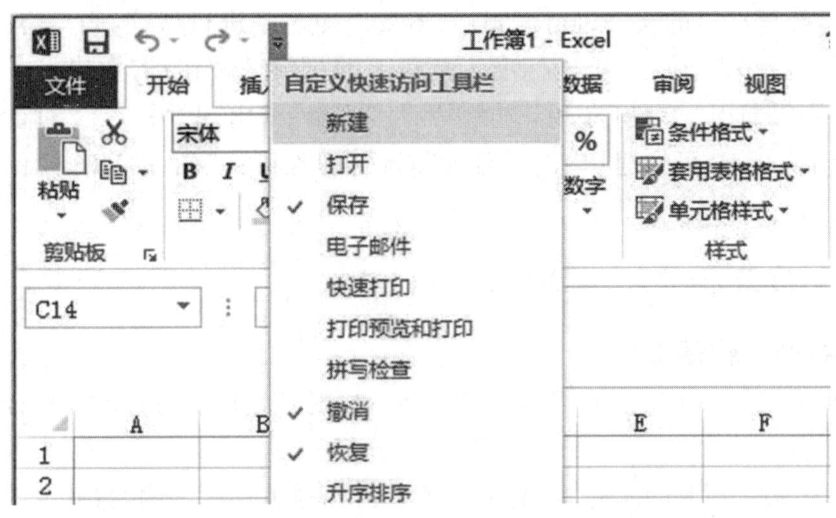

图 4-3　使用快速访问工具栏

4.2.2　保存工作簿文件

在工作簿的工作表中输入的任何内容只是存放在计算机的内存中，如果用户退出 Excel，数据就会丢失。因此，应定期把工作簿文件保存到磁盘。在第一次保存工作簿文件时，必须对它进行命名。保存和命名工作簿文件的步骤如下：

(1)打开“文件”菜单，选择“保存”，或单击标准工具栏上的“保存”按钮，出现“另存为”对话框。如图 4-4 所示。

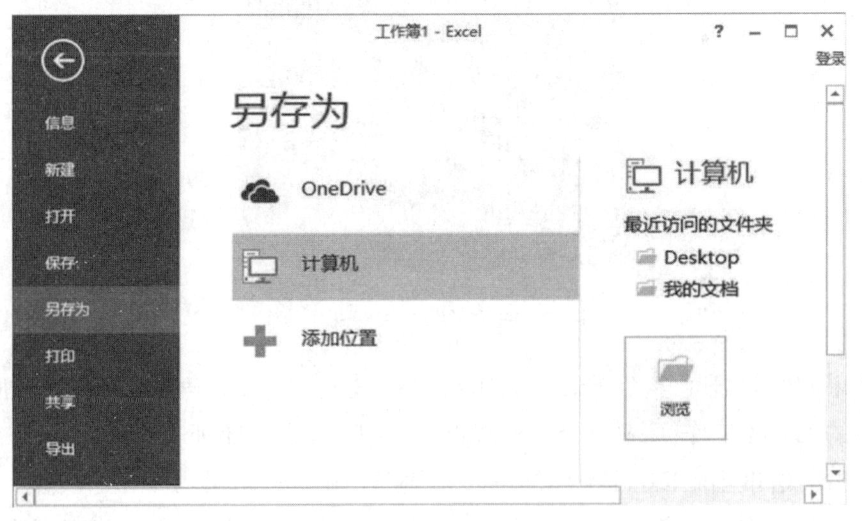

图 4-4　“另存为”对话框

(2)选择合适的保存位置，输入想要的文件名，并选择相应的保存类型后，单击“保存”按钮。

对已经保存过的文件进行编辑后，若要以原名字进行保存，则只需打开“文件”菜单，选择“保存”，或单击标准工具栏上的“保存”按钮；若要以另一名字进行保存，则需打开“文件”菜单，选择“另存为”命令，出现“另存为”对话框。按“Ctrl+S”快捷键，可快速切入“另存为”对话框，也可将现有的工作簿保存在其当前的位置。

4.2.3 打开和关闭工作簿文件

1. 打开工作簿文件

如果关闭了一个工作簿，后来又要使用它，就必须再次打开它。打开工作簿文件的步骤如下：

(1)单击“文件”菜单，选择“打开”，或单击标准工具栏上的“打开”按钮，出现“打开”对话框。

(2)选择合适的查找范围，单击想要打开的文件名后，单击“打开”按钮。

2. 关闭工作簿文件

工作簿处理完毕后，应关闭它们，以释放计算机资源。在 Excel 2013 中，每个打开的 Excel 工作簿都对应一个新窗口。如图 4-5 所示。

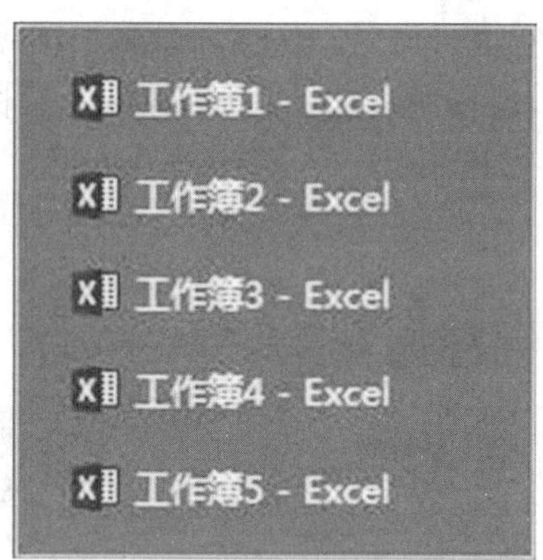

图 4-5 每个工作簿对应一个窗口

如果同时打开了多个 Excel 工作簿，每点击一次右上角的“关闭”按钮，会关闭当前的 Excel 工作簿；按下 Shift 键点击“关闭”，会关闭所有打开的工作簿并退出 Excel。关闭当前 Excel 工作簿的快捷键是“Ctrl+F4”或“Ctrl+W”。

快速关闭多个工作簿并退出程序的操作技巧：将“退出”和“关闭”按钮，添加到快速访问工具栏。操作步骤为：

(1)单击“文件”菜单，选择“选项”，选择“快速访问工具栏”，将“关闭”和“退出”添加到快速访问工具栏，如图 4-6 所示。

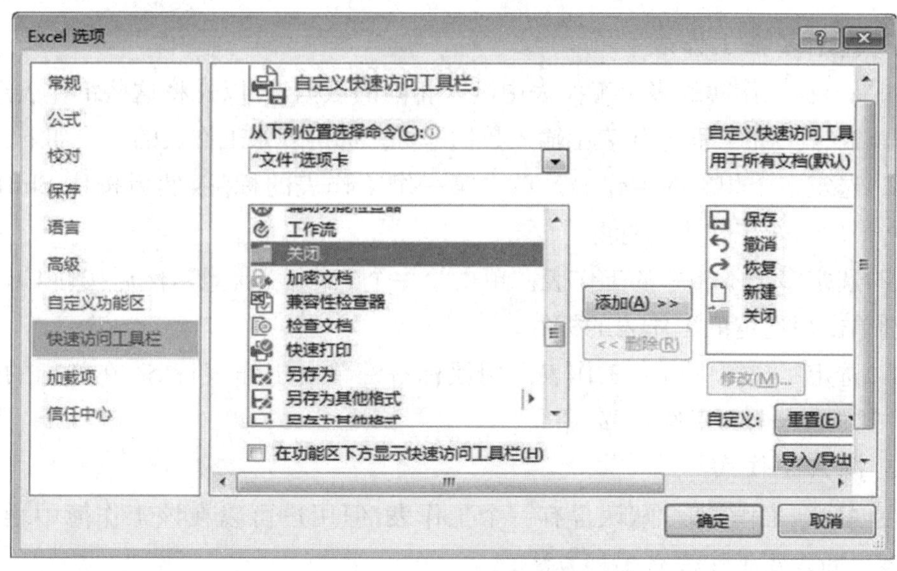

图 4-6　自定义快速访问工具栏

(2)单击工具栏上的"关闭"按钮来关闭工作簿,单击"退出"按钮就可以退出 Excel。

4.2.4　工作表的选择、插入和删除

在对工作表进行复制、移动、删除等操作之前,需要先选定它。

1. 选定一张工作表

只有在工作表成为当前活动工作表后,才能使用该工作表。活动工作表的标签以白底显示,没有被激活的工作表标签以灰底显示。如图 4-7 所示,Sheet1 是活动工作表。

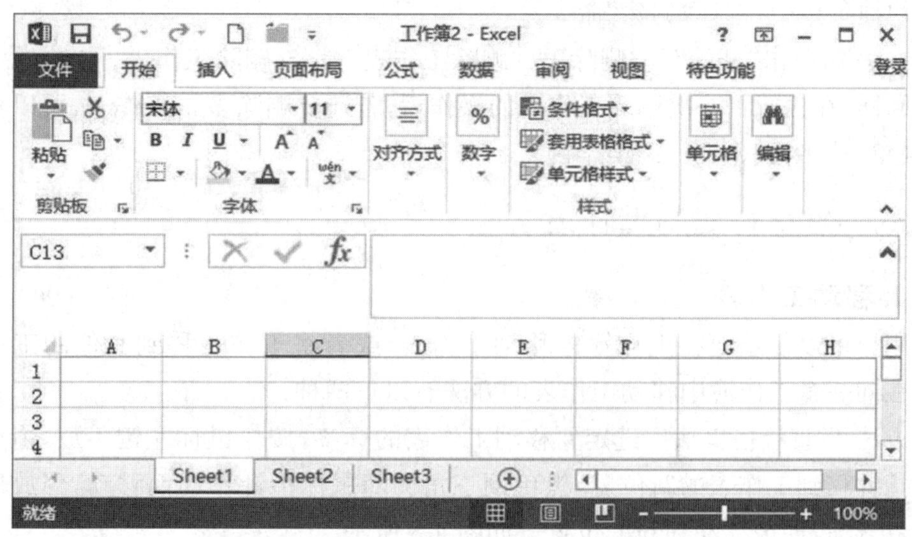

图 4-7　Sheet1 是活动工作表

2. 选定多张工作表

如果要在工作簿的多个工作表中键入相同的数据，可以先将这些工作表选定，然后只需在其中的一张工作表中输入数据即可。选定多张工作表的方法如下：

(1)选定多个相邻的工作表。单击第一个工作表的标签，然后按住 Shift 键，再单击最后一个工作表的标签。

(2)选定多个不相邻的工作表。单击第一个工作表的标签，然后按住 Ctrl 键，再分别单击想选定的工作表的标签。

(3)选定工作簿中所有工作表。用鼠标右键单击工作表标签，在弹出的快捷菜单中选“选定全部工作表”命令。

3. 插入工作表

在创建新工作簿时，默认含有一个工作表，但用户可以在该工作簿中增加新工作表。插入新工作表有多种方法。

方法 1：在打开的 Excel 文件中，单击“新工作表”按钮。

方法 2：在 Sheet1 工作表标签上，单击鼠标右键，在弹出的快捷菜单中，选择“插入”命令，根据提示插入新工作表。

方法 3：单击“开始”—“插入”—“插入工作表”命令，创建新工作表。

方法 4：按“Shift＋F11”快捷键，可以快速创建新工作表。

在执行了一次插入工作表的操作后，若要继续插入多张工作表，可以重复按 F4 键，或者按“Ctrl＋Y”组合键。

4. 删除工作表

在工作簿中不需要的工作表可以删除，删除工作表的方法如下。

方法 1：单击所要删除的工作表，使其成为当前工作表，单击鼠标右键，在弹出的快捷菜单中，选择“删除”命令。

方法 2：单击“开始”—“删除”—“删除工作表”命令，删除工作表。

同样，在执行了一次删除工作表的操作后，若还要删除多张工作表，可以重复按 F4 键，或者按“Ctrl＋Y”组合键。

4.2.5 移动和复制工作表

1. 移动工作表

用户可以任意地在工作簿内移动工作表，或者将工作表移到其他的工作簿中。在同一个工作簿中移动工作表的方法有以下两种：

方法 1：直接拖曳法。选定要移动工作表的标签，按住鼠标左键不放，拖曳鼠标让指针移到工作表的新位置，黑色倒三角会随鼠标指针移动而移动，释放鼠标左键，工作表即被移动到新的位置。如图 4-8 所示。

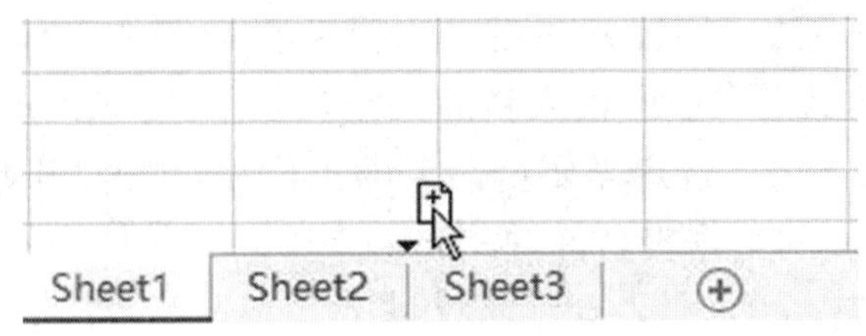

图 4-8　直接拖曳法移动工作表

方法 2:使用快捷菜单法。在要移动的工作表标签上单击鼠标右键,选择“移动或复制”菜单项,在弹出的对话框中选择要插入的位置,单击“确定”按钮。

另外,还可以在不同的工作簿中移动工作表。若要在不同的工作簿中移动工作表,则要求这些工作簿必须是打开的。具体步骤和上面方法 2 类似,只需将“在弹出的对话框中选择要插入的位置”改为“在弹出的对话框的‘将选定工作表移至工作簿’下拉列表中选择要移动的目标位置”即可。

2. 复制工作表

对于格式和内容都很相似的工作表,可以使用复制工作表,以减少重复输入的工作量。复制工作表的方法有如下两种:

方法 1:利用鼠标复制。选定要复制工作表的标签,如 Sheet1,同时按住 Ctrl 键和鼠标左键,并沿着工作表标签将要复制的工作表拖动到新的位置,同时在标签行上方出现一个小黑三角形,指示复制的工作表将要插入的位置,松开鼠标左键即可,复制后的工作表名字为 Sheet1(2),如图 4-9 所示。

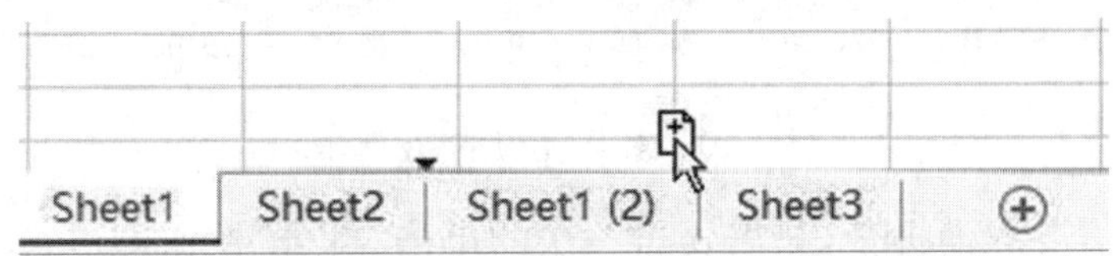

图 4-9　利用鼠标复制工作表

方法 2:使用快捷菜单复制。选择要复制的工作表,在工作表标签上右击,在弹出的快捷菜单中选择“移动或复制”菜单项,在弹出的对话框中选择要复制的目标工作簿和插入的位置,然后选中“建立副本”复选框,单击“确定”按钮即可。

4.2.6　重命名和拆分工作表

1. 重命名工作表

Excel 中默认的工作表以 Sheet1、Sheet2、Sheet3…方式命名,但有时要为这些工作表取一些直观且有意义的名字。重命名工作表有三种方法。

方法 1:直接输入法。用鼠标左键双击需要重命名的工作表标签,输入新的工作表名称,按 Enter 键。

方法 2：快捷菜单法。用鼠标右键单击需要重命名的工作表标签，在弹出的快捷菜单中选择“重命名”选项，输入新的工作表名称，按 Enter 键。

方法 3：菜单命名法。选定需要重命名的工作表，单击“开始”—“格式”—“重命名工作表”，输入新的工作表名称，按 Enter 键。

2. 拆分工作表

对一屏显示不了的工作表，常希望能同时观察或编辑同一张工作表的不同部分。为此，Excel 提供了拆分工作表的功能。可将工作表按照“横向”和“纵向”进行分割，分割后的部分称为“窗格”，每个“窗格”中都有滚动条，使用它们滚动对应窗格中的内容。拆分工作表的步骤如下：

(1)打开需要拆分的表格，将鼠标光标定位在需要拆分的位置，在“视图”菜单中选择“拆分”按钮，此时出现一条灰色的水平(竖直)拆分条，拖动水平(竖直)拆分条到需要拆分的位置即可。完成水平拆分的效果如图 4-10 所示。

	A	B	C	D	E	F	G	H	I	J
1	某公司工资表									
2										
3	编号	部门	姓名	基础工资	津贴	职务工资	书报	应发合计	所得税	水电费
4	1	部门A	陈 伟	789.00	120.00	122.00	98.00	1129.00		88.00
5	2	部门A	刘 玲	575.00	89.00	166.00	98.00	928.00		56.00
6	3	部门A	杨建军	355.00	67.00	100.00	98.00	620.00		120.00
4	1	部门A	陈 伟	789.00	120.00	122.00	98.00	1129.00		88.00
5	2	部门A	刘 玲	575.00	89.00	166.00	98.00	928.00		56.00
6	3	部门A	杨建军	355.00	67.00	100.00	98.00	620.00		120.00
7	4	部门B	何 芳	988.00	130.00	122.00	98.00	1338.00		34.00
8	5	部门B	李 军	1200.00	280.00	100.00	98.00	1678.00		99.00
9	6	部门B	吴林松	393.00	66.00	100.00	98.00	657.00		45.00
10	7	部门B	张善勤	377.00	64.00	80.00	98.00	619.00		23.00

图 4-10　水平拆分后的工作表

(2)如果需要取消拆分，只需要再一次的单击“拆分”按钮即可。

4.2.7　隐藏工作簿、工作表、列和行

如果处理的是重要的数据，不想让其他人看到，可以隐藏工作簿、工作表、列或行。如果数据被隐藏，就不能被观看、打印或修改。可使用以下方法隐藏数据。

若要隐藏工作簿，则打开“视图”菜单，并选择“隐藏”按钮。

若要隐藏工作表，则单击其标签选中它，然后点击“开始”—“格式”—“隐藏和取消隐藏”—“隐藏工作表”。或者鼠标右键点击工作表标签，选择“隐藏”。

若要隐藏行或列，则单击行标题或列标题，然后点击“开始”—“格式”—“隐藏和取消隐藏”—“隐藏行”或“隐藏列”。或者鼠标右键点击行标题或列标题，选择“隐藏”。

当然，可以在需要时重新显示隐藏的数据。若要重新显示隐藏的数据，可首先选择隐藏的区域，例如，选择与隐藏区域相邻的行、列或工作表；然后，重复前面的步骤，从合适的菜单中选择“取消隐藏”。

4.3　工作表的编辑

4.3.1　输入不同类型的数据

创建一个工作表后，应将数据输入到构成工作表的单元格中，可以输入各种类型的数据，包括：文本、数字、日期、时间、公式和函数等。

1. 输入文本

可以执行以下步骤把文本输入到单元格中。

在想输入文本的单元格中单击，输入文本。在输入时，该文本同时出现在单元格和公式栏中，如图 4-11 所示，按回车键。

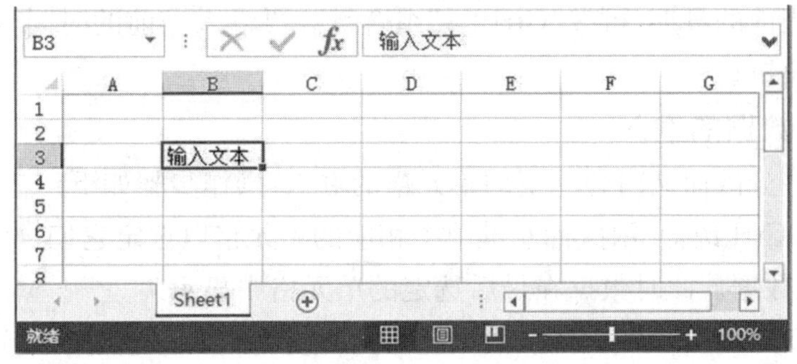

图 4-11　输入文本

可以使用单元格批注提供工作表数据的详细信息。在建立一个批注后，可以在任何时候显示它。执行以下步骤可以给单元格添加一个批注。

选择想要添加批注的单元格，打开“审阅”菜单，选择“新建批注”按钮，输入批注，如图 4-12 所示。在单元格外单击，一个红色的三角形出现在单元格的右上角，表明它含有一个批注。

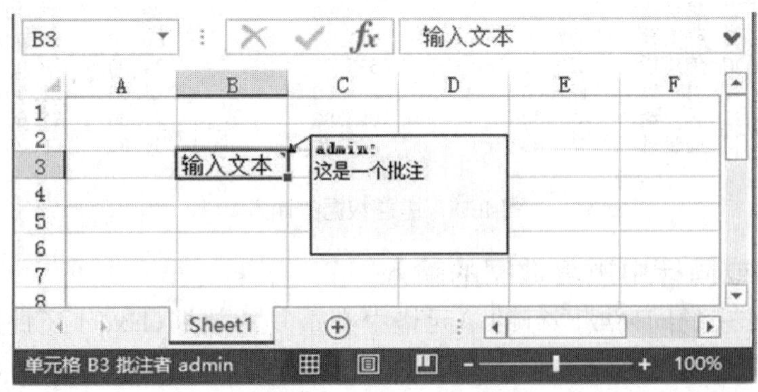

图 4-12　添加单元格批注

2. 输入数字

合法的数字包括数字字符 0～9、逗号、小数点、美元符及百分号等。执行以下步骤输入一个数字。

单击想输入数字的单元格，输入数字，按回车键。若要输入一个负数，则在它前面加上负号或用括号括起来；若要输入小数，则可以在前面添 0，比如 01/2。

3. 输入日期和时间

如果要在工作表中存储日期和时间，就需采用 Excel 事先定义的格式来输入数据。这样，它们才能用“单元格”命令进行格式化。日期和时间的输入有多种格式，例如，输入日期：2018/4/21，21/4/2018，21/04/2018；输入时间：17：25，5：25p. m. 等。执行以下步骤输入日期和时间。

单击想输入日期和时间的单元格，输入一种合法的日期和时间格式，按回车键。要输入当前的日期，可按“Ctrl＋；”组合键。要输入当前的时间，可按“Ctrl＋Shift＋；”组合键。

4. 重复数据的输入

对于一些分散而又内容重复的单元格的输入，操作步骤如下：

(1)按住 Ctrl 键，并用鼠标左键单击相应的单元格以选定它们。

(2)输入数据。此时数据在最后选定的单元格中显示。

(3)按“Ctrl＋Enter”组合键，数据就会同时复制到所有选定的单元格中，如图 4-13 所示。

	A	B	C	D	G	H	I	K	L	M
1	某公司工资表									
2										
3	编号	部门	姓名	基础工资	书报	应发合计	水电费	煤气费	扣款合计	实发合计
4	1	部门A	陈　伟	789.00		1031.00		45.00	45.00	986.00
5	2	部门A	刘　玲	575.00	98.00	928.00	98.00	66.00	164.00	764.00
6	3	部门A	杨建军	355.00		522.00		33.00	33.00	489.00
7	4	部门B	何　芳	988.00	98.00	1338.00	98.00	45.00	143.00	1195.00
8	5	部门B	李　军	1200.00		1580.00		66.00	66.00	1514.00
9	6	部门B	吴林松	393.00		559.00		33.00	33.00	526.00
10	7	部门B	张善勤	377.00		521.00		56.00	56.00	465.00
11	8	部门C	陈建华	439.00		595.00		34.00	34.00	561.00
12	9	部门C	洪　梅	428.00		584.00		23.00	23.00	561.00
13	10	部门C	孙　燕	877.00		1023.00		77.00	77.00	946.00
14	11	部门C	俞晓斌	666.00		843.00		66.00	66.00	777.00

图 4-13　重复数据的输入

5. 同列或同行中重复数据的输入

如果工作表的同列或同行的单元格中有重复的数据，Excel 还提供了更简便的方法。操作步骤如下：

(1)选定相应的单元格，选定单元格 G4，输入相应的内容。

(2)将鼠标移动到该单元格右下角的拖动手柄上，鼠标变成十字形。

（3）按住鼠标左键，向列或行的方向拖动鼠标。如图 4-14 所示。

	A	B	C	D	G	H	L	M
1	某公司工资表							
2								
3	编号	部门	姓名	基础工资	书报	应发合计	扣款合计	实发合计
4	1	部门A	陈　伟	789.00	98.00	1129.00	45.00	1084.00
5	2	部门A	刘　玲	575.00	98.00	928.00	66.00	862.00
6	3	部门A	杨建军	355.00	98.00	620.00	33.00	587.00
7	4	部门B	何　芳	988.00	98.00	1338.00	45.00	1293.00
8	5	部门B	李　军	1200.00		1580.00	66.00	1514.00
9	6	部门B	吴林松	393.00		559.00	33.00	526.00
10	7	部门B	张善勤	377.00		521.00	56.00	465.00

图 4-14　同列或同行中重复数据的输入

6. 使用自动填充功能

可以用两种方法来建立一个序列：使用鼠标拖动建立序列；使用“序列”对话框建立序列。

方法 1：使用鼠标拖动建立序列，操作步骤如下：

（1）将该行或该列的前两个单元格数据填好。

（2）选定这两个单元格。

（3）将鼠标移到选定单元格区域右下角的填充柄位置，鼠标变成十字形，如图 4-15 所示。

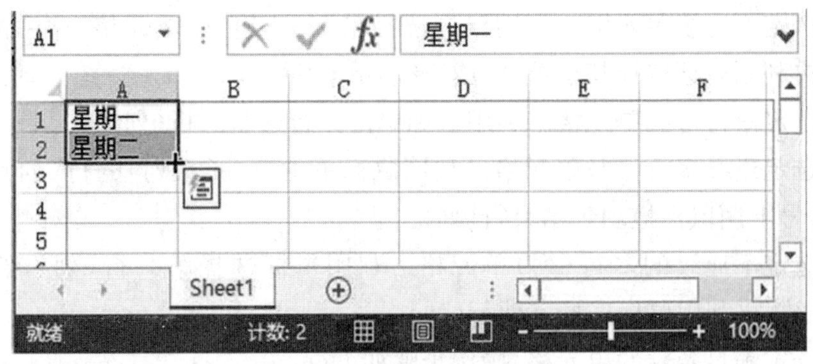

图 4-15　使用鼠标拖动建立序列

（4）按住鼠标左键不放，拖动鼠标至输入结束的位置。

（5）松开鼠标，数据就会自动根据序列和步长值填充到其他单元格中。

方法 2：使用“序列”对话框建立序列，操作步骤如下：

（1）在第一个单元格中输入数据并选定该单元格，选择需要填充的单元格。

（2）选择“开始”—“填充”--“序列”，出现如图 4-16 所示的对话框。

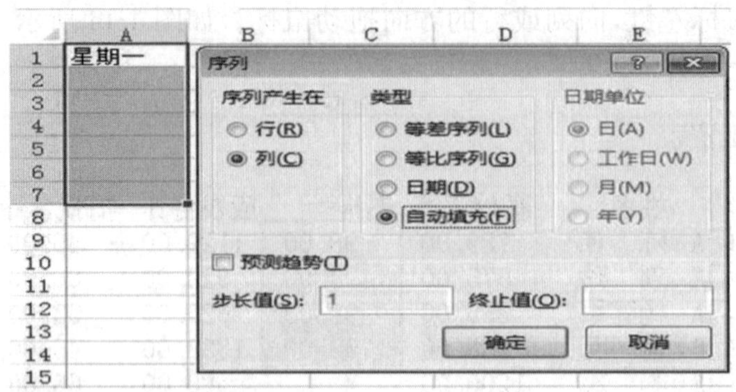

图 4-16 使用鼠标拖动建立序列

(3)在对话框中进行相应的设置后,单击"确定"按钮。

上面的例子可以将选中的单元格自动填充为星期一至星期日。

4.3.2 选定编辑范围

编辑工作表主要包括撤消、恢复、复制、移动、插入、删除、查找、替换等操作,这些操作可以针对单元格、行、列以及整个工作表。在进行编辑之前,应该先选定要编辑的范围(或内容)。选定编辑范围方法如下:

(1)选定单个单元格。利用鼠标单击该单元格。

(2)选定连续单元格。利用鼠标单击第一个单元格,然后拖动鼠标到结束单元格的位置。

(3)选定不连续单元格。利用鼠标选择单个(或连续)单元格,然后按住 Ctrl 键不放,再利用鼠标选择其他单个(或连续)单元格。

(4)选定一行(列)单元格。利用鼠标单击该行(列)的行(列)号。

(5)选定连续多行(列)单元格。利用鼠标单击第一行(列)的行(列)号,然后在行(列)号上用鼠标拖动到结束行(列)。

(6)选定不连续的多行(列)单元格。利用鼠标选择第一行(列),然后按住 Ctrl 键不放,再利用鼠标选择其他行(列)。

(7)选定满足条件的单元格,操作步骤如下。

①选定需要操作的工作表。

②执行"开始"—"查找和选择"—"定位条件"。

③弹出"定位条件"对话框,选择某个定位条件。

④单击"确定"按钮。

4.3.3 撤消与恢复操作

如果我们进行了一些误操作,就需要撤消这些操作;如果我们删除了一些有用的信息，就需要恢复这些有用的信息。

1. 取消最近的一次操作

若要取消最近的一次操作，则单击快速访问工具栏中的“撤消”按钮。

2. 取消一系列操作

(1)用鼠标单击快速访问工具栏中“撤消”按钮旁的下拉箭头。

(2)在弹出的列表框中选择要撤消的操作后，单击鼠标左键即可。

需要注意，在进行了一系列的操作之后，若执行了“保存”命令，将无法进行“撤消”操作。

3. 恢复操作

相对于“撤消”操作，Excel 还提供了“恢复”操作。如果发现执行的撤消操作有误，需要恢复所撤消的操作，就可以使用“恢复”命令。恢复操作的步骤和撤消操作类似，只不过使用的是快速访问工具栏的“恢复”按钮。

4.3.4 复制(或移动)数据

复制单元格数据可先单击“开始”菜单，再使用工具栏的“复制”与“粘贴”按钮。移动单元格数据可先单击“开始”菜单，再使用工具栏的“剪切”与“粘贴”按钮。

1. 复制(或移动)整个单元格

可以用多种方法复制(或移动)整个单元格。

方法 1:使用剪贴板复制(或移动)数据。

(1)选定源单元格区域。

(2)单击工具栏的“复制”(或“剪切”)按钮，或按“Ctrl+C”(或“Ctrl+X”)组合键。

(3)选定目标单元格区域左上角的单元格。

(4)单击工具栏的“粘贴”按钮，或按“Ctrl+V”组合键，就完成了复制(或移动)操作。

方法 2:使用鼠标拖动复制(或移动)数据。

(1)选定源单元格区域。

(2)将鼠标移到选定区域的边框上，使鼠标指针变成箭头形状。

(3)按住 Ctrl 键不放(若是移动数据，不要按 Ctrl 键)，然后按住鼠标左键，并将选定区域拖动到目标单元格区域。

(4)松开鼠标左键，然后松开 Ctrl 键，就完成了复制(或移动)操作。

2. 复制(或移动)单元格中的部分数据

(1)双击源单元格，在单元格中选定要复制(或移动)的数据。

(2)单击工具栏的“复制”(或“剪切”)按钮。

(3)选定目标单元格，单击工具栏的“粘贴”按钮。

3. 复制单元格中的特定内容

(1)选定源单元格区域。

(2)单击工具栏的“复制”按钮。

(3)选定目标单元格区域左上角的单元格。

(4)单击“开始”—“粘贴”—“选择性粘贴”。

(5)在“选择性粘贴”对话框中,选择粘贴的内容,单击“确定”即可。

4.3.5 删除数据

若要删除单元格中的数据,则选择这些单元格并按 Delete 键。

Excel 还提供了删除单元格的其他选项,如清除单元格的格式、内容或批注等,操作步骤为:

(1)选择要清除的单元格。

(2)单击“开始”—“清除”,选择想要的清除选项即可。

4.3.6 查找和替换数据

“查找”指在指定范围内快速查找用户所指定的单个字符或字符串;“替换”指将找到的单个字符或字符串替换成另一个字符或字符串。

1. 查找

在进行“查找”操作之前,需要先选定一个查找范围。该查找范围可以是一个选定的单元格区域,也可以是整张工作表,甚至是多张工作表。选定了一个查找范围后,就可以进行查找操作了。操作步骤为:

(1)单击“开始”—“查找和选择”—“查找”,弹出如图 4-17 所示的“查找和替换”对话框。

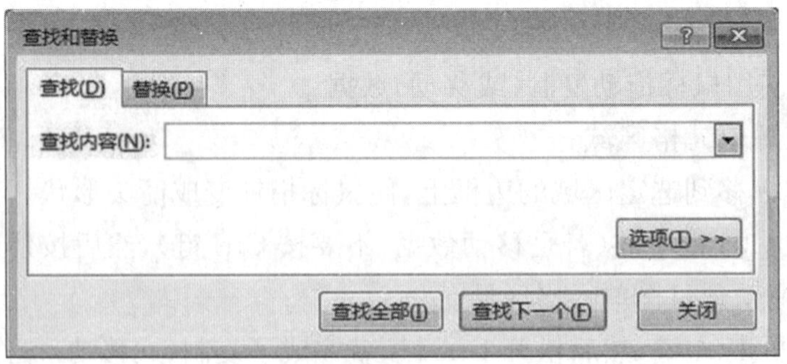

图 4-17 “查找和替换”对话框

(2)在“查找内容”文本框中键入所要查找的数据或信息。

(3)单击“查找下一个”按钮,开始搜索。如果找到确定的内容,该单元格将变成活动单元格。如果还要查找别的位置，可以单击“查找下一个”按钮，继续进行查找。

（4）单击“关闭”按钮，关闭“查找”对话框。

2. 替换

替换与查找的使用方法类似，它可以在查找到某个数据的基础上用新的数据进行替换，替换操作步骤为：

（1）选定要查找数据的区域。如果要查找整张工作表，可以单击该张工作表内的任意一个单元格。

（2）单击“开始”—“查找和选择”—“替换”，弹出“查找和替换”对话框，点击“替换”标签。

（3）在“查找内容”文本框中键入所要查找的数据或信息。

（4）在“替换为”文本框中键入要替换成的数据或信息。

（5）单击“查找下一个”按钮，开始搜索。如果找到确定的内容，该单元格将变成活动单元格。此时可单击替换按钮进行替换，也可以单击“查找下一个”按钮继续进行查找。单击“全部替换”按钮，可以把所有与“查找内容”相符的单元格内容替换成新内容，并且关闭对话框。

4.3.7 插入与删除单元格

1. 插入单元格

在工作表中插入单元格，可按如下步骤操作。

（1）选定需要插入单元格的位置，Excel 将根据被选单元格数目决定插入单元格的个数。

（2）单击“开始”—“插入”—“插入单元格”，弹出“插入”对话框。

（3）在“插入”对话框中选择所需选项，单击“确定”按钮即可。

2. 删除单元格

在工作表中删除单元格，可按如下步骤操作。

（1）选定需要删除的单元格或单元格区域。

（2）单击“开始”—“删除”—“删除单元格”，弹出“删除”对话框。

（3）在“删除”对话框中选择所需选项，单击“确定”按钮即可。

4.3.8 插入与删除行、列

1. 插入行（列）

在工作表中插入行（列），可按如下步骤操作。

（1）选定需要插入行（列）的后面一行（列）。

(2)单击“开始”—“插入”—“插入工作表行(列)”,即可在所选行(列)的上方(左侧)插入一行(列)。

若第(1)步选定的是多行(列),则此时插入的也是多行(列)。

2. 删除行(列)

删除行(列)的操作更简单,只需选定需要删除的行(列),按 Delete 键或单击“开始”—“删除”—“删除工作表行(列)”即可。

4.4 工作表的格式化

4.4.1 格式化数值

数值通常不止指数字,它们还代表美元、日期、百分数或其他值。执行以下步骤可格式化数值。

(1)选择含有想格式化的数值的单元格区域。

(2)单击“开始”—“格式”—“设置单元格格式”。弹出设置“单元格格式”对话框,如图 4-18 所示。

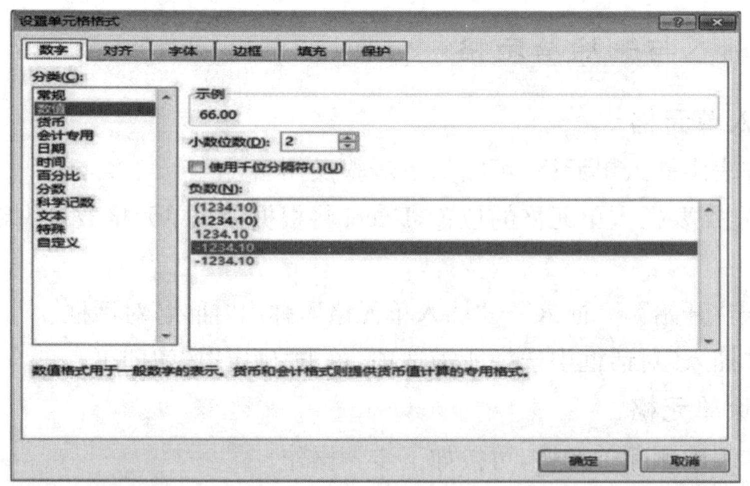

图 4-18 “设置单元格格式”对话框

(3)单击“数字”标签,在“分类”列表中,选择想使用的数字格式类别。

(4)对格式进行必要的修改,单击“确定”按钮即可。

4.4.2 使用样式按钮格式化数值

格式工具栏含有几个选择数字格式的按钮,包括货币样式、百分比样式、千位分隔样式、增加小数位数和减少小数位数按钮,如图 4-19 所示。

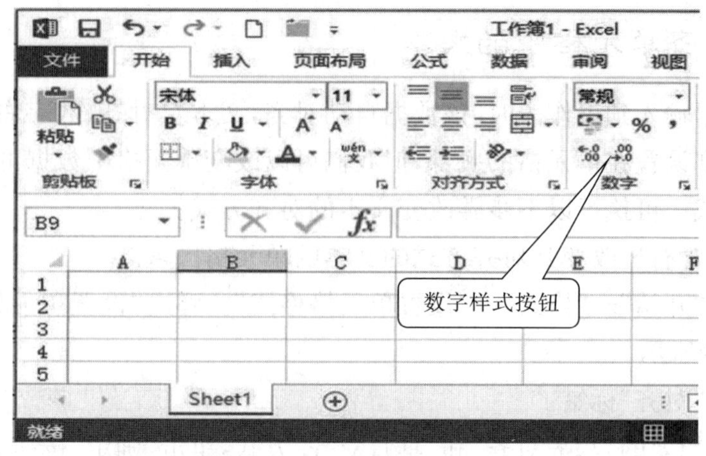

图 4-19　使用样式按钮格式化数值

若要使用这些按钮，则选择想格式化的单元格，然后单击想要的按钮即可。

4.4.3　格式化文本

如果要使文本看起来比较美观，应该对文本进行格式化。可以改变以下属性来改善文本的外观，如字体、字形、字号、颜色和对齐方式等。可以有多种方法进行文本的格式化，以下是比较常见的几种。

1. 用工具栏改变文本属性

改变文本属性的快捷方法是使用格式工具栏，如图 4-20 所示。

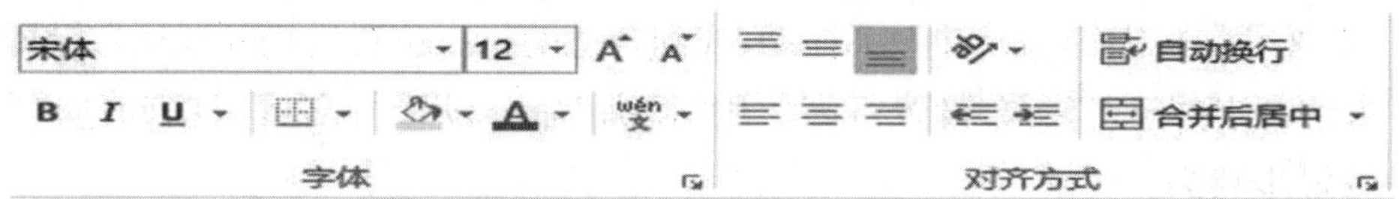

图 4-20　使用工具栏改变文本属性

使用格式工具栏改变文本属性可执行以下步骤。

(1)选择含有想改变其外观的文本的单元格区域。

(2)若要改变字体或字号，则下拉列表，选择想要的字体或字号。

(3)若要增加属性(如加粗或下划线)，则单击相应的按钮。

2. 使用“单元格格式”对话框

改变文本属性的另一方法是使用“单元格格式”对话框，操作步骤如下：

(1)选择含有想改变其外观的文本的单元格区域。

(2)单击“开始”—“格式”—“设置单元格格式”。弹出“设置单元格格式”对话框，如图 4-18 所示。

(3)单击“字体”标签。

(4)选择想要的选项，单击“确定”按钮即可。

4.4.4 对齐单元格中的文本

在把数据输入到工作表时，该数据自动对齐，文本左对齐，数字右对齐。文本和数字一般都设置在单元格的底部，但我们可以改变单元格中数据的垂直对齐和水平对齐方式。可执行以下步骤改变文本的对齐方式。

(1)选择含有想改变其对齐方式的文本的单元格区域。

(2)单击“开始”—“格式”—“设置单元格格式”。弹出“设置单元格格式”对话框，如图4-18所示。

(3)单击“对齐”标签。

(4)选择想要的“水平对齐”和“垂直对齐”方式，单击“确定”按钮。

4.4.5 设置行高和列宽

有时我们对单元格需要设置一定的宽度和高度，这就要求人工进行调整行高和列宽。

1. 设置行高

可以利用鼠标设置行高，也可以利用“行高”命令设置行高。

方法1:用鼠标设置行高。用鼠标设置行高只能粗略设置。设置步骤为:

(1)将鼠标指针指向行与行的分隔线上，此时鼠标指针变成带上下箭头的黑十字形。

(2)按住鼠标左键不放并上下拖动，找到合适的行高位置后松开鼠标左键即可。

方法2:用“行高”命令设置行高。用“行高”命令设置行高可以精确地进行设置。设置步骤为:

(1)选定需要调整行高的区域。

(2)单击“开始”—“格式”—“行高”，弹出“行高”对话框。

(3)在“行高”文本框中输入行高的数值，单击“确定”按钮。

2. 设置列宽

可以利用鼠标设置列宽，也可以利用“列宽”命令设置列宽。

方法1:用鼠标设置列宽。用鼠标设置列宽只能粗略设置。设置步骤为:

(1)将鼠标指针指向列与列的分隔线上，此时鼠标指针变成带左右箭头的黑十字形。

(2)按住鼠标左键不放并左右拖动，找到合适的列宽位置后松开鼠标左键即可。

方法2:用“列宽”命令设置列宽。用“列宽”命令设置列宽可以精确地进行设置。设置步骤为:

(1)选定需要调整列宽的区域。

(2)单击“开始”—“格式”—“列宽”,弹出“列宽”对话框。

(3)在“列宽”文本框中输入列宽的数值,单击“确定”按钮。

4.4.6 设置单元格边框和底纹

设置单元格的边框和底纹,是对工作表的一种修饰性操作,目的是为了美化工作表,增加工作表的吸引力。

1. 设置单元格的边框

在处理工作表时,可以为选择的单元格或单元格区域增加边框。边框可以出现在单元格的四周,也可以只出现在某几条边上。设置或删除边框的方法有:

方法1:使用“边框”按钮设置单元格边框,操作步骤为:

(1)选定需要增加边框的单元格或单元格区域。

(2)单击“开始”—“下框线”按钮右边的下三角按钮,出现可选边框的下拉列表框。

(3)从下拉列表框中单击所需的类型即可。

方法2:使用“设置单元格格式”—“边框”设置单元格边框。使用“设置单元格格式”对话框,还可以设置边框的线型和颜色等,操作步骤为:

(1)选定需要增加边框的单元格或单元格区域。

(2)单击“开始”—“格式”—“设置单元格格式”,弹出“设置单元格格式”对话框,如图4-18所示。

(3)单击“边框”标签,出现如图4-21所示的选项卡。

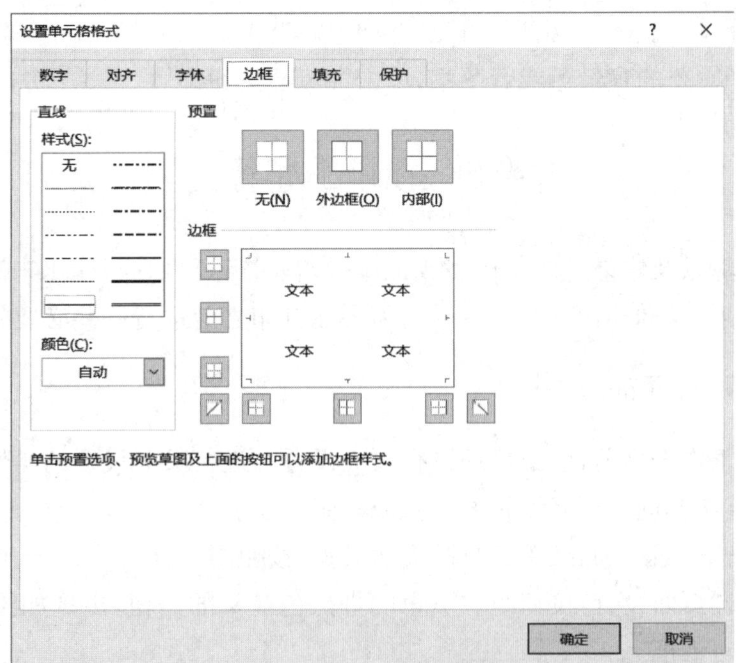

图4-21 “边框”选项卡

(4)在“预置”选项区中设置边框的样式。

(5)在“样式”列表框中为边框设置线型的样式。

(6)单击“颜色”列表框右边的下三角按钮,从中选择边框的颜色。

(7)完成设置后,单击“确定”按钮。

2. 设置单元格的底纹

给单元格添加底纹可以突出单元格或者起到修饰单元格的作用。设置单元格底纹的方法有以下几种。

方法 1:使用“填充颜色”按钮设置底纹。

(1)选定目标单元格或单元格区域。

(2)单击“开始”—“填充颜色”按钮右边的下三角按钮,出现可选的主题颜色调色板。

(3)单击调色板中的某个颜色块,即可完成对底纹的设置。

方法 2:使用“设置单元格格式”对话框设置底纹。

使用“填充颜色”按钮设置底纹,仅能为单元格背景填充纯色。而使用“单元格格式”对话框设置底纹,不仅能填充纯色,还可以为单元格背景填充图案。操作步骤如下。

(1)选定目标单元格或单元格区域。

(2)单击“开始”—“格式”—“设置单元格格式”,弹出“设置单元格格式”对话框,如图 4-18 所示。

(3)选择“填充”标签,出现“填充”选项卡。

(4)选择需要的背景色或者图案,单击“确定”按钮即可。

4.5 打印工作簿

对于编辑以及修饰过的工作表或工作簿,有时需要将它打印出来。为了使打印出来的效果和我们所要的效果一致,需要在打印之前进行一些必要的设置。

4.5.1 设置页面

在打印工作表之前,应正确地进行页面设置。进行页面设置的操作步骤为:

(1)选定需要进行页面设置的一张或多张工作表。

(2)单击“页面布局”菜单,出现“页面设置”按钮组。

(3)单击“页面设置”按钮组右下角的带黑色箭头的按钮,出现如图 4-22 所示“页面设置”对话框。

(4)单击“页面”标签,出现“页面”选项卡。

图 4-22　“页面设置”对话框

(5)在“方向”区域中,选择“纵向”或者“横向”打印。

(6)设置“缩放比例”“纸张大小”“打印质量”和“起始页码”等。

(7)设置完成后,单击“确定”按钮。

4.5.2　设置页边距

页边距是指正文和页面边缘的距离,通过设置页边距可以调整文本在页面中的打印区域。进行页边距设置的操作步骤如下。

(1)选定需要进行页边距设置的一张或多张工作表。

(2)在“页面设置”对话框中,单击“页边距”标签。

(3)在“上”“下”“左”和“右”数值框中键入需要的页边距数值。

(4)在 “页眉”和“页脚”数值框中指定页眉和页脚与纸张边缘的距离。

(5)设置完成后,单击“确定”按钮。

4.5.3　设置页眉和页脚

页眉指位于页面顶部的信息,页脚指位于页面底部的信息,这些信息包括文字、页码、当前的日期、时间、书名及章节名等。可以执行以下步骤设置页眉和页脚。

(1)选定需要设置页眉和页脚的一张或多张工作表。

(2)在“页面设置”对话框中,单击“页眉和页脚”标签。

(3)在“页眉”下拉列表中,选择内置的页眉格式,或单击“自定义页眉”按钮设置个性化的页眉。

(4)在“页脚”下拉列表中,选择内置的页脚格式,或单击“自定义页脚”按钮设置个性化的页脚。

(5)设置完成后,单击“确定”按钮。

4.5.4 预览打印作业

在确定了页面设置、页边距设置和页眉、页脚设置后,就可以进行打印了。但为了知道打印出来的效果,避免不必要的纸张浪费,有必要进行打印预览。

启动打印预览只需单击快速访问工具栏的“打印预览和打印”按钮,或选择“文件”菜单中的“打印”命令,或在“页面设置”对话框中单击“打印预览”按钮,在出现的打印预览窗口中,可设置打印范围、是否单面打印、打印纸张设置、自定义边距设置等。

4.5.5 选择打印区域

若要打印工作表的某个区域,可使用“选择打印区域”命令。这个命令可以把一个区域分成一页,然后打印这一页。如果这一页太大,在一张纸上放不下,Excel 会把它分成几页。如果不选择打印区域,Excel 就打印整个工作表,或整个工作簿,执行以下步骤选择打印区域。

(1)在“页面设置”对话框中,单击“工作表”标签,如图 4-23 所示。

图 4-23 在“页面设置”对话框设置打印区域

(2)单击“打印区域”文本框右端的“压缩对话框”图标,Excel 会缩小“页面设置”对话框。

(3)用鼠标拖过想打印的单元格，所选的区域四周出现虚线框，带美元符的绝对单元格引用会出现在“打印区域”文本框中。

(4)单击“压缩对话框”图标回到“页面设置”对话框。设置打印标题的方法和设置打印区域操作类似。

(5)若要打印工作表，可单击“打印”按钮显示“打印”对话框，然后单击“确定”。

4.5.6　打印工作簿

可以打印选择的数据、选择的工作表、或整个工作簿。执行以下步骤进行打印。

(1)若想打印工作表的某个区域，则先选择该区域；若想打印工作簿内的一个或多个工作表，则先选择相应的工作表；若想打印整个工作簿，则跳过这一步。

(2)单击“文件”菜单，选择“打印”(或使用组合键“Ctrl＋P”)，出现“打印”对话框。

(3)选择相应的打印范围和打印份数，单击“确定”按钮即可。

4.6　使用公式进行计算

公式是 Excel 的核心功能。工作表使用公式执行对输入数据的计算。使用公式可以对各个单元格中的值进行加、减、乘、除运算，也可以完成复杂的财务统计及科学计算等。

4.6.1　什么是公式

Excel 中的公式总是由等号开始，其中可包含数字、字符串、算术运算符、比较运算符、函数、符号及单元格引用等。例如，如果要算单元格 D4、E4、F4 和 G4 中值的和，可在要显示结果的单元格 H4 中输入以下公式：＝D4＋E4＋F4＋G4。如图 4-24 所示。当公式中涉及的单元格(如 E4)内容变化时，结果单元格 H4 中的内容会自动更新。

H4　　=D4+E4+F4+G4

	C	D	E	F	G	H
2						
3	姓名	基础工资	津贴	职务工资	书报	应发合计
4	陈　伟	789.00	338.14	122.00	98.00	1347.14
5	刘　玲	575.00	246.43	166.00	98.00	1085.43
6	杨建军	355.00	152.14	100.00	98.00	705.14

图 4-24　在要显示结果的单元格中输入公式

表格中公式一般情况下是不需要显示的，但有时调试工作表时需要将它显示。单击"公式"菜单，在公式审核中单击"显示公式"按钮，此时图 4-24 所示的表格会变成如图 4-25 所示的表格，即只显示公式而不显示数值。也可以使用快捷键"Ctrl+′"在显示公式和显示数值之间切换。

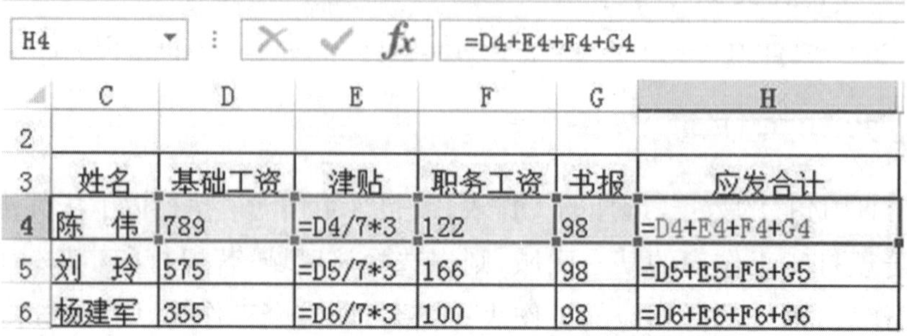

H4 =D4+E4+F4+G4

	C	D	E	F	G	H
2						
3	姓名	基础工资	津贴	职务工资	书报	应发合计
4	陈 伟	789	=D4/7*3	122	98	=D4+E4+F4+G4
5	刘 玲	575	=D5/7*3	166	98	=D5+E5+F5+G5
6	杨建军	355	=D6/7*3	100	98	=D6+E6+F6+G6

图 4-25 在单元格中显示公式

4.6.2 输入公式

方法 1：直接输入公式。

直接输入公式既可以在编辑栏中进行，也可以在单元格中进行。以在编辑栏中输入公式为例，基本操作如下：

(1)选中要输入公式的单元格，输入等号(=)。

(2)输入公式中要用的各单元格及运算符，输入完毕后，按 Enter 键。

方法 2：使用单元格引用。

使用单元格引用输入公式，执行以下步骤。

(1)选中要输入公式的单元格，输入等号(=)。

(2)单击要其地址先出现在公式中的单元格，该单元格地址出现在公式中。

(3)在值后输入一个算术运算符。

(4)继续单击单元格，并输入运算符，直到公式完成。

(5)按 Enter 键接受公式，或按 Esc 键取消输入。

4.6.3 使用相对和绝对单元格引用

在 Excel 中，使用单元格引用可分为使用相对单元格引用和绝对单元格引用两种方式，在创建的公式中必须正确使用单元格引用类型。

1. 使用单元格相对引用

以计算某班三门课程的个人总成绩为例，来说明什么是单元格相对引用。

(1)编辑如图 4-26 所示的工作表。

C5　　=

	A	B	C	D	E	F	G
1			甲同学	乙同学	丙同学	丁同学	
2		计算机	60	61	62	63	
3		英语	70	71	72	73	
4		数学	80	81	82	83	
5		总分					
6							

图 4-26　原始工作表

(2)单击单元格 C5,在编辑栏中输入"=C2+C3+C4"后,按 Enter 键。如图 4-27 所示。

C5　　=C2+C3+C4

	A	B	C	D	E	F
1			甲同学	乙同学	丙同学	丁同学
2		计算机	60	61	62	63
3		英语	70	71	72	73
4		数学	80	81	82	83
5		总分	210			

图 4-27　插入公式后的工作表

上图中的 C2、C3、C4 即属于相对引用。它们所指的分别是 C5 单元格上移 3 格、2 格和 1 格的结果。按下面的步骤可以看看 R1C1 格式的等价公式。

(3)选择"文件"菜单中的"选项"命令,在"公式"选项,勾选"R1C1 引用样式",结果如图 4-28 所示。

R5C3　　=R[-3]C+R[-2]C+R[-1]C

	1	2	3	4	5	6
1			甲同学	乙同学	丙同学	丁同学
2		计算机	60	61	62	63
3		英语	70	71	72	73
4		数学	80	81	82	83
5		总分	210			

图 4-28　显示 R1C1 格式的等价公式

编辑栏中的公式是:"=R[-3]C+R[-2]C+R[-1]C"。R[]表示相对的行关系,C[]表示相对的列关系。

(4)若将 C5 单元格的公式复制，然后分别粘贴到 D5、E5、F5 各单元格中，则 D5 单元格中的内容则是“D2＋D3＋D4”(而不是“C2＋C3＋C4”)，如图 4-29 所示。同理，E5 单元格中的内容是“E2＋E3＋E4”，F5 单元格中的内容是“F2＋F3＋F4”。这正是相对引用的结果。

D5 =D2+D3+D4

	A	B	C	D	E	F
1			甲同学	乙同学	丙同学	丁同学
2		计算机	60	61	62	63
3		英语	70	71	72	73
4		数学	80	81	82	83
5		总分	210	213	216	219

图 4-29 复制例中的相对引用公式

当要将公式复制到一个新的位置，并且要保持单元格引用不变时，就应该使用绝对引用。

2. 使用绝对引用

以计算某商品的总金额为例，来说明什么是绝对引用。

(1)编辑如图 4-30 所示的工作表。

C4

	A	B	C	D	E	F
1			商品一	商品二	商品三	商品四
2		单价	20	30	40	50
3		数量	10			
4		总金额				

图 4-30 例中的原始工作表

(2)单击单元格 C4，在编辑栏中输入“＝C2 ∗ ＄C＄3”后，按 Enter 键。如图 4-31 所示。

C4 =C2*C3

	A	B	C	D	E	F
1			商品一	商品二	商品三	商品四
2		单价	20	30	40	50
3		数量	10			
4		总金额	200			

图 4-31 插入公式后的工作表

上图中的 C2 属于相对引用，而＄C＄3 表示行和列均为绝对引用，也就是说，若在列字母或行数字前面加上“＄”号，即表示对列或行的引用为绝对引用。由于四种商品的数量相同，均为单元格 C3 的内容，故在引用该单元格时，应使用绝对引用。

（3）若将 C4 单元格的公式复制，然后分别粘贴到 D4、E4、F4 各单元格中，则 D4 单元格中的内容则是“D2 ＊ ＄C＄3”，如图 4-32 所示。同理，E4 单元格中的内容是“E2 ＊ ＄C＄3”，F4 单元格中的内容是“F2 ＊ ＄C＄3”。这正是绝对引用的结果。

D4　=D2*C3

	A	B	C	D	E	F
1			商品一	商品二	商品三	商品四
2		单价	20	30	40	50
3		数量	10			
4		总金额	200	300	400	500

图 4-32　复制例中的绝对引用公式

3. 使用混合引用

某些情况下，复制时只想保留行固定不变或者保留列固定不变，这时可以使用混合引用。例如，引用＄C5 使得列保持不变，引用 C＄5 则使得行保持不变。

4.6.4　复制公式

在复制公式时，公式被调整，以适应其复制到的单元格位置。例如，如果从单元格 C4 中把公式＝C2＋C3 复制到单元格 D4，则公式对 D 列进行调整：变成＝D2＋D3，这正是以上讲的相对引用的缘故。可以使用“复制”和“粘贴”按钮复制公式，但是有如下更快的方法。操作步骤为：

（1）单击含有想复制的公式的单元格。

（2）按住 Ctrl 键并把单元格的边框拖到想复制公式的单元格。

（3）松开鼠标按钮，Excel 即把该公式复制到新的位置。

如果想把公式复制到相邻的单元格区域，就执行以下步骤：

（1）单击含有想复制的公式的单元格。

（2）把鼠标指针移到填充手柄上。

（3）拖动填充手柄到想把公式复制到的单元格上。

4.7 使用函数进行计算

4.7.1 什么是函数

在 Excel 中，函数是预先编制好的用于对数据进行求值计算的公式。

1. 函数的分类

Excel 中的函数有数百个，可以分为以下几类：

①数学和三角函数：用来进行科学计算。如 ABS、SIN 函数。

②逻辑函数：用来对逻辑数进行计算，其结果仍是逻辑值。如 AND、OR 函数。

③查找和引用函数：用来对工作表等进行数据查找和引用。如 CHOOSE、MATCH 函数。

④日期和时间函数：用来对系统中的日期和时间进行操作。如 DATE、NOW 函数。

⑤统计函数；用来对数据进行统计、分析和估计。如 AVERAGE、COUNT 函数。

⑥数据库函数：用来对数据库进行操作。如 DVAR、DSUM 函数。

⑦财务函数：用来对证券、投资等财务数据进行分析和计算。如 FV、PV 函数。

⑧信息函数：用来对单元格进行计算、判断和获取信息。如 ISNONTEXT、ISNUMBER 函数。

⑨文本函数：用来对单元格中输入的文本进行操作。如 CHAR、LEFT 函数。

⑩自定义函数：根据需要自己定义的函数。

2. 函数的结构

大多数函数都有一个或多个参数。若有多个参数，各参数之间可用逗号隔开，如：

ABS(number)：返回一个数的绝对值，有一个参数。

DATE(year，month，day)：返回代表特定日期的系列数，有三个参数。

DSUM(database，field，criteria)：返回数据清单或数据库的指定列中，满足给定条件单元格中的数字之和，有三个参数。

CELL(info_type，reference)：返回某一引用区域的左上角单元格的格式、位置或内容等信息。

AND(logical1，logical2，...)：当有参数的逻辑值为真时，返回 TRUE；只要有一个参数的逻辑值为假，即返回 FALSE。

COS(number)：返回给定角度的余弦值。

3. 函数的输入

函数的输入方法有三种，具体为：

方法 1：在编辑栏中像输入公式一样直接输入函数。

方法 2：单击“公式”菜单中的“插入函数”按钮，出现“插入函数”对话框。先在列表框中选择函数所属类型，然后在下面的列表框中选择所需函数，并单击“确定”按钮。

方法 3：将“插入函数”按钮设置到快速访问工具栏，通过单击“插入函数”按钮进行函数的输入。

选择了函数之后，会出现另一个对话框，以输入函数的参数。

4.7.2 函数举例

本节从每类函数中选出几个常用函数，介绍其功能。

1. 数学和三角函数

ABS(number)：返回参数的绝对值，参数绝对值是参数去掉正负号后的数值。

SIN(number)：返回给定角度的正弦值。

SUM(number1，number2，...)：返回某一单元格区域中所有数字之和。

COS(number)：返回给定角度的余弦值。

RAND( )：返回大于等于 0 且小于 1 的均匀分布随机数，每次计算工作表时都将返回一个新的数值。

ROUND(number，num_digits)：返回某个数字按指定位数舍入后的数字。

SIGN(number)：返回数字的符号。当数字为正数时返回 1，为零时返回 0，为负数时返回－1。

SUMSQ(number1，number2，...)：返回所有参数的平方和。

2. 逻辑函数

AND(logical1，logical2，...)：所有参数的逻辑值为真时返回 TRUE；只要有一个参数的逻辑值为假即返回 FALSE。

IF(logical_test，value_if_true，value_if_false)：执行真假值判断，根据逻辑测试的真假值返回不同的结果。可以使用函数 IF 对数值和公式进行条件检测。

NOT(logical)：对参数值求反。如果参数值为 FALSE，函数返回 TRUE；如果参数值为 TRUE，函数返回 FALSE。

OR(logical1，logical2，...)：所有参数的逻辑值为假时返回 FALSE；只要一个参数的逻辑值为真即返回 TRUE。

3. 查找和引用函数

INDEX (array，row_num，column_num)：函数功能是使用索引从单元格区域

或数组中选取值。如公式 INDEX(B3:F8,2,3)将返回 B3:F8 范围内第二行、第三列的值,也就是单元格 D4 的值。

MATCH(lookup_value,lookup_array,match_type):函数功能是从引用数组中查找值。

CHOOSE(index_num,value1,value2,...):可以使用 index_num 返回数值参数清单中的数值。

示例:

CHOOSE(2,"1st","2nd","3rd","Finished") 等于 "2nd"。

SUM(A1:CHOOSE(3,A10,A20,A30)) 等于 SUM(A1:A30)。

如果 A10 包含 4,则,

CHOOSE(A10,"Nails","Screws","Nuts","Bolts") 等于 "Bolts"。

4. 日期和时间函数

DATE(year,month,day):返回代表特定日期的系列数。

NOW():返回计算机系统内部时钟的日期和时间。

WEEKDAY(serial_number,return_type):返回某日期为星期几。

5. 统计函数

AVERAGE(number1,number2, ...):返回参数平均值(算术平均)。

COUNT(value1,value2, ...):返回参数区域中包含数字单元格的个数。

LARGE(array,k):返回数据集中第 k 个最大值。示例:

LARGE({3,4,5,2,3,4,5,6,4,7},3) 等于 5。

LARGE({3,4,5,2,3,4,5,6,4,7},7) 等于 4。

MAX(number1,number2,...):返回数据集中的最大数值。示例:

如果 A1:A5 包含数字 10、7、9、27 和 2,则,

MAX(A1:A5) 等于 27,MAX(A1:A5,30) 等于 30。

VAR(number1,number2,...):估算样本方差。

6. 文本函数

CHAR(number):返回对应于数字代码的 ASCII 码字符。例 CHAR(65) 等于 "A"。

CONCATENATE (text1,text2,...):将若干文字串合并到一个文字串中。例 CONCATENATE("Total", "Value") 等于 "Total Value"。

FIND(find_text,within_text,start_num):用于搜索一个字符串在另一个字符串中出现的位置。

LEN(text):返回文本串中的字符个数。

UPPER(text):将文本转换成大写形式。

有关 Excel 中函数的具体功能和使用方法,可参考 Excel 帮助文档。

4.7.3　自定义函数

Excel 提供了许多内置函数，但有时这些函数还是不能满足我们的需要，这时可以自己定义一个函数。

例如：某公司根据规定，对月工资超过 800 元的人员征收个人所得税，征收标准如下：月工资小于等于 800 元的，不征收；月工资大于 800 元小于等于 1000 元的，征收比例为 2%；月工资大于 1000 元小于等于 1400 元的，征收比例为 4%；月工资大于 1400 元小于等于 1800 元的，征收比例为 6%；月工资大于 1800 元的，征收比例为 8%。试编写函数 TAX(pay)计算应扣的个人所得税，其中参数 pay 表示月工资。

自定义函数的代码需要通过 VBA 编辑器来编辑。Excel 中可以按“Alt+F11”打开 VBA 编辑器，或者单击“文件”—“选项”—“自定义功能区”，在“自定义功能区”中，勾选“开发工具”，单击“确定”按钮。此时在 Excel 中出现“开发工具”选项卡，单击“Visual Basic”按钮也可以启动 VBA 编辑器。

创建自定义函数 TAX(pay)的步骤为：

(1)打开 Excel，启动 VBA 编辑器。

(2)执行“插入”“模块”命令，即可以进行自定义函数的输入。如图 4-33 所示。

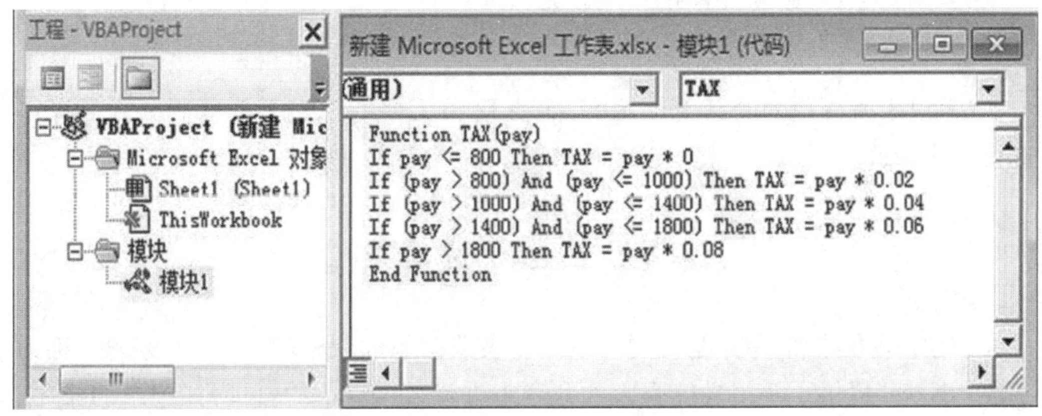

图 4-33　函数 TAX(pay)的源代码

(3)单击“文件”菜单，将其另存为 tax. xls 文件，这样就可以在 Excel 工作表中使用自定义的 TAX(pay)函数了。

使用自定义函数 TAX(pay)的步骤为：

(1)打开自定义函数所在的工作表，如 tax. xls。

(2)打开需要使用该自定义函数的工作表，如 book2. xls。

(3)单击所得税所在列单元格，如单元格 I2，如图 4-34 所示。

I2   fx

	C	D	G	H	I	J	L	M
1	姓名	基础工资	书报	应发合计	所得税	水电费	扣款合计	实发合计
2	陈 伟	789.00	98.00	1347.14			45.00	1302.14
3	刘 玲	575.00	98.00	1085.43			66.00	1019.43
4	杨建军	355.00	98.00	705.14			33.00	672.14
5	何 芳	988.00	98.00	1631.43			45.00	1586.43
6	李 军	1200.00	98.00	1912.29			66.00	1846.29
7	吴林松	393.00	98.00	759.43			33.00	726.43

图 4-34 使用函数 TAX(pay)举例

(4)单击“公式”菜单的“插入函数”命令,在选择类别中单击“用户定义”后,选择 tax. xlsx! TAX,单击“确定”按钮。

(5)对于参数 pay,选择单元格 H2 后,如图 4-35 所示。

I2   fx   =tax.xlsx!TAX(H2)

	C	D	G	H	I	J	L	M
1	姓名	基础工资	书报	应发合计	所得税	水电费	扣款合计	实发合计
2	陈 伟	789.00	98.00	1347.14	53.89		98.89	1248.26
3	刘 玲	575.00	98.00	1085.43			66.00	1019.43
4	杨建军	355.00	98.00	705.14			33.00	672.14
5	何 芳	988.00	98.00	1631.43			45.00	1586.43
6	李 军	1200.00	98.00	1912.29			66.00	1846.29
7	吴林松	393.00	98.00	759.43			33.00	726.43

图 4-35 使用自定义函数 TAX(pay)

(6)对于所得税列的其他单元格,拖动 I2 单元格的填充手柄复制公式后即可进行相应计算。

4.8 管理数据清单

数据清单是指带有标题行的一组工作表数据行,标题行中的每个标题又称为字段。Excel 提供了一组功能强大的命令来进行数据清单的管理,如记录的排序、分类汇总、筛选等。

4.8.1 建立数据清单

数据清单是指工作表中带有标题行的连续的数据区,每一列包含相同类型的数据。

1. 建立数据清单

数据清单可以使用编辑工作表的方法来建立,如图 4-36 就是一个数据清单。

	C	D	G	H	I	J	L	M
1	姓名	基础工资	书报	应发合计	所得税	水电费	扣款合计	实发合计
2	陈　伟	789.00	98.00	1347.14	53.89		98.89	1248.26
3	刘　玲	575.00	98.00	1085.43	43.42		109.42	976.01
4	杨建军	355.00	98.00	705.14	0.00		33.00	672.14
5	何　芳	988.00	98.00	1631.43	97.89		142.89	1488.54
6	李　军	1200.00	98.00	1912.29	152.98		218.98	1693.30
7	吴林松	393.00	98.00	759.43	0.00		33.00	726.43
8	张善勤	377.00	98.00	716.57	0.00		56.00	660.57
9	陈建华	439.00	98.00	847.14	16.94		34.00	813.14
10	洪　梅	428.00	98.00	831.43	16.63		23.00	808.43
11	孙　燕	877.00	98.00	1430.86	85.85		77.00	1353.86
12	俞晓斌	666.00	98.00	1171.43	46.86		66.00	1105.43

图 4-36　数据清单的例子

2. 输入记录数据

可以在工作表的单元格中直接键入数据来输入记录数据，也可以使用 Excel 的“记录单”命令来输入记录数据。以下介绍如何使用“记录单”命令。

注意：在默认情况下，在 Excel 面板里面找不到“记录单”，可以将“记录单”按钮添加到快速访问工具栏中，方法如下：

打开“Excel 选项”对话框，选择“快速访问工具栏”，从下拉位置选择命令中选择“不在功能区中的命令”，找到 “记录单”，双击或者点右方的“添加”按钮，点击“确定”按钮即可。

选择数据清单中的任一单元格，然后从快速访问工具栏选择“记录单”命令，出现如图 4-37 所示的对话框。

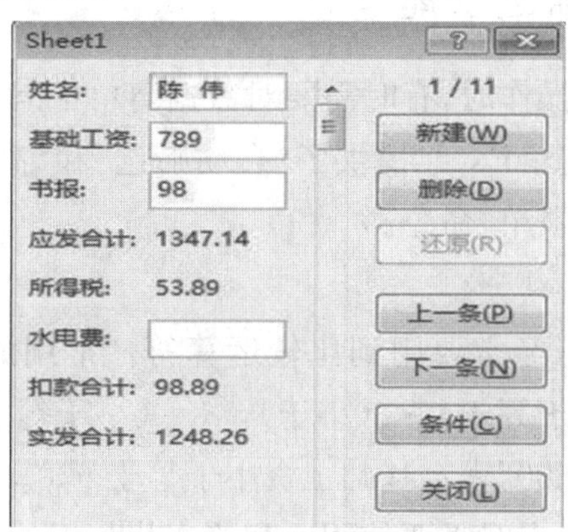

图 4-37　“记录单”对话框

利用“记录单”对话框中的按钮命令，可以很容易地新建一条记录，删除不需要的记录，或定位到某一条记录，通过“条件”按钮，输入指定的条件后，可以只显示满足条件的记录。

4.8.2 使用排序功能

排序是指按照某字段的升序或降序来重新排列数据清单的行。对数据清单进行统计时，有时需要对数据清单进行排序。排序分为按单列排序和按多列排序。

1. 按单列排序

(1)单击数据清单中任一单元格。

(2)选择“数据”菜单中的“排序”按钮命令，出现“排序”对话框。

(3)在“主要关键字”下拉列表中，选择重排数据清单的主要列，本例中选择“基础工资”。

(4)选定次序按“升序”或“降序”排序，单击“确定”按钮，排序完成。

2. 按多列排序

在上例中，按“基础工资”进行了升序排序。在此基础上，我们可以再按“水电费”的升序进行排序，这就是所谓的按多列排序。操作步骤为：

(1)单击数据清单中任一单元格。

(2)选择“数据”菜单中的“排序”按钮命令，出现“排序”对话框。

(3)在“主要关键字”下拉列表中，选择“基础工资”，次序为“升序”。

(4)单击“添加条件”按钮，在“次要关键字”下拉列表中，选择“水电费”，并选择“升序”。

(5)单击“确定”按钮，排序完成。

4.8.3 使用自动筛选功能

在对数据清单进行操作时，有时需要对数据清单中满足一定条件的记录显示出来，这就是所谓的筛选。Excel 提供了“自动筛选”和“高级筛选”命令来筛选数据，另外还可以使用“记录单”命令。

1. 筛选条件

在指定筛选条件时，经常要用到比较运算符。常用的比较运算符有：=(等于)，＞(大于)，＞=(大于等于)，＜(小于)，＜=(小于等于)，＜＞(不等于)。例如：条件“基础工资＜=600”表示基础工资小于等于 600。

在指定筛选条件时，有时需要使用通配符查找相近的匹配。通配符有“＊”和“?”两个。“＊”表示任意多个字符，“?” 表示任意一个字符。例如：“商场?”可以查找如“商场 1”“商场 2”“商场 3”等数据，而“商场＊” 可以查找如“商场的价格”“商场的装修”等数据。

在指定筛选条件时，有时需要使用“与”和“或”来表达复合条件。当多重条件为“与”关系时，表示所有条件均满足时复合条件才满足。而当多重条件为“或”关系时，表示只要有一个条件满足复合条件就满足。

2. 自动筛选

(1)单击要筛选的数据清单中的任一单元格。

(2)选择“数据”菜单中的“筛选”按钮命令，此时数据清单的列标题边多了一个下三角形按钮。如图 4-38 所示。

H2　=D2+E2+F2+G2

	C	D	G	H	I	J	L	M
1	姓名	基础工资	书报	应发合计	所得税	水电费	扣款合计	实发合计
2	陈　伟	789.00	98.00	1347.14	53.89		98.89	1248.26
3	刘　玲	575.00	98.00	1085.43	43.42		109.42	976.01
4	杨建军	355.00	98.00	705.14	0.00		33.00	672.14
5	何　芳	988.00	98.00	1631.43	97.89		142.89	1488.54
6	李　军	1200.00	98.00	1912.29	152.98		218.98	1693.30
7	吴林松	393.00	98.00	759.43	0.00		33.00	726.43

图 4-38　执行“筛选”后的数据清单

(3)单击包含希望显示的数据列中的下三角行按钮，如“应发合计”，出现一个下拉列表。

(4)选定“数字筛选”中的“自定义筛选”，出现“自定义自动筛选方式”对话框，设置条件为“应发合计”大于或等于 1000。

(5)单击“确定”按钮，得到经过筛选以后的数据清单如图 4-39 所示。

H2　=D2+E2+F2+G2

	C	D	G	H	I	J	L	M
1	姓名	基础工资	书报	应发合计	所得税	水电费	扣款合计	实发合计
2	陈　伟	789.00	98.00	1347.14	53.89		98.89	1248.26
3	刘　玲	575.00	98.00	1085.43	43.42		109.42	976.01
5	何　芳	988.00	98.00	1631.43	97.89		142.89	1488.54
6	李　军	1200.00	98.00	1912.29	152.98		218.98	1693.30
11	孙　燕	877.00	98.00	1430.86	85.85		77.00	1353.86
12	俞晓斌	666.00	98.00	1171.43	46.86		66.00	1105.43

图 4-39　执行“自定义筛选”后的数据清单

经过筛选后，若想取消筛选回到原来的状态，可以再次单击“数据”菜单中的“筛选”命令按钮。

3. 高级筛选

使用“高级筛选”，可以进行比较复杂的筛选。在进行“高级筛选”之前，必须先指定一个条件区域，条件区域必须在工作表的空白区域处。以下通过例子说明设定条件区域并进行“高级筛选”。

例：要求筛选满足“应发合计＞800”且“水电费＜60”的所有记录。

(1)在原工作表中插入几行，并编辑工作表成如图 4-40 所示形式。其中，区域 C1:M2 称为条件区域，同一行中的条件表示且(与)的关系。

	C	D	G	H	I	J	K	L	M
1	姓名	基础工资	书报	应发合计	所得税	水电费	煤气费	扣款合计	实发合计
2				>800		<60			
3									
4	姓名	基础工资	书报	应发合计	所得税	水电费	煤气费	扣款合计	实发合计
5	陈　伟	789.00	98	1347.14	53.89	56	45.00	154.89	1192.26
6	刘　玲	575.00	98	1085.43	43.42	58	66.00	167.42	918.01
7	杨建军	355.00	98	705.14	0.00	120	33.00	153.00	552.14
8	何　芳	988.00	98	1631.43	97.89	240	45.00	382.89	1248.54

图 4-40　设定条件区域后的工作表

(2)单击数据清单中的任一单元格，然后选择“数据”菜单中的“高级筛选”命令，出现“高级筛选”对话框，在输入框中指定列表区域和条件区域。

(3)单击“确定”按钮，出现如图 4-41 所示的结果。

	C	D	G	H	I	J	K	L	M
1	姓名	基础工资	书报	应发合计	所得税	水电费	煤气费	扣款合计	实发合计
2				>800		<60			
3									
4	姓名	基础工资	书报	应发合计	所得税	水电费	煤气费	扣款合计	实发合计
5	陈　伟	789.00	98	1347.14	53.89	56	45.00	154.89	1192.26
6	刘　玲	575.00	98	1085.43	43.42	58	66.00	167.42	918.01
12	陈建华	439.00	98	847.14	16.94	36	34.00	70.00	777.14
15	俞晓斌	666.00	98	1171.43	46.86	22	66.00	88.00	1083.43

图 4-41　高级筛选的结果

4.8.4　使用分类汇总功能

使用分类汇总功能可以对工作表按某列进行汇总，但在进行分类汇总之前，必须先按某列进行排序，然后才可以按该列进行分类汇总。

1. 创建分类汇总

(1)对需要分类汇总的列进行排序。例子中需要按照部门进行分类汇总，所以需要先按部门列进行排序。

(2)单击数据清单中的任一单元格。

(3)选择“数据”菜单中的“分类汇总”命令，出现“分类汇总”对话框。

(4)在“分类字段”下拉列表中选择“部门”，“汇总方式”选择“求和”，并选定相应的汇总项后，单击“确定”按钮，出现如图 4-42 所示的汇总结果。

	B	C	D	G	H	L	M
1	部门	姓名	基础工资	书报	应发合计	扣款合计	实发合计
2	部门A	陈 伟	789.00	98	1347.14	154.89	1192.26
3	部门A	刘 玲	575.00	98	1085.43	167.42	918.01
4	部门A	杨建军	355.00	98	705.14	153.00	552.14
5	**部门A 汇总**		1719.00	294	3137.71	475.30	2662.41
6	部门B	何 芳	988.00	98	1631.43	382.89	1248.54
7	部门B	李 军	1200.00	98	1912.29	306.98	1605.30
8	部门B	吴林松	393.00	98	759.43	112.00	647.43
9	部门B	张善勤	377.00	98	716.57	101.00	615.57
10	**部门B 汇总**		2958.00	392	5019.71	902.87	4116.85
11	部门C	陈建华	439.00	98	847.14	70.00	777.14
12	部门C	洪 梅	428.00	98	831.43	128.00	703.43
13	部门C	孙 燕	877.00	98	1430.86	191.00	1239.86
14	部门C	俞晓斌	666.00	98	1171.43	88.00	1083.43
15	**部门C 汇总**		2410.00	392	4280.86	477.00	3803.86
16	**总计**		7087.00	1078	12438.29	1855.17	10583.11

图 4-42 分类汇总后的结果

2. 删除分类汇总

在进行“分类汇总”操作后，如果觉得效果不太好或者想撤消分类汇总，可以选择“数据”菜单中的“分类汇总”命令，在弹出的“分类汇总”对话框中，单击“全部删除”按钮。

4.9 创建图表

4.9.1 图表类型

Excel 可以创建各种类型的图表，选择的图表类型与数据及想表示数据的方式有关。以下是主要的图表类型及其用途。

表 4-1 Excel 图表类型及其用途

图表类型	图表说明及其用途
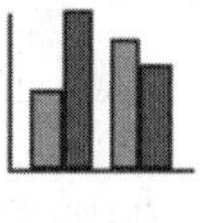	柱形图。柱形图用于显示一段时间内的数据变化或说明项目之间的比较结果。通过水平组织分类、垂直组织值，可以强调说明一段时间内的变化情况。
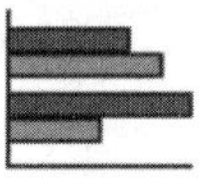	条形图。条形图显示了各个项目之间的比较情况。纵轴表示分类，横轴表示值，它主要强调各个值之间的比较而并不太关心时间。
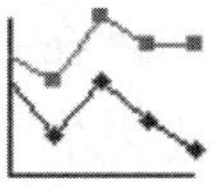	折线图。折线图显示了相同间隔内数据的预测趋势。折线图主要适用于显示产量、销售额等随时间变化的趋势。

续表

图表类型	图表说明及其用途
	饼图。饼图显示了构成数据系列的项目相对于项目总和的比例大小。饼图总只显示一个数据序列；当您希望强调某个重要元素时，饼图就很有用。
	XY 散点图。XY 散点图既可以显示多个数据系列的数值间的关系，也可以将两组数字绘制成一系列的 XY 坐标。本图表显示了数据的不相等的间隔(或簇)，它通常用于科学数据方面。
	面积图。面积图强调了变量随时间变化的幅度。由于它也显示了绘制值的总和，因此面积图也可显示部分相对于整体的关系。
	圆环图。圆环图与饼图类似，也显示了部分与整体的关系，但圆环图可以包含多个数据系列。它的每一个环都代表一个数据系列。
	雷达图。在雷达图中，每个分类都有它自己的数值轴，每个数值轴都从中心向外辐射。而线条则以相同的顺序连接所有的值。
	曲面图。当您希望在两组数据间查找最优组合时，曲面图将会很有用。比如在地形图中，颜色和图案指出了有相同值的范围的地域。
	气泡图。气泡图是一种 XY(散点)图。数据标记的大小反映了第三个变量的大小。
	股票图。盘高一盘低一收盘图常用来说明股票价格。本图表也可用于科学数据，例如，用来指示温度的变化。您必须以正确的顺序组织数据才能创建本股票图和其他股票图。

在创建图表之前，必须先知道自己的数据最适合使用哪种类型的图表。

4.9.2 创建图表

可以创建图表作为工作表的一部分，称为嵌入图表，或者作为单独的工作表上的图表。如果创建的是嵌入图表，则与工作表数据一起打印。如果在分开的工作表上创建图表，则可以分开打印它。这两种类型的图表都与所代表的工作表数据相连，这样在改变数据时，图表会自动更新。

创建图表可以选择“插入”菜单中相应的“图表”命令。

例:以图 4-43 所示的“某公司上半年各部门费用总额(千元)”介绍如何创建嵌入式图表,操作步骤如下。

(1)选定需要绘制图表的单元格区域,如图 4-43 所示。

	A	B	C	D	E	F	G
1	某公司上半年各部门费用总额(千元)						
2	月份	部门A	部门B	部门C	部门D	部门E	部门F
3	一月	30	33	44	55	22	11
4	二月	32	33	48	20	21	55
5	三月	89	44	55	66	77	23
6	四月	12	33	56	77	88	55
7	五月	23	14	57	87	23	23
8	六月	23	45	67	89	12	13
9	合计	209	202	327	394	243	180

图 4-43　需要绘制图表的工作表数据

(2)单击“插入”菜单的“插入柱形图”按钮,出现如图 4-44 所示的图表。

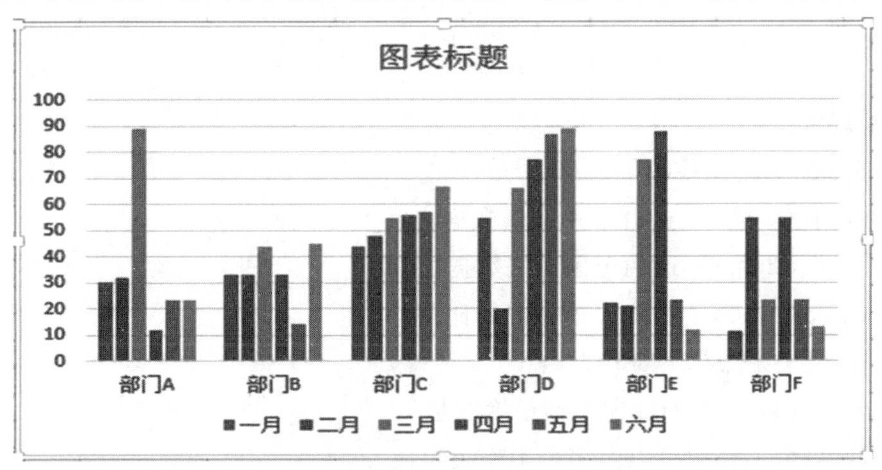

图 4-44　默认插入的柱形图

(3)单击“设计”菜单的“添加图表元素”按钮旁的黑色小三角形按钮,可以修改“图表标题”“数据标签”“图表图例”等图表内容。

(4)将“图表标题”修改为“某公司上半年各部门费用总额(千元)”,“主要横坐标轴”修改为“部门”,“土要纵坐标轴”修改为“千元”,“图例”置于图表的右侧,最后的图表效果如图 4-45 所示。

上例创建的图表是作为工作表的一部分,称为嵌入图表。也可在分开的工作表上创建图表,称为图表工作表,或者移动创建好的图表位置。移动创建好的图表位置,先选中图表,单击“设计”菜单的“移动图表”按钮,可以将图表移动到指定的工作表中。

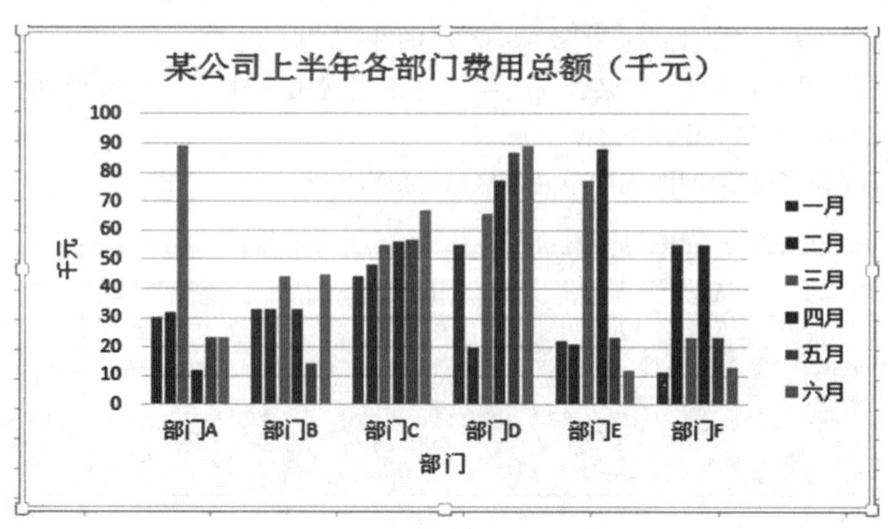

图 4-45 最后的柱形图效果

习 题 4

一、单选题

1. 公式＝SUM(C2:C6)的作用是________。

   A. 求 C2 到 C6 这五个单元格数据之和

   B. 求 C2 和 C6 这两个单元格数据之和

   C. 求 C2 和 C6 这两个单元格的比值

   D. 以上说法都不对

2. 对于 Excel，下列叙述中不正确的是________。

   A. 每个工作簿可以由多个工作表组成

   B. 输入的字符不能超过单元格宽度

   C. 每个工作表有 256 列、65536 行

   D. 单元格中输入的内容可以是文字、数字、公式

3. Excel 选定单元格区域的方法是，单击这个区域左上角的单元格，按住________键，再单击这个区域右下角的单元格。

   A. ALT　　B. CTRL　　C. SHIFT　　D. 任意键

4. 在 Excel 表格图表中，没有的图表类型是________。

   A. 柱形图　　B. 条形图　　C. 雷达图　　D. 扇形图

5. Excel 行号是以________排列的。

   A. 英文字母序列　　B. 阿拉伯数字　　C. 汉语拼音　　D. 任意字符

6. Excel 对于新建的工作簿文件，若还没有进行存盘，系统会采用________作

为临时名字。

A. Sheet1　　B. Book1　　C. 工作簿 1　　D. File1

7. 以下单元格引用中，下列哪一项属于混合应用________。

A. E3　　B. C18　　C. C$20　　D. D13

8. Excel 的主要功能是________。

A. 电子表格、文字处理、数据库　　B. 电子表格、图表、数据库

C. 电子表格、工作簿、数据库　　D. 工作表、工作簿、图表

9. 图表是工作表数据的一种视觉表示形式，图表是动态的，改变图表________后，系统就会自动更新图表。

A. X 轴数据　　B. Y 轴数据　　C. 标题　　D. 所依赖数据

10. 右击一个图表对象，________出现。

A. 一个图例　　B. 一个快捷菜单　　C. 一个箭头　　D. 图表向导

11. Excel 将下列数据项视作文本的是________。

A. 1834　　B. 15E587　　C. 2.00E+02　　D. −15783.8

12. 在 Excel 中，字符型数据默认显示方式是________。

A. 中间对齐　　B. 右对齐　　C. 左对齐　　D. 字定义

13. 在工作表中，选取不连续的区域时，首先按下________键，然后单击需要的单元格区域。

A. Ctrl　　B. Alt　　C. Shift　　D. Backspace

14. 如果输入以________开始，Excel 认为单元的内容为一公式。

A. !　　B. =　　C. *　　D. √

15. Excel 电子表格 A1 到 C5 为对角构成的区域，其表示方法是________。

A. A1:C5　　B. C5:A1　　C. A1+C5　　D. A1,C5

16. Excel 单元格的地址是由________来表示的。

A. 列标和行号　　B. 行号　　C. 列标　　D. 任意确定

17. 中文 Excel 的单元格中的数据可以是________。

A. 字符串　　B. 一组数字　　C. 一个图形　　D. A、B、C 都可以

18. 在 Excel 公式中用来进行乘的标记为________。

A. ×　　B. (　)　　C. ∧　　D. *

19. 在 Excel 工作表中，假设 A2=7，B2=6.3，选择 A2:B2 区域，并将鼠标指针放在该区域右下角填充句柄上，拖动至 E2，则 E2=________。

A. 3.5　　B. 4.2　　C. 9.1　　D. 9.8

20. 函数 ROUND(12.15,1)的计算结果为________。

A. 12.2　　B. 12　　C. 10　　D. 12.25

二、判断题

1. 退出中文 Excel,可利用"系统控制菜单",只要先存储现有工作文件,然后单击"系统控制菜单"中的"关闭"命令即可。 ( )

2. Excel 除了可用工具栏来改变数据的格式外,还可通过"设置单元格格式"对话框来更改数据的格式。 ( )

3. 向 Excel 工作表中输入文本数据,若文本数据全由数字组成,应在数字前加一个西文单引号。 ( )

4. 工作表中的列宽和行高是固定不变的。 ( )

5. 在工作表窗口中的工具栏有一个"∑"自动求和按钮。实际上它代表了工作函数中的 SUM()函数。 ( )

6. 在 Excel 中,可以输入的文本为数字、空格和非数字字符的组合。 ( )

7. 如果输入单元格中的数据宽度大于单元格的宽度,单元格将显示为"######"。 ( )

8. Excel 单元格中的数据可以水平居中,但不能垂直居中。 ( )

9. Excel 没有自动填充和自动保存功能。 ( )

10. 同 Windows 其他应用程序一样,Excel 中必须先选择操作对象,然后才能进行操作。 ( )

三、上机操作题

1. 在 Excel 中,将打印预览和打印按钮设置到快速访问工具栏,简要叙述设置的步骤。

2. 根据图 4-33 的源代码,试编写自定义函数 TAX(pay)计算应扣的个人所得税,其中参数 pay 表示月工资。

3. 建立图 4-36 所示的数据清单,其中所得税根据函数 TAX(pay)计算得到,另外依据应发合计对数据清单进行排序。

4. 建立图 4-36 所示的数据清单,其中所得税根据函数 TAX(pay)计算得到,另外依据"应发合计"大于或等于 1000 对数据清单进行自动筛选。

5. 建立图 4-42 所示的数据清单,依据部门对数据清单进行排序,然后依据部门对数据清单进行分类汇总。

第 5 章　PowerPoint 2013 演示文稿制作软件

【学习目标】

- 了解 PowerPoint 2013 的基本概念和基本操作。
- 掌握 PowerPoint 2013 基本元素的功能使用。
- 掌握 PowerPoint 2013 的编辑和放映。

演示文稿是人们用来交流信息的一种重要工具，常用在课堂教学、会议、论文答辩等场合。它能生动形象地展示演示内容，准确地传递信息，使信息接收者能很好地理解并掌握演示者想表达的意思。

5.1　PowerPoint 2013 概述

PowerPoint 2013 是微软公司 Office 2013 中的一项应用程序，能够制作出集文字、图像、动画、声音、视频等多媒体元素为一体的演示文稿，能够更加形象、高效地表达信息，可用于商业宣传、会议报告、产品介绍、培训、计划和多媒体演示等。PowerPoint 2013 在 PowerPoint 2010 等版本的基础上，以更加新颖和便捷的操作模式引导用户制作出图文并茂的多媒体演示文稿。

5.1.1　窗口界面

选择“开始”—“所有程序”—“Microsoft Office 2013”—“PowerPoint 2013”选项，启动 PowerPoint 2013，标准的 PowerPoint 2013 主窗口如图 5-1 所示。

1. 快速访问工具栏

快速访问工具栏位于主窗口最上方，用于显示当前演示文稿的名称，如图 5-2 所示。用鼠标拖动它可以移动整个窗口；在其右侧是常见的最小化、最大化/还原、关闭按钮，双击标题栏，可以将窗口放大或还原。

2. 程序选项卡和功能区

程序选项卡和功能区位于标题栏的下方，具体包括“文件”“插入”“设计”“切换”“动画”“幻灯片放映”“审阅”“视图”等选项卡，如图 5-3 所示。每个选项卡包含一组功能，构成了 PowerPoint 2013 的功能主体。

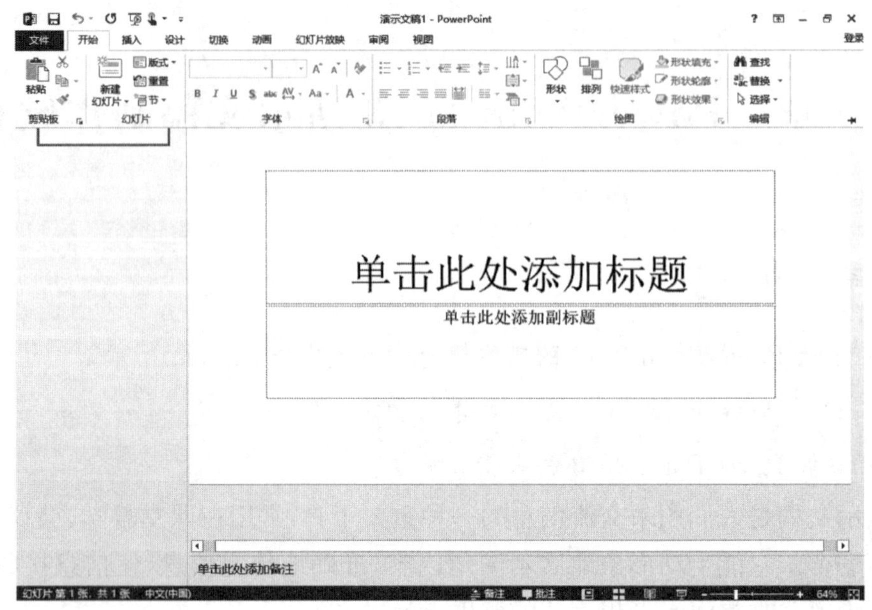

图 5-1　PowerPoint 2013 主窗口

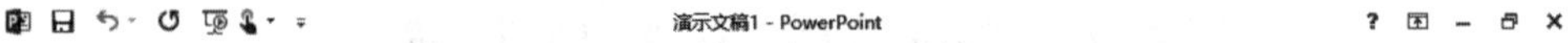

图 5-2　标题栏

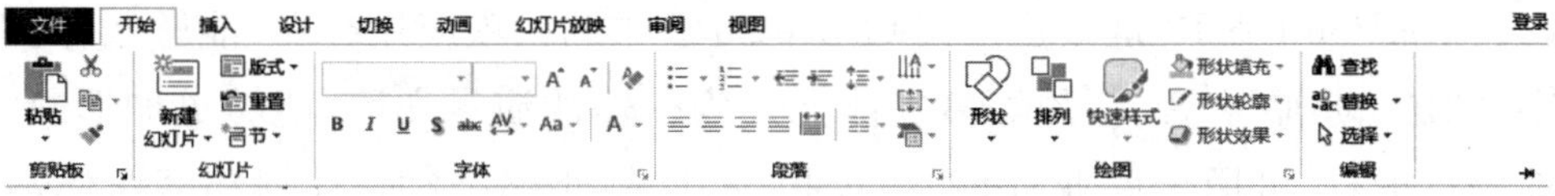

图 5-3　程序选项卡和功能区

3. 工作区

工作区位于主窗口的中央，占据窗口的大部分空间，如图 5-4 所示。在此工作区可对多媒体元素进行编辑，也可以对幻灯片进行展示。

图 5-4　工作区

4. 备注区

备注区位于工作区的下方，用来对每张幻灯添加一些文本信息进行备注，如图 5-5 所示。

图 5-5　备注区

5. 状态栏

状态栏位于窗口的最底端，此处主要显示有关命令或者操作过程中的信息和当前文档相应的状态、视图的切换以及窗口显示比例控制，如图 5-6 所示。

图 5-6　状态栏

5.1.2　视图方式

视图是同一文档的不同表现形式，建立了用户与机器间的交互工作环境。PowerPoint 提供了普通视图、大纲视图、幻灯片浏览、备注页、阅读和幻灯片放映 6 种视图模式，每种视图都定制了特定的工作区、功能区和其他工具。可以通过“视图”选项卡下的“演示文稿视图”功能组进行视图方式的切换，也可以通过单击主窗口右下方的“视图切换”按钮进行切换，如图 5-7 所示。

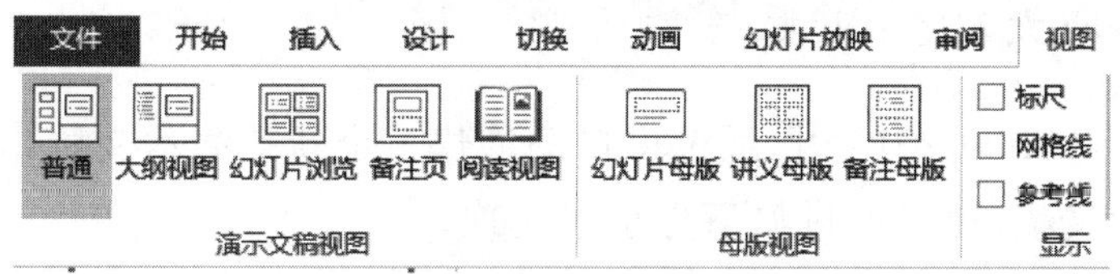

图 5-7　幻灯片视图方式

1. 普通视图

普通视图是系统默认的视图，用于设计演示文稿。单击“普通视图”按钮，即可切换到普通视图显示方式，也可以通过执行“视图”—“普通”命令打开普通视图，幻灯片视图主要用于对单幅幻灯片设计外观、编辑文本、插入图形、声音和影片等多媒体对象，并为对象设置动画效果，或者创建超链接。

2. 大纲视图

大纲视图主要用于输入和修改大纲文字。该视图方式主要针对文字输入量较大时进行编辑。通过执行“视图”—“大纲视图”命令打开大纲视图。

3. 幻灯片浏览视图

幻灯片浏览视图是将幻灯片以缩略图的形式显示，可以看到每张幻灯片的整体效果，该视图适用于从整体上浏览和修改幻灯片的效果，可以对幻灯片进行调整顺序、添加、删除、复制、移动幻灯片等，但不能对幻灯片中的内容进行编辑，只能切换到普通视图中进行编辑。通过单击“幻灯片浏览”按钮，或者通过执行“视图”—“幻灯片浏览”命令，可以切换到幻灯片浏览视图。

4. 备注页视图

为幻灯片创建备注。通过执行“视图”—“备注页”命令，可切换至备注页视图。插入到备注页中的对象不可以在幻灯片放映模式下显示，但可通过打印备注页打印出来。

5. 阅读视图

阅读视图仅显示标题栏、阅读区和状态栏，主要用于浏览幻灯片的内容。在该模式下，演示文稿中的幻灯片将以窗口大小进行放映。通过执行“视图”—“阅读视图”，可以切换至阅读视图。

6. 幻灯片放映视图

幻灯片放映视图占据整个计算机屏幕，用户所看到的演示文稿就是在演示时观众所看到的，可以听到声音，看到各种图像、视频剪辑和幻灯片切换的效果。按 Enter 键显示下一张幻灯片，按 Esc 键可退出全屏幕。

5.1.3 演示文稿的基本操作

启动 PowerPoint 2013 时，系统将自动创建一个新的演示文稿，如果用户想要创建新的演示文稿，可以通过如下方法来实现。

1. 创建演示文稿

(1)创建空白演示文稿。空白演示文稿是一种形式最简单的演示文稿，没有应用模板设计、配色方案以及动画方案，可以自由设计。单击“文件”选项卡中的“新建”命令，在弹出的界面中单击“空白演示文稿”选项，如图 5-8 所示，系统会自动创建一个演示文稿，并将其命令为“演示文稿 1”。

另外可以通过“Ctrl＋N”组合键来创建空白演示文稿。也可以通过“自定义快速访问工具栏”，单击“新建”按钮，新建一个空白演示文稿，如图 5-9 所示。

(2)通过模板创建演示文稿。模板是一种以特殊格式保存的演示文稿，一旦应用了一种模板，幻灯片的背景图形、配色方案等就已经确定。打开“文件”选项卡，单击“新建”命令，在“新建”界面中任意选择一种，单击即可，如图 5-8 所示。也可以搜索联机模板和主题，在相应的搜索文本框中输入想要查找的模板或主题，系统就可以从 office. com 上下载模板。

图 5-8 新建空白演示文稿

图 5-9 自定义快速访问工具栏

2. 保存演示文稿

制作好的文稿要及时保存，PowerPoint 2013 演示文稿的默认文件扩展名为 . pptx。常用的保存演示文稿的方法有如下几种。

(1)保存未命名的演示文稿。如果是首次保存演示文稿，可单击“快速访问工具栏中”的“保存”按钮，或者通过单击“文件”—“保存”—“浏览”命令，在弹出的“另存为”对话框中为演示文稿输入文件名和保存路径，单击“保存”按钮，或者通过快捷键“Ctrl＋S”实现快速保存。

(2)保存已命名的演示文稿。如果演示文稿为已保存过的演示文稿，可单击“快速访问”工具栏中的“保存”按钮 ，按照原路径和文件名保存当前的演示文稿。也可通过“文件”—“另存为”—“浏览”命令，弹出“另存为”对话框，将演示文稿保存至新的存储路径或保存为新的文件名。

(3)设置自动保存功能。PowerPoint 2013 可以通过自行设置自动保存的时间实现演示文档的自动保存。执行“文件”—“选项”命令，弹出“PowerPoint 选项”对话框，选择“保存”选项，打开“保存”选项内容，选中“保存自动回复信息时间间隔”复选框，设置对演示文稿进行自动保存和恢复的时间间隔，默认情况下的时间间隔为 10 分钟，用户可以自己设置，设置完毕后，单击“确定”按钮，如图 5-10 所示。

图 5-10 “PowerPoint 选项”对话框

5.2 演示文稿的插入元素操作

5.2.1 输入文本

文本是构成演示文稿的最基本的元素，用来表达演示文稿的主题和主要内容，可以在普通视图或大纲视图中编辑文本，并设置文本的格式。在演示文稿中文本不宜过多，也不宜过少，过多会显示不出重点，过少不能准确传达信息。

演示文稿中的文本可以通过占位符输入，也可以通过文本框输入。

1. 通过占位符输入

占位符是包含文字和图像等对象的容器，在文本占位符中可以输入幻灯片的标题、副标题和正文。这种方法方便快捷，无须调整文字位置，格式为当前主题默认，风格统一，如图 5-11 所示。

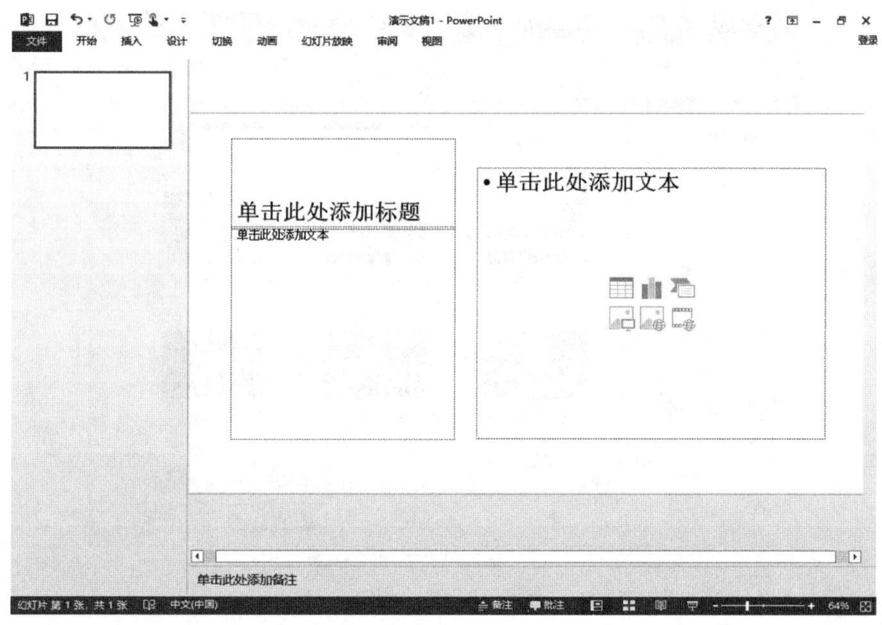

图 5-11　使用内容与标题版式占位符输入文字

2. 通过文本框输入

除了通过文本占位符添加文本外，还可以通过“插入”—“文本框”命令，在当前幻灯片的恰当位置插入一个横排或者竖排的文本框，可在其中输入相应的文本，如图 5-12 所示。

文本框中的文字可以进行字体、颜色、字号、段落缩进、段落间距、行间距等的设置，文本框本身具有填充线条、效果和大小等属性的设置。

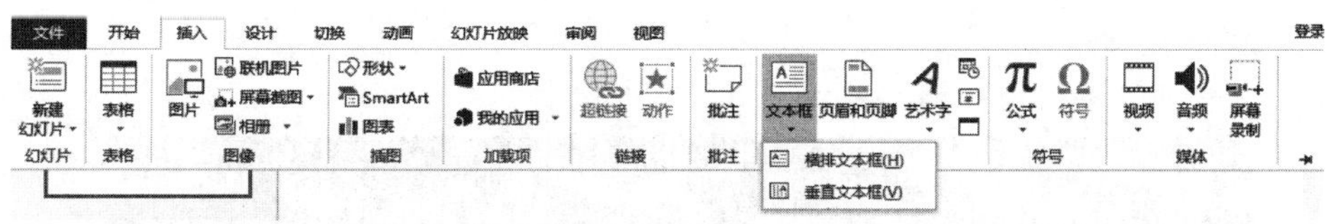

图 5-12　插入文本框

5.2.2　插入图片

PowerPoint 2013 除了具有文本处理能力外，还可以使用各类与主题相关的图片来增加演示文稿的表现力和吸引力。

1. 插入本地图片

在普通视图下，选中要插入图片的幻灯片，执行“插入”—“图片”命令，弹出“插入图片”对话框，如图 5-13 所示，在本地计算机中选择要插入的图片文件后，单击“插入”按钮。

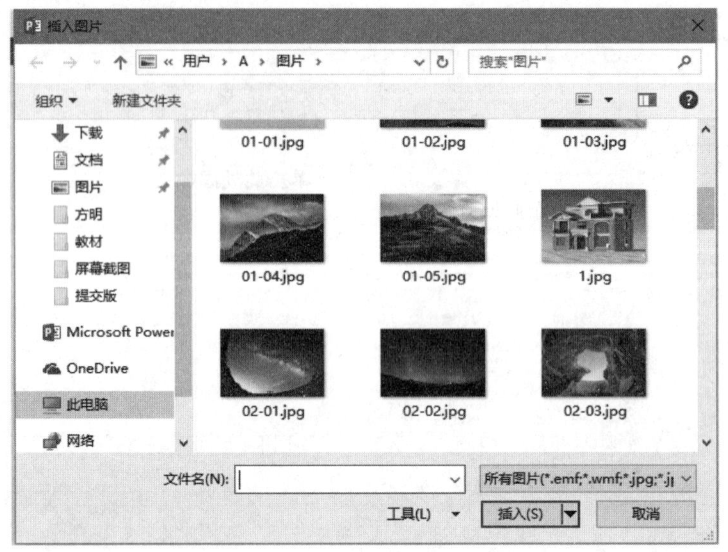

图 5-13　插入图片

2. 插入联机图片

本地计算机上的图片资源有限，有时找不到需要的图片，PowerPoint 2013 可以通过检索互联网的图片资源来实现。前提条件是所使用的电脑必须联网。执行“插入”—“联机图片”命令，打开“插入图片”面板，在搜索框中输入插入图片的关键词，在搜索结果中选择想要插入的图片即可，如图 5-14 所示。

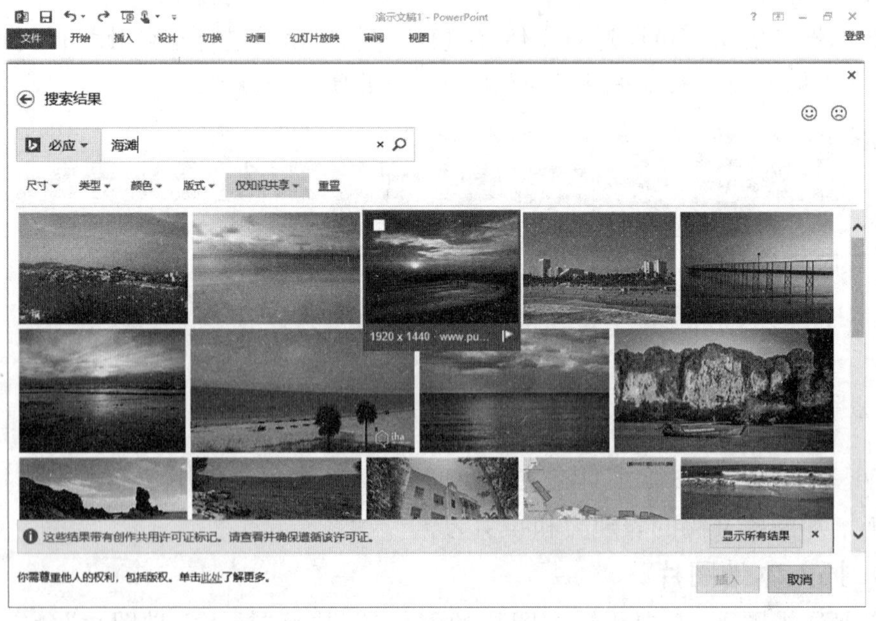

图 5-14　插入联机图片

3. 调整图片

图片被插入到幻灯片中后，可以精确地调整图片的大小、颜色和背景灯，也可以进行旋转、裁剪、边框、效果等设置，让插入的图片更加符合用户的需求，如图 5-15 所示。

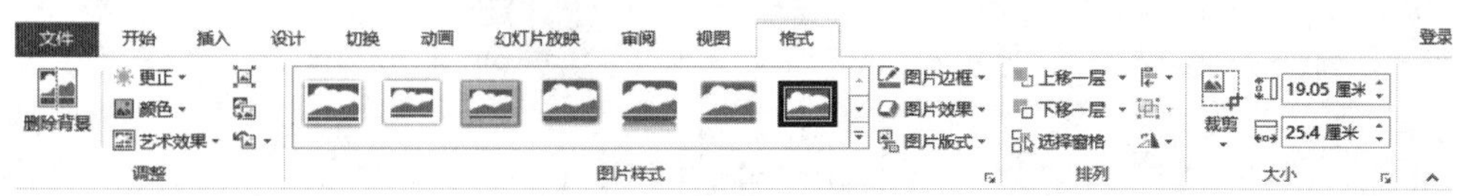

图 5-15 编辑图片格式

5.2.3 插入形状

1. 绘制形状

在幻灯片中可以通过绘制线条、矩形、箭头等形状来更加形象地表达信息。执行“插入”—“形状”命令，然后在弹出的面板中选择形状样式，当鼠标指针变成“+”形状时，在幻灯片的目标位置拖动鼠标进行绘制，就可以完成指定形状的绘制，如图 5-16 所示。

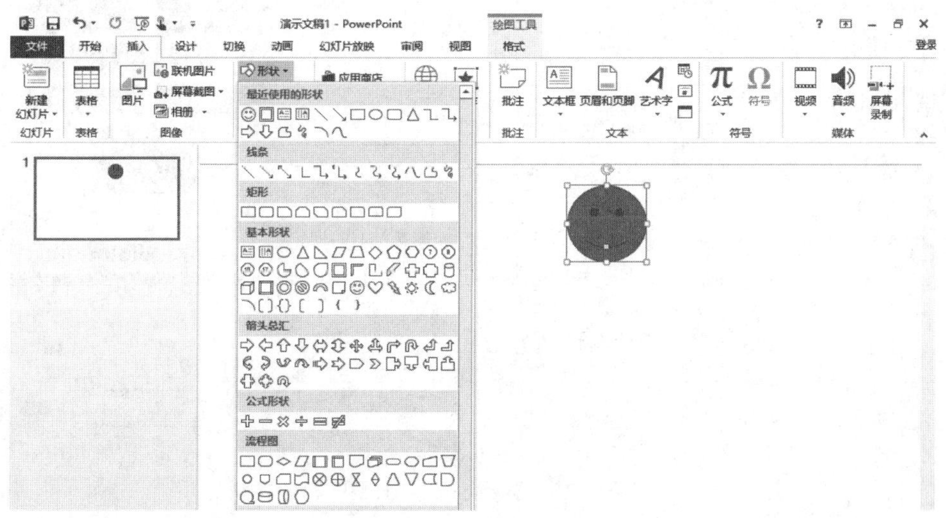

图 5-16 绘制形状

2. 设置形状样式

可以进一步设置形状的样式，选中已经在幻灯片中绘制的形状，在“格式”选项卡中“插入形状”，设置“形状样式”“艺术字样式”以及形状的“排列”和“大小”，如图 5-17 所示。

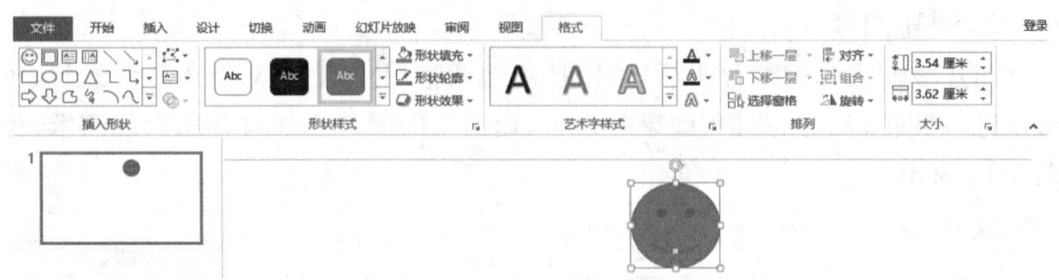

图 5-17　设置形状样式

5.2.4　插入 SmartArt 图形

SmartArt 图形是信息和观点的视觉表现形式，可以非常直观地表达出层级关系、附属关系、并列关系、循环关系等，且具有很强的立体感和画面感。

执行“插入”—“SmartArt”命令，弹出“选择 SmartArt 图形”对话框，在各类关系图中选择需要的图形，单击“确定”按钮即可，如图 5-18。

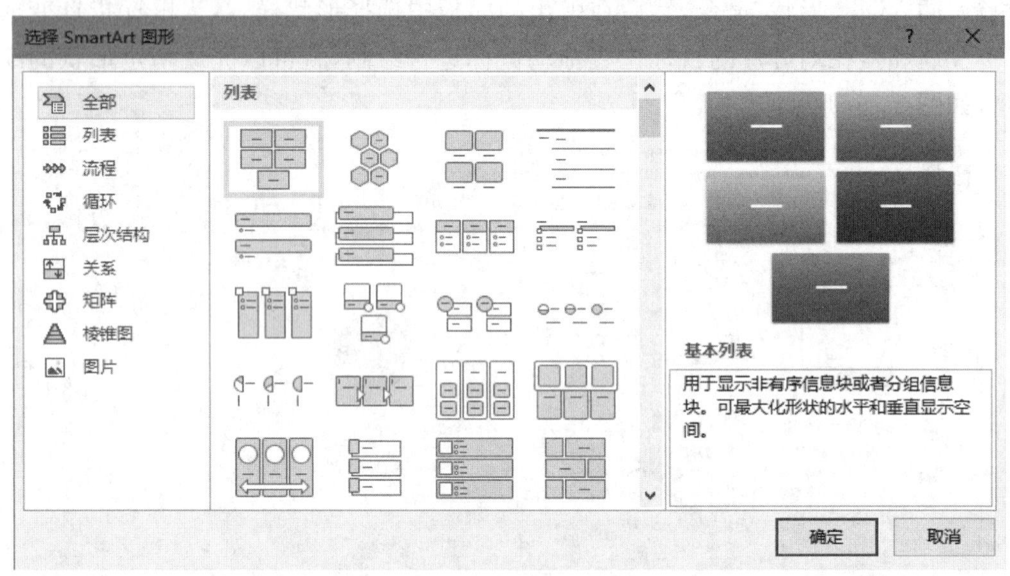

图 5-18　选择 SmartArt 图形

可以对插入的 SmartArt 图形进行设计。选中插入的 SmartArt 图形，功能区将显示“设计”和“格式”选项卡，可以对选中的 SmartArt 图形进行格式设置和设计，由此设计出符合用户需要的 SmartArt 图形。

5.2.5　插入艺术字

通过插入艺术字可以在幻灯片中显示特殊的文本效果，艺术字是一种图形对象，可以像图像一样进行拉伸、倾斜和旋转等操作。

选择目标幻灯片，在普通视图下执行“插入”—“艺术字”命令，打开艺术字样式列表，单击选择需要的样式，即可在幻灯片中插入艺术字。如图 5-19 所示。

图 5-19　插入艺术字

可以对艺术字的格式进行修改。在幻灯片中选择想插入的艺术字，此时会在功能区显示“格式”选项卡，可以对艺术字的形状、样式等进行编辑，如图 5-17 所示。

5.2.6　插入表格和图表

1. 插入表格

利用表格可以在幻灯片中很好地展示一些数据。选择需要创建表格的幻灯片，执行“插入”—“表格”命令，弹出“插入表格”下拉列表，可以拖动鼠标插入表格，如图 5-20 所示。也可以在下拉列表中单击“插入表格”按钮，在弹出的对话框中输入要插入表格的行数和列数。

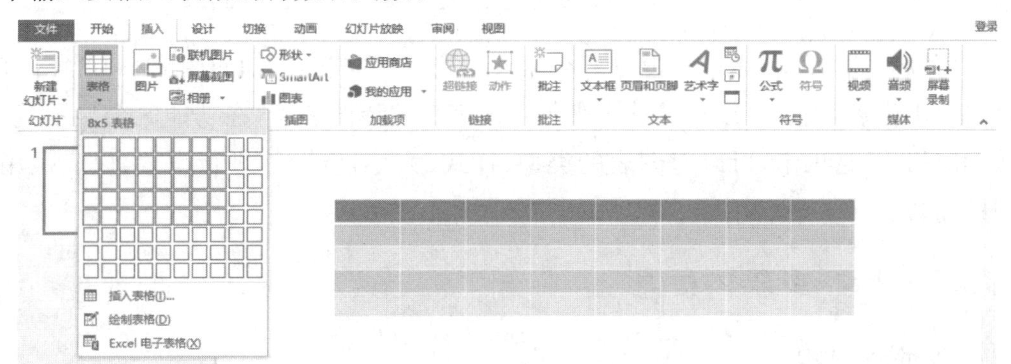

图 5-20　插入表格

选中插入到幻灯片中的表格，在功能区会出现“设计”和“布局”选项卡，通过选项卡可以对表格进行相应地设置，可以调整大小、删除、添加底纹、设置边框样式等，还可以对单元格进行编辑，如拆分单元格、合并单元格，设置行高和列宽等。

2. 插入图表

在幻灯片中添加图表，可以使得幻灯片的效果更加直观、立体。插入图表可以将数据以“柱形图”“饼图”“雷达图”等形象地展现出来，更利于用户进行分析查看。选择要创建图表的幻灯片，执行“插入”—“图表”命令，会弹出“插入图表”对话框，如图 5-21 所示。

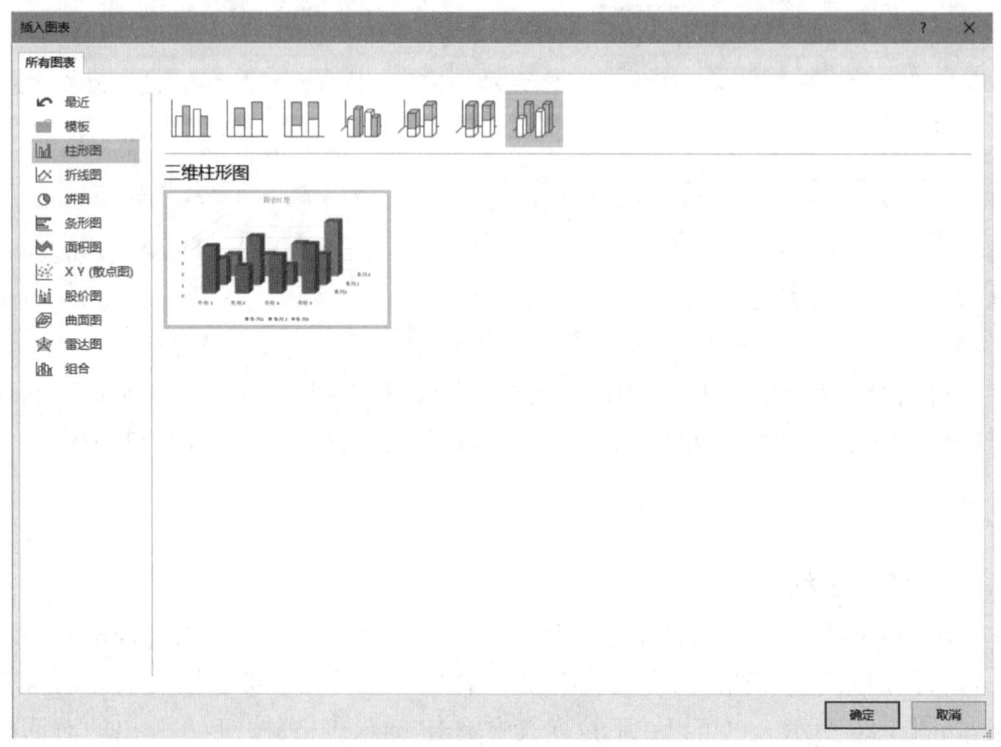

图 5-21 插入图表

可以对插入的图表进行设置。在插入图表后，系统会自动使用 Excel 2013 打开一个工作表，用户可以根据该表来创建图表。选择图表后，在功能区会显示“设计”和“格式”选项卡，可以对图表的类型、样式、大小、位置等进行设置，以满足用户的需要。

5.2.7 插入多媒体信息

1. 插入视频

PowerPoint 2013 可以通过插入视频对象来增加幻灯片的演示效果，还可以对视频应用边框、阴影、映像、发光、柔化边缘、棱台、三维旋转等效果。

(1)插入 PC 上的视频。执行“插入”—“视频”—“PC 上的视频”命令，弹出“插入视频文件”对话框，如图 5-22 所示，在对话框中选中要插入的视频文件，单击“插入”按钮。PowerPoint 2013 支持多种格式的视频文件。插入视频后，单击“播放”按钮即可播放视频。

图 5-22　插入视频文件

（2）插入联机视频。本地视频资源有着一定的局限性，很难满足用户个性化、多样化的需求。而联机视频可以满足用户这样的需求。可以执行“插入”—“视频”—“联机视频”命令，弹出“插入视频”窗口，在窗口中输入关键词进行视频搜索，在结果中选择需要的视频文件，单击“插入”按钮。

（3）编辑视频。当视频插入幻灯片后，可能会面临着画面不美观，可以根据需要，为插入幻灯片的视频设计较为精美的封面，让演示文稿更加美观。选中插入的视频文件，在功能区会出现“格式”和“播放”选项卡，用户在“格式”选项卡中可以对视频的样式、效果、大小、亮度和对比度等进行设置，可以在“播放”选项卡中对视频文件进行播放预览和视频剪辑等操作。

2. 插入声音

演示文稿中常常会插入声音文件作为背景音乐，让幻灯片的演示更加生动。

（1）插入 PC 上的音频。执行“插入”—“音频”—“PC 上的音频”命令，弹出“插入音频”对话框，在本地计算机上选择要插入的音频文件，单击“插入”按钮即可。PowerPoint 2013 支持多种视频文件，如. wav、. midi、. mp3、. wma 等。

（2）插入联机音频。PC 上的音频很难满足用户的需求，可以通过执行“插入”—“音频”—“联机音频”命令，在弹出的“插入音频”窗口中输入关键词搜索声音文件，在结果中选择需要的音频文件，单击“插入”按钮。

（3）插入录制音频。用户可以通过录制音频的方法为演示文稿配音。执行

“插入”—“音频”—“录制音频”命令，弹出“录制声音”对话框，在“录制音频”对话框中单击 ● 进行录音，录音结束后，单击 ■ ，并确定插入录音文件。

5.3 演示文稿的编辑

5.3.1 幻灯片的基本操作

1. 幻灯片的选择

PowerPoint 2013 中可以选择对一张幻灯片进行操作，也可以选择对多张幻灯片进行操作。常常通过普通视图幻灯片模式或者在幻灯片浏览视图中选择幻灯片进行操作和管理。

(1)选择单张幻灯片。通过单击选中需要的幻灯片，即可将该幻灯片选中。

(2)选中连续的多张幻灯片。若用户想选择连续的多张幻灯片，则可以单击起始幻灯片，然后按住 Shift 键，再单击结束位置的幻灯片，此时从起始到结束位置的幻灯片将被同时选中。

(3)选中不连续的多张幻灯片。按住 Ctrl 键，同时鼠标左键依次单击需要选中的每张幻灯片，此时被单击的幻灯片被同时选中，也可以再次单击被选中的幻灯片，则该幻灯片将被取消选中。

2. 幻灯片的插入与删除

(1)插入幻灯片。在普通视图或者大纲视图下，单击“开始”—“新建幻灯片”命令或者单击“插入”—“新建幻灯片”命令，可以在当前幻灯片之后添加一张默认版式的幻灯片。也可以单击“新建幻灯片”按钮右下方下拉箭头，此时会弹出“Office 主题”菜单，如图 5-23 所示，在菜单中选择需要的版式，即可将其作为新幻灯片的版式。

选中一张幻灯片，按回车键，则可在其后直接插入一张新的幻灯片。

(2)删除幻灯片。选中要删除的幻灯片，单击鼠标右键，在弹出的快捷菜单中选择“删除幻灯片”命令，或者按 Delete 键，均可删除多余的幻灯片。

3. 复制和移动

(1)复制幻灯片。选中需要复制的幻灯片，在“开始”选项卡的“剪贴板”组中单击“复制”按钮，或者单击鼠标右键，在弹出的快捷菜单中选择“复制幻灯片”命令，或者按下“Ctrl+C”键，在插入幻灯片的位置单击，执行“开始”—“粘贴”命令，或者按下“Ctrl+V”键，均可实现在选中的幻灯片之后复制该幻灯片。

(2)移动幻灯片。选中要移动的幻灯片，在“开始”选项卡的“剪贴板”组中单

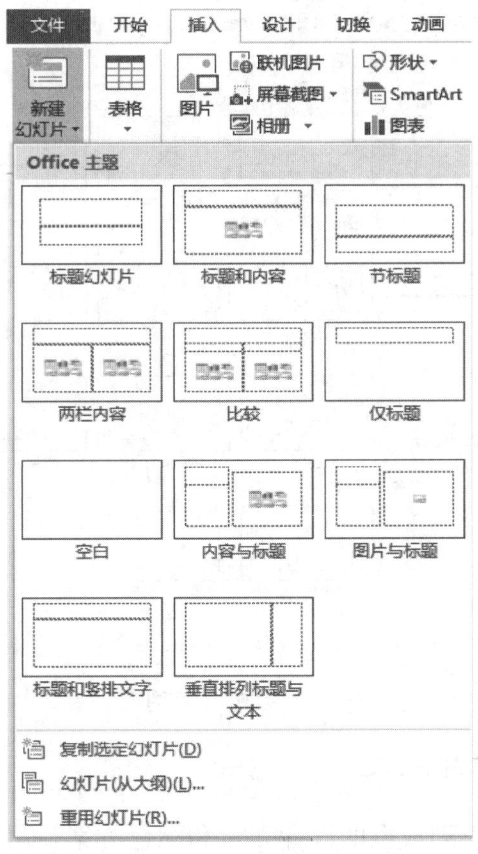

图 5-23　“Office 主题”菜单

击“剪切”按钮，或者单击鼠标右键，在弹出的快捷菜单中选择“复制”命令，或者按下“Ctrl+X”键，在插入幻灯片的位置单击，执行“粘贴”命令，或者按下“Ctrl+V”键，均可将幻灯片移动到选中的幻灯片之后。

在普通视图或大纲视图中，选中要移动的幻灯片，按住鼠标左键拖至目标位置，松开鼠标左键也可实现幻灯片的移动。

5.3.2　改变版式

版式是指幻灯片的内容在幻灯片上的排列方式。可通过如下操作改变幻灯片的版式。

选中将要应用版式的幻灯片，单击“开始”—“幻灯片”—“版式”命令，弹出“版式”下拉列表，如图 5-24 所示，在其中选择目标版式，单击即可实现将选中版式应用到当前幻灯片。

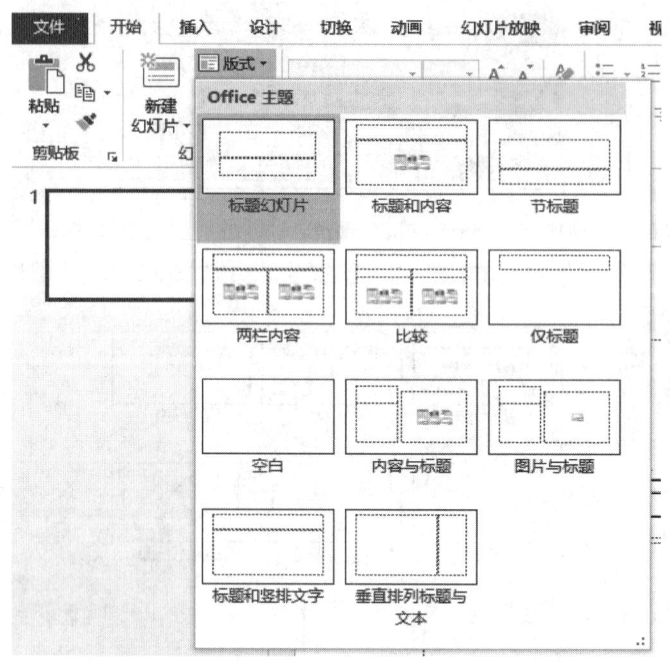

5-24 “版式”下拉列表

5.3.3 修改幻灯片主题

幻灯片主题是一系列成型的设计元素和配色方案,提供了一整套格式,包括主题颜色、主题文字和主题效果。PowerPoint 2013 系统自带多种预设主题,每个主题都有相应的名称,将鼠标悬在该主题上,即可显示该主题名称。用户可以将这些主题直接应用到目标幻灯片。

(1)更改当前幻灯片的主题。在“设计”选项卡中的“主题”选项区中单击“其他”下拉箭头,在弹出的下拉列表中选择要使用的主题,即可更改当前幻灯片的主题。

对幻灯片应用的主题效果的某一部分元素不满意,可以通过“变体”选项区中的颜色、字体、效果、背景样式进行修改。如图 5-25 所示。

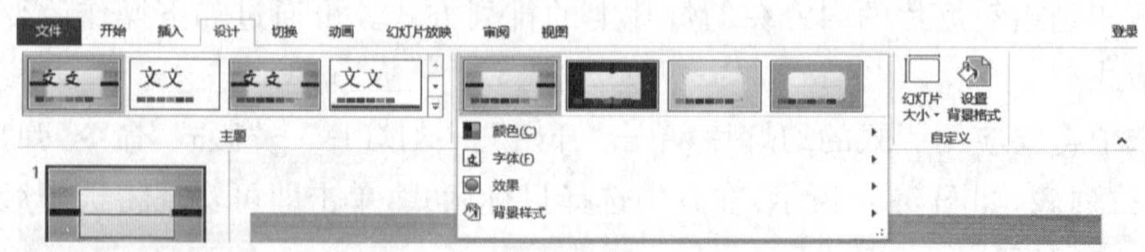

图 5-25 “变体”选项区

(2)更改主题颜色。执行“设计”—“变体”—“颜色”命令,选择需要的颜色,也可以自定义颜色,则当前的幻灯片主题中颜色元素会发生相应改变。

(3)更改主题文字。执行“设计”—“变体”—“字体”命令,选择需要的字体,也可以自定义字体,则当前的幻灯片主题中字体元素会发生相应改变。

(4)选择主题效果。执行“设计”—“变体”—“效果”命令,选择需要应用的效果即可。

(5)选择背景样式。执行“设计”—“变体”—“背景样式”命令,选择需要应用的背景样式,也可自己来设置背景格式。

5.4 演示文稿的放映

5.4.1 幻灯片放映

1. 常规放映

幻灯片编辑结束后即可进行放映,可以通过以下方式进行放映:

(1)执行“幻灯片放映”—“从头开始”命令,或者按下 F5 快捷键,或者单击窗口右下角的“幻灯片放映”按钮,都可以实现从第一页幻灯片开始放映。

(2)执行“幻灯片放映”—“从当前幻灯片开始”命令,可以从当前选中的幻灯片开始放映。

2. 设置幻灯片放映

执行“幻灯片放映”—“设置幻灯片放映”命令,弹出“设置放映方式”对话框,如图 5-26 所示,用户可以根据需要选择“放映类型”“放映幻灯片”“放映选项”“换片方式”“多监视器”等。

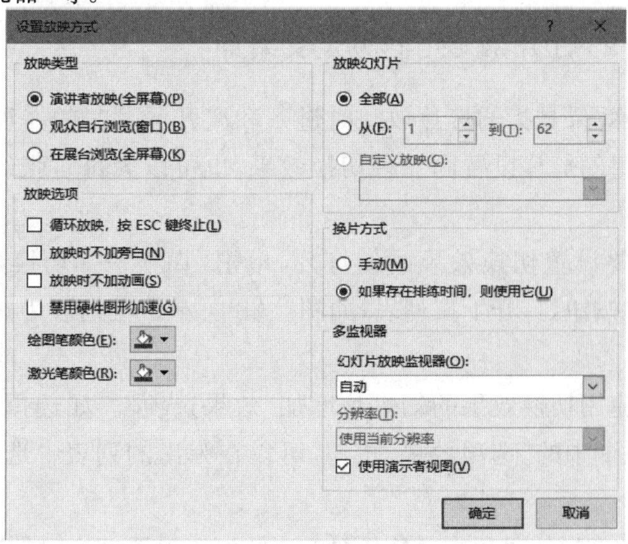

5-26 设置放映方式

(1)放映类型。

演讲者放映(全屏幕):可以运行全屏幕显示的演示文稿,适合大屏幕投影的会议、讲课等;

观众自行浏览(窗口):可运行小规模的演示,适合人数较少的场合;

在展台浏览(全屏幕):可自动运行演示文稿,以全屏幕在展台做演示用,按照预设的时间依次序放映,不允许现场控制放映的进程。

(2)设置放映范围。“放映幻灯片”可以设置全部放映幻灯片,也可以放映一部分幻灯片,只需在“从”“到”文本框中设定开始到结束的幻灯片编号即可。

3. 排练计时

为把握演讲的时间,在使用演示文稿时可以通过“排练计时”功能来事先演练,可以记录下每张幻灯片所用时长和总时长。

执行“幻灯片放映”—“排练计时”命令,进入全屏放映模式,进入预演设置状态,出现“录制窗口”,如图 5-27 所示。单击“录制”窗口中的“下一项”按钮可播放下一张幻灯片。当放映到最后一张幻灯片时,系统会显示总的放映时间,并询问是否保留该排练时间。若单击“是”按钮,则 PPT 会自动切换到普通视图模式,在“幻灯片浏览”视图下,每张幻灯片的右下角会显示排练的时间。若单击“否”按钮,则取消计时时间。

图 5-27 幻灯片排练预演窗口

5.4.2 设置幻灯片放映的切换效果

幻灯片切换效果是指幻灯片放映时进入和离开屏幕时的一种特殊的过渡效果,既可以为一组幻灯片设置同一种切换效果,也可以为每一张幻灯片设置不同的切换效果。

(1)选中需要设置切换效果的幻灯片,单击“切换”—“切换到此幻灯片”选项—“其他”下拉按钮,打开下拉列表,如图 5-28 所示。在列表中选择要应用的切换效果即可。

(2)可以对应用切换效果的幻灯片增加“效果选项”。如选择“擦除”效果后,单击“切换”选项卡中的“选项效果”按钮,可以在弹出的列表中选择相应的效果,如图 5-29 所示。

(3)在幻灯片切换的过程中,可以添加音效,可以设置切换时的速度以及切片方式。可以通过“单击鼠标”手工切换,也可以通过“设置自动换片时间”进行自动切换。

图 5-28 幻灯片切换效果

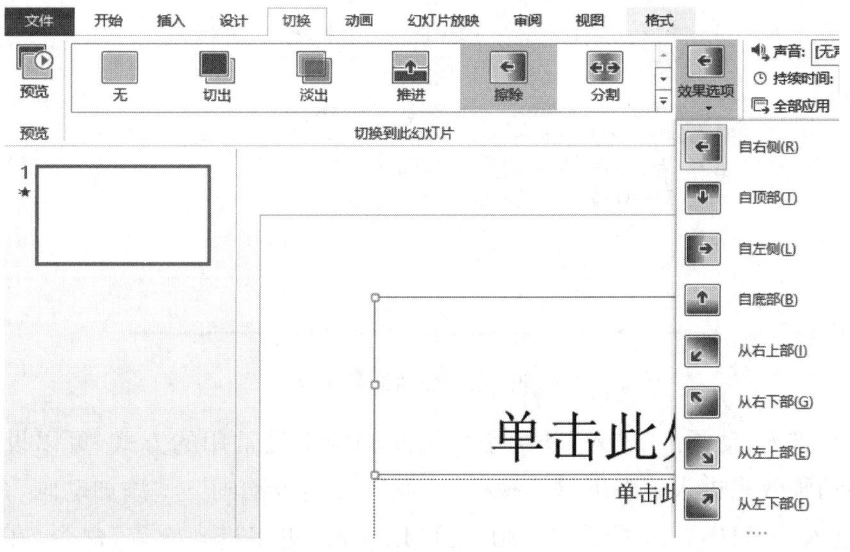

图 5-29 效果选项设置

5.4.3 设置幻灯片的动画效果

通过添加动画效果可以让幻灯片更加重点突出、生动有趣、条理清晰。

1. 添加自定义动画

幻灯片中的各种对象,如文字、图形、图像、表格等都可以添加自定义动画。

在添加动画前，首先选中幻灯片上的某个对象，执行“动画”—“高级动画”—“添加动画”命令，弹出“添加动画”菜单，如图 5-30 所示，包括进入式、强调式、退出式、动作路径等四种。

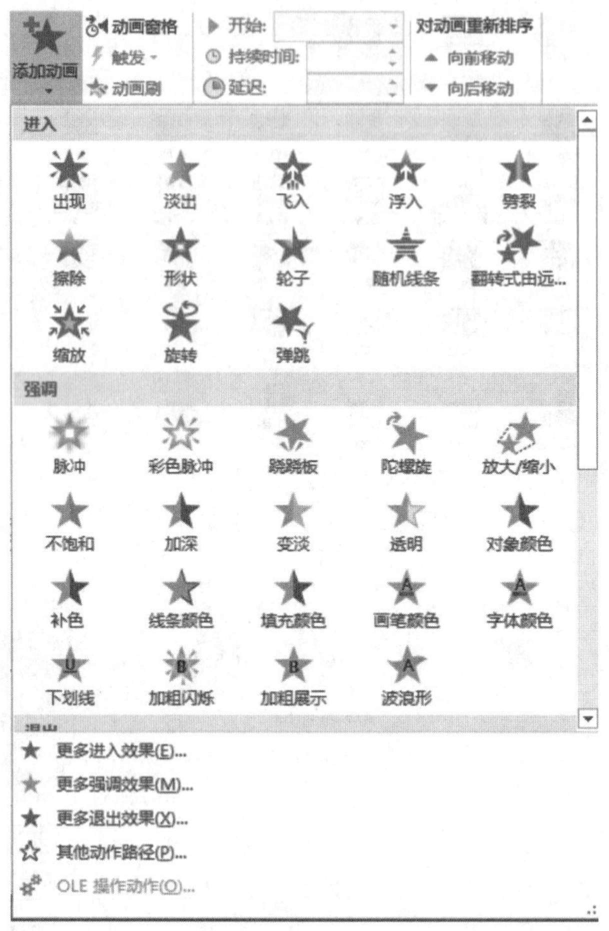

5-30 “添加动画”对话框

(1)“进入”动画。“进入”动画是自定义动画中最常用的方式，可以设置对象以多种动画效果进入放映屏幕。执行“动画”—“高级动画”—“添加动画”命令，可以在“进入”列表中单击需要的动画，也可以单击“更多进入效果”命令，在弹出的“添加进入效果”对话框中选择所需的动画效果，如图 5-31 所示。

(2)“强调”动画。放映时为吸引观众的注意，对象会在位置、形状或颜色上出现变化。执行“动画”—“高级动画”—“添加动画”命令，可以在“强调”列表中单击需要的动画，也可以单击“更多强调效果”命令，在弹出的“添加强调效果”对话框中选择所需的强调效果，如图 5-32 所示。

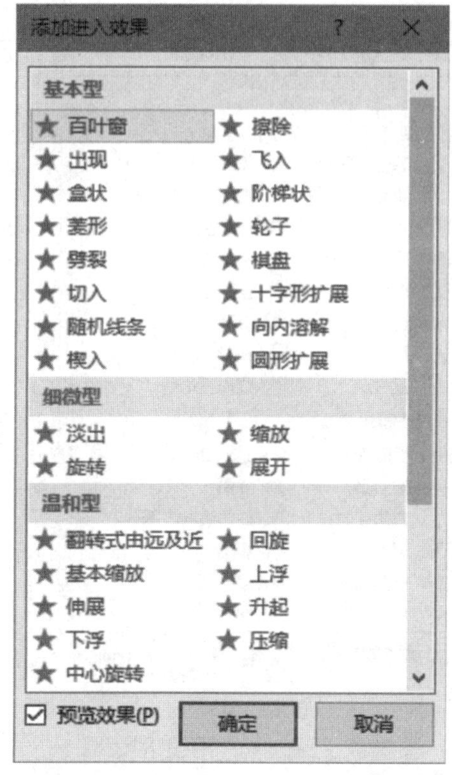

图 5-31　“添加进入效果”对话框

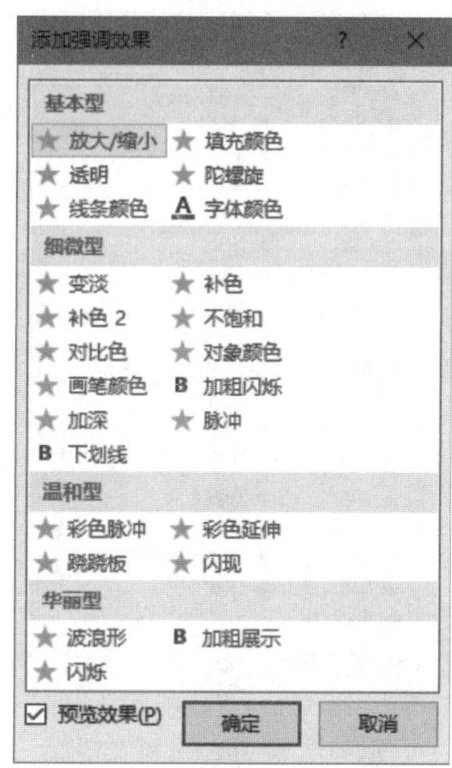

图 5-32　“添加强调效果”对话框

(3)“退出”动画。“退出”动画，是指当对象从幻灯片上消失时的效果。执行“动画”—“高级动画”—“添加动画”命令，可以在“退出”列表中单击需要的动画，也可以单击“更多退出效果”命令，此时会弹出“添加退出效果”对话框，如图 5 33 所示。

(4)“动作路径”动画。“动作路径”动画，是让对象在幻灯片上沿着指定的路径移动，经常和其他动画结合起来进行使用。执行“动画”—“高级动画”—“添加动画”命令，可以在“动作路径”列表中单击需要的动画，也可以单击“其他动作路径”命令，此时会弹出“添加动作路径”对话框，如图 5-34 所示。

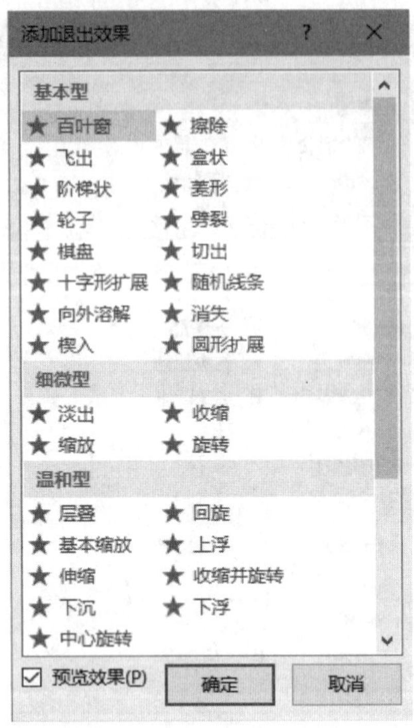

图 5-33 “添加退出效果”对话框

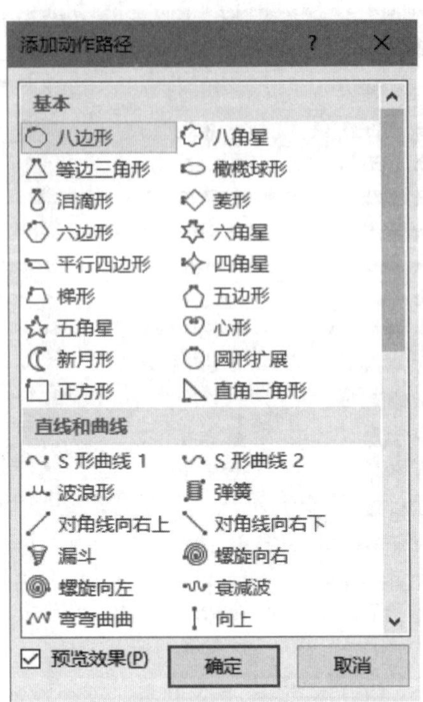

图 5-34 “添加动作路径”对话框

2. 设置动画

精彩的动画需要多种动画的组合，因此，在添加多种动画后，还要对各个动画进行后期的设置。单击“动画”—“高级动画”—“动画窗格”命令，在选中幻灯片右侧可列出当前幻灯片的所有动画，单击“效果选项”，可以设置变化方向，通过“开始”“持续时间”“延迟”设置动画的开始方式和运动速度。在“动画窗格”中可以用鼠标拖动动画对象来调整动画的前后顺序，直到满意为止。选中某条动画，按 Delete 键，可以将当前动画效果删除。

5.4.4 设置幻灯片的超链接效果

PowerPoint 2013 提供了强大的超链接功能，使得幻灯片与幻灯片之间、幻灯片与其他外在文件或程序以及网络之间可以自由地切换。在 PowerPoint 2013 中我们可以使用以下方法来创建超链接。

选中幻灯片中的元素，如文本框、图片、网络地址等，单击鼠标右键，弹出对话框，单击“超链接”按钮，弹出“插入超链接”对话框，如图 5-35 所示。在对话框左侧“链接到”列表中有四个选项，分别是“现有文件或网页”“本文档中的位置”“新建文档”“电子邮件地址”。最常用的是“现有文件或网页”选项，单击“现有文件或网页”选项，在“查找范围”下拉列表框中选择本地电脑中的文件或者在“地址”文本框中输入要链接的网页地址；也可以单击“本文档中的位置”，此时会显示演示文稿中的所有幻灯片，选择其中的某张幻灯片，则超链接的地址会指向该幻灯片。

图 5-35　“插入超链接”对话框

习　题　5

一、单选题

1. PowerPoint 2013 文件的扩展名是________。

   A. PPT　　B. pptx　　C. potx　　D. rar

2. 在 PowerPoint 2013 中，若要在选定的幻灯片中占位符输入文字，只要________。

   A. 单击占位符，然后直接输入文字

   B. 必须先删除占位符中的文字，然后再输入文字

   C. 选中幻灯片，直接输入文字

   D. 先删除占位符，然后输入文字

3. PowerPoint 2013 的“切换”选项卡中，正确的描述是________。

   A. 可以设置幻灯片切换时的视觉效果和听觉效果

   B. 只能设置幻灯片切换时的听觉效果

   C. 只能设置幻灯片切换时的视觉效果

   D. 只能设置幻灯片切换时的定时效果

4. 关于 PowerPoint 2013 的“链接”，下列说法中正确的是________。

A. 链接指将约定的设备用线路连通
B. 链接为发送电子邮件做好准备
C. 链接将指定的文件与当前文件合并
D. 点击链接就会转向链接指向的地方

5. 在 PowerPoint 2013 中,设置幻灯片放映时的换页效果为垂直百叶窗,应使用________功能

A. 动作按钮　　B. 幻灯片切换
C. 动画方案　　D. 自定义动画

6. 通过 PowerPoint 2013 幻灯片设置的超级链接对象不允许是________。

A. 下一张幻灯片　　B. 一个应用程序
C. 其他的演示文稿　　D. 幻灯片中的某一对象

7. 要对演示文稿中所有幻灯片做同样的操作,如改变所有标题的颜色与字体,以下选项正确的是________。

A. 使用制作副本　　B. 使用母版
C. 使用幻灯片放映　　D. 使用超链接

8. 可以对幻灯片进行移动、删除、添加、设置幻灯片切换动画效果等操作,但不能直接编辑幻灯片中具体内容的视图是________。

A. 普通视图　　B. 幻灯片放映视图
C. 幻灯片浏览视图　　D. 备注页视图

9. 在 PowerPoint 2013 中,使所有幻灯片具有统一外观的方法中不包括________。

A. 使用设计模板　　B. 应用母版
C. 幻灯片设计　　D. 使用复制粘贴

10. 下列关于 PowerPoint 2013 的特点,说法正确的是________。

A. 其制作的幻灯片不包含声音和视频
B. PowerPoint 2013 不可以将演示文稿存为 html 格式
C. PowerPoint 2013 不支持 OLE 对象
D. 幻灯片上的对象、文本、形状、声音、图像均可以设置

11. PowerPoint 2013 的________选项卡中可实现"幻灯片切换"方式的设置。

A. 幻灯片放映　B. 设计　C. 视图　D. 切换

12. 如果要求幻灯片能在无人操作的条件下自动播放,应该事先对 PowerPoint 2013 演示文稿进行________操作。

A. 存盘　B. 打包　C. 排练计时　D. 播放

13. 从当前幻灯片开始放映幻灯片的快捷键是________。

A. Shift+F5　　B. Shift+F4

C. Shift＋F3　　D. Shift＋F2

14. 幻灯片中占位符的作用是________。

A. 表示图形大小　　B. 限制插入对象的数量

C. 为文本、图形预留位置　　D. 表示文本长度

15. 从第一张幻灯片开始放映幻灯片的快捷键是________。

A. F2　　B. F3　　C. F4　　D. F5

16. 在 PowerPoint 2013 中，可以最方便地移动幻灯片的视图是________。

A. 幻灯片　　B. 幻灯片浏览

C. 幻灯片放映　　D. 备注页

17. PowerPoint 2013 中，________以最小化的形式显示演示文稿中的所有幻灯片，用于组织和调整幻灯片的顺序。

A. 幻灯片浏览视图　　B. 普通视图

C. 阅读视图　　D. 备注页视图

18. 在 PowerPoint 2013 幻灯片放映时，用户可以利用指针在幻灯片上写字或画画，这些内容________。

A. 自动保留在演示文稿中　　B. 可以选择保留在演示文稿中

C. 在放映中不可以选择墨迹颜色　　D. 在放映中可以擦除痕迹

19. 在 PowerPoint 2013 中，下列对幻灯片的超级链接叙述错误的是________。

A. 可以链接到外部文档

B. 可以链接到互联网上

C. 可以在链接点所在文档内部的不同位置进行链接

D. 一个链接点可以链接两个以上的目标

20. 在 PowerPoint 2013 中，使所有幻灯片具有统一外观的方法中不包括________。

A. 使用设计模板　　B. 应用母版

C. 幻灯片设计　　D. 使用复制粘贴

二、判断题

1. 在 PowerPoint 2013 中创建的一个文档就是一张幻灯片。 (　　)

2. 在 PowerPoint 2013 中创建和编辑的单页文档称为幻灯片。 (　　)

3. 设计动画时，既可以在幻灯片内设计动画效果，也可以在幻灯片间设计动画效果。 (　　)

4. 在 PowerPoint 2013 中，插入幻灯片中的多媒体对象，不可对其设置、控制

播放方式。 ( )

5. 在幻灯片中，只能加入图片，图表和组织结构图等静态图像。 ( )

6. PowerPoint 2013 提供了自动保存功能，能实现每隔一段时间由系统自动保存正在编辑的演示文稿。 ( )

7. PowerPoint 2013 的“动画刷”工具可以快速设置相同动画。 ( )

8. 在 PowerPoint 2013 的视图选项卡中，演示文稿视图有普通视图、幻灯片浏览、备注页和阅读视图四种模式。 ( )

9. 在 PowerPoint 2013 中可以利用“背景”窗格对背景色进行设置，更改幻灯片的颜色，图案等，但不能使用图片作为幻灯片的背景。 ( )

10. 在幻灯片中可以将图片文件以链接的方式插入到演示文稿中。 ( )

三、操作题

1. 请使用 PowerPoint 2013 对图 5-36 完成以下操作：

(1)设置第一张幻灯片标题的字体为华文楷体、字号为 50 磅。

(2)设置第二张幻灯片的文本框段落间距为段前 8 磅，段后 10 磅。

(3)设置第二张幻灯片的图片进入动画效果为向内溶解。

(4)为第三张幻灯片的内容文本框添加段落项目符号(项目符号为加粗空心方块□)。

(5)在最后插入第四张幻灯片，版式为空白，添加一个文本框，内容为“就这样陪她一起长大”。

(6)为第四张幻灯片的文本框添加超链接，链接到网址 www. baidu. com。

(7)设置所有幻灯片切换效果为淡出、自动换片时间为 6 秒。

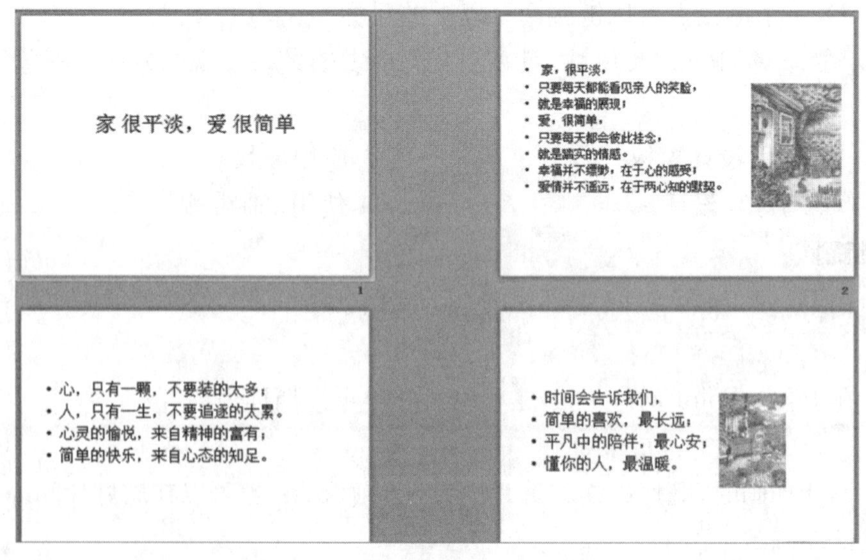

图 5-36

2. 请使用 PowerPoint 2013 对图 5-37 完成以下操作：

(1)将整个 PowerPoint 文档应用设计主题为气流。

(2)设置第一张幻灯片中的标题文字字体为黑体、字号为 50 磅，字体颜色设置为标准色—深红(RGB：192，0，0)。

(3)设置第二张幻灯片的内容文本框段落内行距为 1.5 倍，字体加粗。

(4)设置第二张幻灯片的内容文本框形状格式图案填充为 10%。

(5)设置第二张幻灯片的切换效果为时钟、效果选项为逆时针。

(6)为第二张幻灯片的图片添加超链接，链接到网址 www.163.com。

(7)为第三张幻灯片内的内容文本框添加段落项目符号(项目符号为带填充效果的钻石◆)。

(8)删除第四张幻灯片。

图 5-37

3. 请使用 PowerPoint 2013 对图 5-38 完成以下操作：

(1)将整个 PowerPoint 文档应用设计主题为沉稳。

(2)设置第一张幻灯片中的标题文字为“一个人的教养，全在细节”，字体为楷体、字号为 44 磅，颜色设置为标准色—深红(RGB：192，0，0)。

(3)设置第二张幻灯片的内容文本框段落内行距为 1.5 倍，文字倾斜。

(4)设置第三张幻灯片的切换效果为显示、效果选项为从左侧淡出、自动换片时间为 4 秒。

(5)为第三张幻灯片的图片添加超链接，链接到网址 www.baidu.com。

(6)设置第四张幻灯片版式为图片与标题。

(7)为第四张幻灯片的内容文本框添加段落项目符号(项目符号为带填充效果的钻石◆)。

1

- 古人说：泰山不拒细壤，故能成其高；江海不择细流，故能就其深。
- 一个人的教养与尊贵，全体现在细节处

2

把你说的“不对”统统改成“对”。不要轻易否定他人，肯定对方的观点，再给出不同的见解。
你可以偶尔和朋友开个玩笑，但绝不可拿他喜欢的东西开玩笑。

初次见面，一定要努力记住别人的名字。很多人说自己记不住别人的名字，其实你不是记不住，而是不在意。
你再愤怒，也不能说真正伤害对方自尊的话。越熟悉的人，反而越了解对方的死穴，但不要因为熟悉而伤害别人。
看破，但不点破，给别人留一点余地。发现对方说错话或者说谎，不要当面拆穿。

图 5-38

第 6 章　计算机网络应用与安全基础

【学习目标】

- 了解计算机网络的概念、分类、组成和协议。
- 掌握互联网的功能和接入方式。
- 掌握社交软件的使用方法。
- 理解无线网的概念、功能和协议。
- 掌握家庭无线网的组网技术。
- 理解计算机网络安全的概念和安全技术。

6.1　计算机网络概述

6.1.1　计算机网络的发展

计算机网络是 20 世纪人类最伟大的发明之一，它的产生标志着人类开始迈进信息互联时代。特别是近 30 年来，以计算机、通信和自动控制技术为基础的互联网飞速发展，日新月异，目前已经渗透到社会的各个方面，并且在经济、军事、教育、传媒、大众娱乐及百姓的日常生活方面取得了深入的应用。随着“互联网＋”行动的广泛实施，利用信息技术和互联网平台，让互联网与传统行业进行深度融合，创造新的发展生态，让互联网的创新成果深度融合于经济、社会各个领域，全面提升社会的创新力和生产力，形成更广泛的以互联网为基础的经济发展新形态。以网购、网络支付、网络交友、电子政务以及远程教育为代表的互联网应用已深入老百姓的日常生活，成为生活中不可或缺的部分，极大的便利了老百姓的生活。总之，在 21 世纪的今天，计算机网络就在我们身边，已融入到我们学习、工作和生活中，起着不可或缺的作用。

将地理位置不同且具有独立功能的多个计算机系统，通过通信设备和通信线路连接起来，通过功能完善的网络软件（网络协议、信息交换方式控制程序和网络操作系统）实现网络资源共享和信息传递的系统称为计算机网络。

计算机网络是通信技术与计算机技术密切结合的产物，以实现在计算机之间资源共享为目的。1970 年，美国计算机学会给计算机网络的定义是：以能够共享资源(硬件、软件和数据等)的方式连接起来,且各自具有独立功能的计算机系统的集合。此定义有三个含义:一是网络通信的目的是共享资源;二是网络中的计算机分散且具有独立功能;三是有一个全网性的网络操作系统。

1. 计算机网络的发展历程

计算机网络经历了一个从简单到复杂,从低级到高级的发展历程。从早期的数据通信到资源共享,再到广泛应用于工作生活的各个方面,计算机网络技术的发展和广泛应用是人们始料未及的。1997 年,在美国拉斯维加斯的全球计算机技术博览会上,微软公司总裁比尔·盖茨发表了著名的演说,强调“网络才是计算机”的论点,充分体现出信息社会中计算机网络的重要作用。计算机网络技术的发展越来越成为当今世界高新技术发展的核心之一,而它的发展历程也曲曲折折,绵延至今。计算机网络的发展分为以下几个阶段:

(1)第一阶段:计算机终端网络。

早期的计算机系统是高度集中的,所有的设备安装在单独的机房内,为了使用计算机,用户要到计算中心去上机,要花费大量的时间和精力。大约在 20 世纪 60 年代,为解决远程计算、信息收集和处理而形成的专用联机系统,将地理上分散的多个终端通过通信线路连接到一台中心计算机上,出现了第一代计算机网络,它是以单个计算机为中心的远程联机系统。美国航空公司与 IBM 公司 20 世纪 60 年代联合开发的飞机订票系统 SABRE 由一台计算机和全美范围内 2000 个终端组成。随着远程终端的增多,为了提高通信线路的利用率并减轻主机负担,使用了多点通信线路、终端集中器、前端处理机 FEP(Front-End Processor)等技术,这些技术对以后计算机网络的发展有着深刻影响。

当时的计算机网络定义为“以传输信息为目的而连接起来,能够实现远程信息处理或进一步达到资源共享的计算机系统”。

(2)第二阶段:计算机通信网络。

20 世纪 60 年代出现了大型主机,因而也提出了对大型主机资源远程共享的要求。以程控交换为特征的电信技术的发展为这种远程通信需求提供了实现手段。计算机通信网络是以多个主机通过通信线路互连起来,为用户提供服务。典型代表是美国国防部高级研究计划管理局开发的 ARPANET。ARPANET 主机之间不是直接用线路相连,而是由接口报文处理机(IMP)转接后互联的。IMP 和它们之间互连的通信线路一起负责主机间的通信任务,构成了通信子网。通信子网互联的主机负责运行程序,提供资源共享,组成资源子网。两个主机间通信需要能够理解传送的信息,这样就需要对信息的表示形式以及相互之间的应答信号有个共同的约定,即“协议”。就如同我们如果要与外国人通信就需要使用外国人能够理解的语言和外国信件的书写格式一样。

第二代计算机网络以通信子网为中心，这时候的概念为“以能够相互共享资源为目的，互连起来的具有独立功能的计算机的集合体”。

(3)第三阶段：计算机网络。

随着计算机网络技术的成熟，网络应用越来越广泛，网络规模增大，通信变得复杂，各大计算机公司纷纷制定了自己的网络技术标准。由于没有统一的标准，不同厂商的产品之间互连很困难，人们迫切需要一种开放性的标准化实用网络环境。

1977 年，ISO 组织开始着手制定开放系统互联参考模型。OSI/RM 标志着第三代计算机网络的诞生。此时的计算机网络在共同遵循 OSI/RM 标准的基础上，形成了一个具有统一网络体系结构，并遵循国际标准的开放式和标准化的网络。OSI/RM 参考模型把网络划分为七个层次，并规定，计算机之间只能在对应层之间进行通信，大大简化了网络通信原理，是公认的新一代计算机网络体系结构的基础，为普及计算机网络奠定了基础。

(4)第四阶段：高速计算机网络。

20 世纪 80 年代末，计算机网络技术获得了快速的发展。特别是以以太网为代表的组网技术迅速普及。随着光纤的广泛使用，出现了光纤高速网络技术，整个网络就像一个对用户透明的、大的计算机系统。以 Internet 为代表的因特网快速发展，使全世界各类计算机的互联变为可能，这就是现在的第四代计算机网络。

此时计算机网络定义为“将多个具有独立工作能力的计算机系统通过通信设备和线路连接，通过功能完善的网络软件实现资源共享和数据通信的系统”。

目前有线通信网络、无线通信网络、固定电话通信网络相互融合，IP 网络和光网络的融合，可以提供包括语音、数据和多媒体等各种业务的网络服务。总之，计算机网络正在以极快的速度向着更快、更强、更安全的方向发展，已然成为信息化社会的基石。

2. 计算机网络的发展趋势

随着计算机网络技术的快速发展，特别是无线网络技术(红外线、蓝牙、Wi-Fi、4G/5G 技术)的广泛应用，世界将迎来无线互联的时代。人工智能和云计算的应用，也使计算机网络变得更加智能、使用更加方便、响应更加迅速、信息更加安全。计算机网络的发展有以下几种基本的趋势：

①向智能化应用方向发展；

②向多媒体通信、移动通信服务方向发展；

③向具有高可靠性、安全性和拓展性方向发展；

④从人人互联向物物互联方向发展；

⑤向使用网络更加快速、高效、低廉方向发展。

总之，计算机网络在当今的世界已不再仅仅是一个工具，它已成为一种文化和生活方式，融入到社会的各个领域，遍布世界的各个角落，影响着我们的工作、学习和生活。

6.1.2 计算机网络的功能、分类和结构

1. 计算机网络的功能

随着计算机网络技术的快速发展，特别是计算机网络在资源共享、数据通信、快速的数据处理，以及高可靠性、安全性和拓展性方面的优势，计算机已被广泛应用于经济、教育、管理、军事、科学研究以及人们的日常生活中。

(1)电子政务。电子政务是指政府机构运用网络与计算机等现代信息技术，将政府的管理和服务职能通过精简、优化、整合后在网络上实现运作，从而提高政府的运行效率和行政监管能力，并为社会公众提供高效、优质、廉洁的一体化管理和服务。

传统政务管理大多以手工管理为主，通过现场办公、集中开会，利用纸质文件上传下达等方式，耗费大量行政经费。电子政务通过网络办公、在线文件交换、远程视频会议等方式，避免了“文山会海”“公文旅行”等现象，节约了大量人力、财力。运用信息技术打破行政机关物理隔绝，建构一个电子化的虚拟机关，使人们可以通过网络使用政府的信息和服务，人们可以在非特定的时间及地点与政府不同机关进行沟通。

与传统政务相比，电子政务的工作模式发生了巨大变化。电子政务利用现代信息技术加强全局管理，精简和优化政务流程，广泛征求民意，实现科学决策，并以此推动有为政府的建设。电子政务利用现代信息技术，实现政府的公共事物管理职能，使政务处理更加公开、透明、低廉和快捷。如图 6-1 所示是合肥市社会保险网上办事大厅界面。

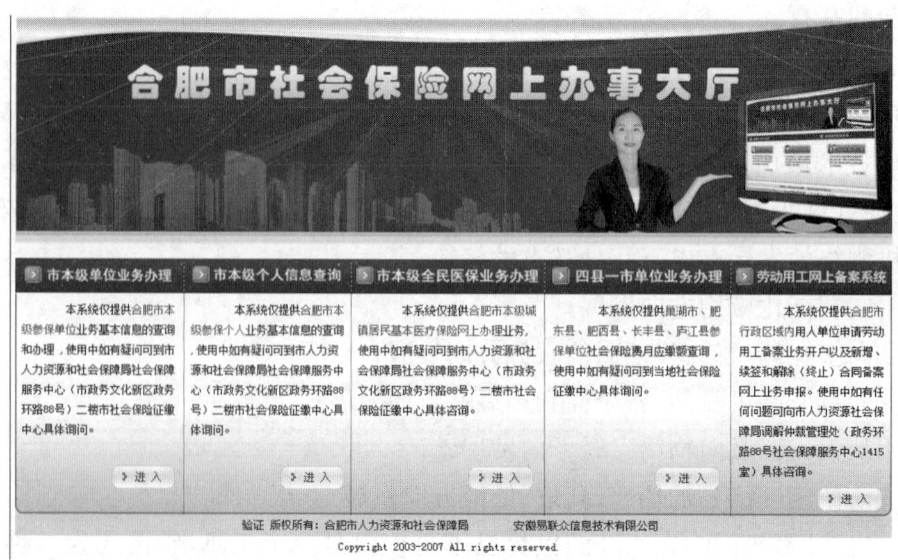

图 6-1 合肥市社会保险网上办事大厅

(2)现代远程教育。现代远程教育是一种基于网络开展的学历和非学历教育的教育形式,通过搭建远程教学平台,实现了教育资源的共享及学习过程的网络化。学生可以通过网络学习平台学习各类教学资源,并通过网络实现与教师和学生之间的交流,从而促进了各类知识的学习。

现代远程教育的特点是学习资源丰富,学习方式和交流方式便捷,实现了"任何时间、任何地点、任何人、多种形式"的学习。学习形式可以采用个人学习、协作学习等。

目前我国的现代远程教育有国家开放大学开设的开放教育,为本科高等学历继续教育服务的奥鹏教育、安徽继续教育在线以及中国 MOOC 网等,在线学习人数达到数百万人。图 6-2 所示是安徽继续教育在线网站首页。

图 6-2　安徽继续教育在线

(3)网上银行和在线支付。网上银行是实体银行提供的基于网络的各类金融服务。目前,用户可通过网上银行和手机银行享受网上存款、转账、汇款、水电费缴纳等基本金融服务,也可以在网络银行和手机银行中进行纸黄金、开放式基金交易、保险购买、国债购买等投资理财业务。网上银行的开通大大便利了老百姓的日常生活。图 6-3 所示是招商银行手机银行的主页面。

在线支付是互联网公司提供的网上金融服务,它除了提供网上银行所有的基本服务外,还提供小额贷款和信用积分等服务,使资金的使用更加的灵活。目前我国在线支付系统主要有支付宝、微信支付和财付通等。但要注意的是支付系统对每天每次的资金支付是有额度限制的,一般来说比网上银行限额要低。

图 6-3 手机银行

(4)在线阅读和娱乐。随着网络技术特别是多媒体技术的发展，网上阅读和娱乐已成为广大群众的一种重要的休闲娱乐方式。在线阅读可以提供丰富的阅读资源，包括文学、传记、艺术、经济管理、都市小说、言情小说，热血漫画，旅游、电影杂志等。常见的在线阅读网站有：在线阅读网(ds. eywedu. com)、百度阅读(yuedu. baidu. com)、网易云阅读(yuedu. 163. com)等。

在线视频也是广大群众喜爱的网上应用之一，在线视频提供海量、优质、高清的网络视频服务，如电影、电视剧、动漫、综艺、体育，纪录片等；并提供在线直播以及各电视台卫星节目直播等，如央视网(www. cctv. com)、优酷视频网(www. youku. com)、爱奇艺(www. iqiyi. com)和腾讯视频(v. qq. com)等。

2. 计算机网络的分类

计算机网络按其覆盖的范围可以分为：局域网、城域网和广域网。

(1)局域网(LAN)。局域网(Local Area Network)是一种小范围的网络，一般在二十公里以内，以一个单位或一个部门为限，如在一个建筑物、一个工厂、一个校园内等，图 6-4 所示是安徽广播电视大学校园网拓扑图。现在的局域网一般都具有主干万兆传输，千兆到桌面的能力。局域网可用多种介质通信，传输延迟低、出错率低、具有较高的传输速率。

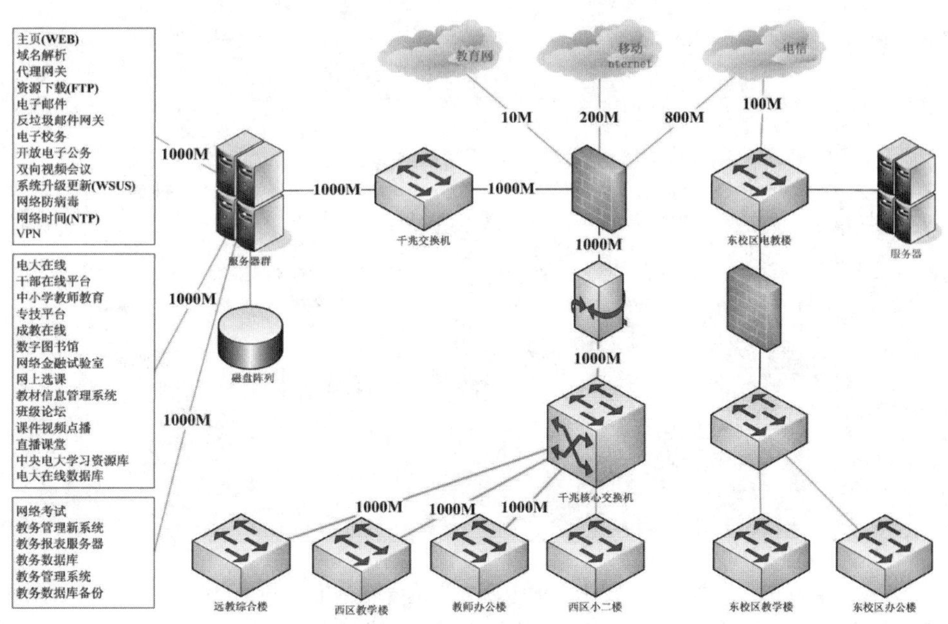

图 6-4　安徽广播电视大学校园网拓扑图

(2)城域网(MAN)。城域网(Metropolitan Area Network)是较大范围内的一种网络,一般覆盖一个城市和地区,距离一般在几十公里到上百公里。城域网一般由不同构成的局域网组成,常见的城域网由中国电信和中国移动公司组建,一般单位和家庭上网要通过城域网接入互联网。城域网传输距离较长,信号容易受到干扰,组网技术复杂,成本较高。

(3)广域网(WAN)。广域网(Wide Area Network)不受地区的限制,广域网也称为远程网。它所覆盖的地理范围从几十公里到几千公里。广域网是由不同的城域网和局域网组成,距离通常有几百公里到几千公里,其范围可以达到全国或全世界,图 6-5 所示的是安徽广播电视大学远程网络拓扑图。广域网的特点是传输距离长,结构复杂,传输速率低,数据容易出错,技术最为复杂等。

3. 计算机网络的结构

计算机网络拓扑结构是通过网中节点与通信线路之间的几何关系表示网络结构,反映出网络中各实体间的结构关系。拓扑设计是建设计算机网络的第一步,也是实现各种网络协议的基础,它对网络性能、系统可靠性与通信费用都有重大影响。

(1)总线型结构。使用一条中央主干电缆将多台计算机连接起来的布局,称为总线型结构。总线型结构简单,而且又是无源元件,易于扩充,增加新的站点容易。如要增加新站点,仅需在总线的相应接入点将计算机接入即可。该结构使用电缆较少,设备相对简单,且安装容易,可靠性较高。总线型结构的缺点是:总线

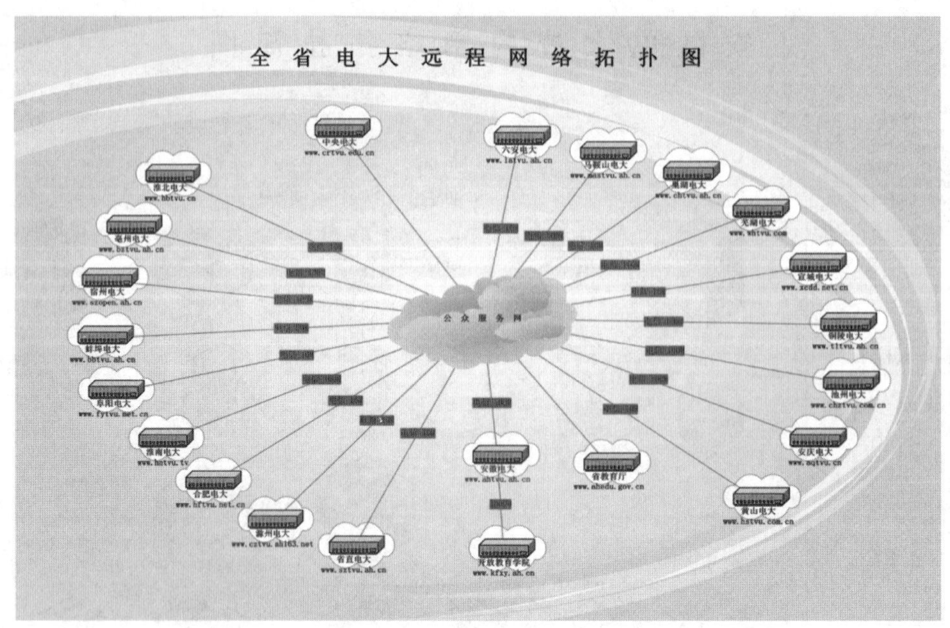

图 6-5 安徽广播电视大学远程网络拓扑图

容易阻塞，故障诊断、隔离困难，此种结构目前已很少使用。

（2）星型结构。星型结构以中央节点为中心，其他各节点与中央节点通过点对点的方式进行连接。星型结构故障隔离简单、网络的扩展容易、控制和诊断方便、访问协议简单，无线网大多使用此种结构。星型结构的缺点是：过分依赖中心结点，如果中心机发生故障，就会全网停止工作。

（3）树型结构。树型（Tree）结构是一种层次结构，连接简单，维护方便。各节点发送的信息首先被根节点接收，然后以广播方式发送到全网，根节点起到中心的作用。每个节点至少有两条链路与其他节点相连，任何一个节点出现故障，只影响该节点连接的终端，不影响其他终端，可靠性较高。目前有线网络大多使用此种结构或此种结构的改进型。树形结构的缺点是资源共享能力较弱，并且对根节点的依赖过大。

6.1.3 计算机网络协议

网络协议（Protocol）是为计算机网络进行数据交换而建立的规则、标准或约定的集合。协议本质上是一种网上交流的约定，由于联网的计算机类型可以各不相同，各自使用的操作系统和应用软件也不尽相同，为了保持彼此之间实现信息交换和资源共享，它们必须具有共同的语言，交流什么、怎样交流及何时交流，都必须遵行某种互相都能够接受的规则。

早先不同的网络厂商创立了自己的标准和模型，以便对包含联网协议在内的主要联网内容加以阐述。1977 年，国际标准化组织（ISO）为了不同的厂家能够合作,创立了开放系统 OSI/RM 参考模型,以便对通信任务进行标准化阐述。OSI/RM 共分为 7 层:物理层、数据链路层、网络层、传输层、会话层、表示层和应用层,每一层都规定有明确的任务和接口标准,下层向上层传送参数,上层为下层提供服务。通常,一个协议可以实现 OSI/RM 的一层或多层功能。从应用上来讲,目前常见的协议是 TCP/IP 协议。

TCP/IP(Transmission Control Protocol/Internet Protocol,传输控制协议/网际协议)。TCP/IP 互联网协议族是互联网上最重要的协议,是一组网络通信协议的统称。它可以将不同种类计算机组成的网络连接成为一个整体,分布于全球的 Internet 就是建立在 TCP/IP 之上的计算机网络。

TCP/IP 协议由传输控制协议(Transmission Control Protocol,即 TCP)和网际协议(Internet Protocol,即 IP)组成,其中 TCP 协议用于负责网上信息的正确传输,是面向连接的,确保数据传输的正确性和可靠性。而 IP 是网间协议,负责将信息从一处传输到另一处,是无连接的,给出数据地址,保证数据到达指定的地点。TCP /IP 具有支持不同操作系统的计算机网络互连、支持多种传输介质和网络拓扑结构等特点。TCP/IP 协议与 OSI 参考模型之间的关系见图 6-6 所示。

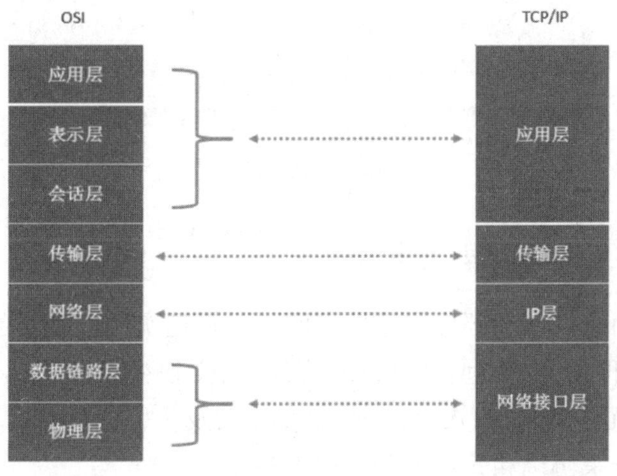

图 6-6　TCP/IP 协议与 OSI 参考模型之间的关系

TCP/IP 协议是一种采用分组交换技术的协议,其基本思想是把信息分割成一个个不超过一定大小的信息包来传送。这样的好处是传输线路是共享的,避免单个用户长时间地占用网络线路;另一方面,可以在传输出错时不必重新传送全部信息,只需重传出错的信息包就行了;缺点是,在这些数据包传输的过程中,走的网络线路可能不一样,由于不同的网络线路的流畅度不同,这样这些数据包到达终点的时间也不一样,到达终点后要重新将数据包按先后次序组装起来转换成我们需要的数据。所以通过 TCP/IP 协议传送数据会有延迟的现象,特别是在传送语音和视频数据时,延迟较为明显,因此不利于实时数据传输。

网络设备联网时,要确定使用何种协议,如计算机上网时要指定使用 TCP/IP 协议,如图 6-7 所示,一般默认使用 TCP/IP 协议。

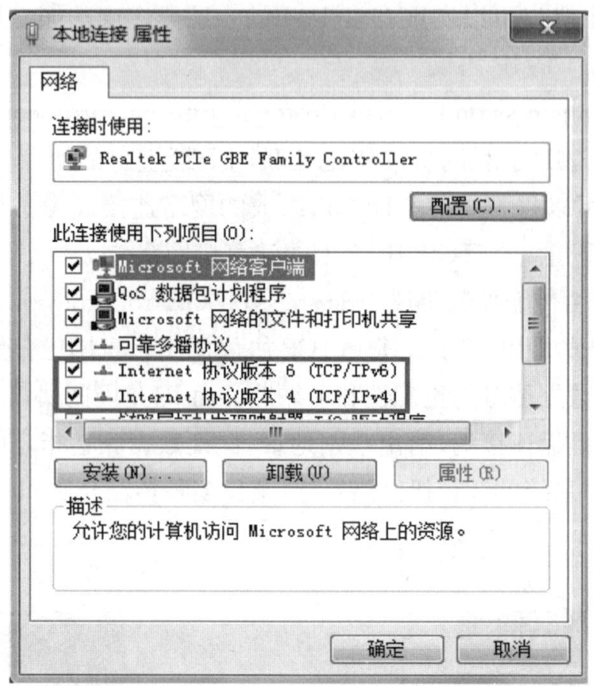

图 6-7 本地连接属性

6.1.4 计算机网络组网设备

计算机的网络设备及部件是连接到网络的物理实体。基本的网络设备有:服务器(可以是各种大、中、小型计算机)、集线器、交换机、网桥、路由器、网关、网络接口卡(NIC)、无线接入点(AP)、光纤收发器以及传输介质等。除了硬件设备外还需要软件系统来协调和管理各种网络设备。

1. 服务器

服务器是计算机网络上最重要的设备。它是一种比较适合在网络中提供网络服务(如 WWW、FTP、视频服务、网上交互、数据处理等)的计算机,服务器的构成与微机基本相似,有处理器、硬盘、内存、系统总线等,它一般做了一些适合提供网络服务的改造,如有比较好的存储扩展能力(带多个硬盘)、具有自动备份功能、支持热插拔等,图 6-8 所示为机架式服务器。通常情况下,服务器比客户机拥有更强的处理能力、更多的内存和硬盘空间,在处理能力、稳定性、可靠性、安全性、可扩展性、可管理性等方面有较大的优势。服务器上的网络操作系统不仅可以管理网络上的数据,还可以管理用户、用户组、安全和应用程序。

图 6-8　机架式服务器

2. 路由器(Router)

路由器是一台用于完成网络互联的计算机。它的主要功能是通过选择不同的网络路径将数据从一个地方传送到另一个地方。路由器工作在 OSI/RM 模型的网络层,它可以将多个使用不同技术、不同介质、不同物理编制方案或帧格式的网络互联。这意味着它可以在多个网络上交换路由器数据包,路由器是网络互联中非常重要的智能化设备,在大型局域网和广域网中起着关键的作用。

3. 交换机

交换机可在同一时刻任意两个端口之间交换数据,它的主要功能就是将计算机连接起来实现在不同计算机之间交换数据。交换机有很多的端口,一般通过双绞线或光纤将计算机连接到交换机的端口上,实现不同计算机的互联,从而完成交换数据,图 6-9 所示为 24 口交换机。交换机工作在 OSI/RM 模型的第二层(数据链路层),主要用作组建局域网或互联网。

图 6-9　24 口交换机

广义的交换机(Switch)是一种在通信系统中完成信息交换功能的设备,是一种基于 MAC 地址识别,能完成封装转发数据包功能的网络设备。交换机可以"学习"MAC 地址,并将其存放在内部地址表中,通过在数据帧的始发者和目标接收者之间建立临时的交换路径,使数据帧直接由源地址到达目的地址。

4. 中继器(Repeater)

中继器是局域网互联的最简单设备,它工作在 OSI/RM 模型的物理层,接收并识别网络信号,然后再生信号并将其发送到网络的其他分支上。

中继器是扩展网络的最廉价的方法。当扩展网络的目的是要突破距离和结点的限制，并且连接的网络分支都不会产生太多的数据流量，成本又不能太高时，就可以考虑选择中继器。采用中继器连接网络分支的数目要受具体的网络体系结构限制。集线器是有多个端口的中继器，俗称 HUB。

5. 网关(Gateway)

网关是把信息重新包装以适应目标环境的要求。网关能互连异类的网络，它从一个环境中读取数据，剥去数据的老协议，然后用目标网络的协议进行重新包装。

网关通常由软件实现，运行于服务器或普通的计算机上，以实现不同体系结构网络之间或 LAN 与主机之间的连接。由于网关是在较高层次上互联，所以不可能有通用网关，只可能针对某一特点应用而言，比如电子邮件网关、因特网网关和局域网网关等。网关的一个较为常见的用途是在局域网的微机和小型机或大型机之间充当翻译。

6. 防火墙(FireWall)

防火墙是保护网络不受外部侵犯的最主要设备之一。硬件防火墙是指把防火墙程序置于芯片内部，由硬件执行这些功能，能减少 CPU 的负担，使路由更稳定，过滤速度更快。

硬件防火墙是保障内部网络安全的一道重要屏障，它的安全和稳定直接关系到整个内部网络的安全。因此，日常例行的检查对于保证硬件防火墙的安全是非常重要的。

7. 计算机网络的通信介质

(1)双绞线。双绞线是目前组网最常用的通信介质，它相对便宜、灵活且易于安装。双绞线支持 10 Mbps～1 000 Mbps 的传输率，传输距离可达 100 米。

(2)光缆。光缆使用光导纤维制成，它的中心包括一根或多根玻璃纤维，通过从激光器或发光二极管发出光波穿过中心纤维来进行数据传输。光缆分为单模式和多模式两种。单模光纤携带单个频率的光将数据从光缆的一端传递到另一端，而多模光纤可以同时携带几种光波，单模光纤比多模光纤传输的速度更快、距离更远。光纤传输距离可达 20 公里，速率可达 2. 4 Gbps。

(3)无线传输介质。无线传输介质主要使用红外线、射频(具有特定频率的无线电)和微波。

8. 网络操作系统

通过使用网络设备和通信介质，为服务器安装相应的操作系统，才能有效地管理服务器和网络设备，达到组网的目的。目前比较常用的网络操作系统是 Windows Server 2012、Linux、UNIX 等。

(1)Windows Server 2012 操作系统。Windows Server 是微软在 2003 年 4 月

24日推出的Windows的服务器操作系统，其核心是Microsoft Windows Server System(WSS)，每个Windows Server都与其家用(工作站)版对应。2012年微软在管理峰会上公布了最新款服务器操作系统的名字：Windows Server 2012。Windows Server 2012取代了之前用的Windows Server 2008，这是一套基于Windows 8基础上开发出来的服务器版系统，同样引入了Metro界面，增强了存储、网络、虚拟化、云等技术的易用性，让管理员更容易地控制服务器。Windows Server系列网络操作系统是最常用的网络操作系统之一，简单、易学、便于操作。

(2)Linux操作系统。Linux是目前全球最大的一个自由免费软件，其本身是一个功能可与UNIX和Windows相媲美的操作系统，具有完备的功能。Linux操作系统是一个免费软件，可以自由安装并任意修改软件的源代码；Linux操作系统与主流的UNIX系统兼容，这使的它一出现就有了一个很好的用户群，支持几乎所有的硬件平台，包括Intel系列，680x0系列，Alpha系列，并广泛支持各种周边设备。

(3)UNIX操作系统。UNIX操作系统是1969年问世的，以在中小型计算机上运行为主，UNIX是一个多用户操作系统。最早移植到80286微机上的UNIX系统，称为XENIX。XENIX系统的特点是短小精悍，系统开销小，运行速度快。经过多年的发展，XENIX已成为十分成熟的系统，最新版本的XENIX是SCO UNIX和SCO CDT。在UNIX上开发的软件Windows上不能运行，需要重新编译。各厂家都推出自己的UNIX系统，如IBM，SUN等。各厂家的UNIX系统略有差异，系统也不能移植。

6.1.5 计算机网络的性能指标

1. 速率

在我们的日常生活中，有许多标准的度量单位。如，用厘米、米、公里表示距离远近；用斤、公斤、吨表示重量大小；用秒、分钟、小时表示时间的长短等。在计算机世界中，由于计算机发出的信号为二进制，因此，所有计算机在传输信息时均是以二进制(bit)为单位来传输信息的，一个比特就是二进制数字中的一个1或0。这样在计算机网络中每秒钟能传输多少个比特就成了计算机网络的重要指标，称为数据率(Data Rate)或比特率(Bit Rate)，单位是bps。例如网络速率为1 Mbps，就是说该网络每秒钟可以传输100万个二进制位。

2. 带宽

在计算机网络中，使用带宽(Bandwidth)来描述网络传输信息的能力。带宽就是网络所能传输信息的“最高数据率”。目前家庭网络接入带宽为20 Mbps或100 Mbps，局域网带宽可达1 000 Mbps和10 000 Mbps。带宽的换算公式为：

1 Kbps=1 024 bps

1 Mbps=1 024 Kbps

1 Gbps=1 024 Mbps

6.2 Internet 概述与应用

6.2.1 Internet 简介

Internet 是通过标准通信方式将世界范围内各种不同规模、不同类型的计算机网络互联而成的全球性网络体系，中文名称为“因特网”。

一般认为 Internet 最早起源于 20 世纪 60 年代的美国。20 世纪 60 年代，计算机通信网络获得了广泛的应用，但这种网络主要是由计算机主机加通信网络和计算机终端组成的，计算机主机一旦被毁，整个计算机系统将瘫痪，可靠性不高。到 60 年代中期，美国国防部高级研究计划局(ARPANET)建立了一个实验性计算机网络，取名就叫 ARPANET。通过这个实验为军事提供一个高性能、高可靠性、高抗毁性的网络。1969 年，创建了第一个分组交换网 ARPANET，这只是一个单个的分组交换网(不是互联网)。1986 年，NSF(美国国家科学基金会)建立了国家科学基金网 NSFNET，它是一个三级计算机网络，分为主干网、地区网和校园网。随着 TCP/IP 协议开始应用于 ARPANET，以太网(Ethernet)的研究也有了很大的进展，这两项进展使 ARPANET 逐渐演变成了 Internet，只要是支持 TCP/IP 的网络都可以接入到 Internet，这使 Internet 逐渐成为全球性的网络。

我国计算机网络起步于 20 世纪 80 年代。1980 年进行联网试验，并组建各单位的局域网。1989 年 11 月，第一个公用分组交换网建成运行。1993 年建成新公用分组交换网 CHINANET。20 世纪 80 年代后期，相继建成各行业的专用广域网。1994 年 4 月，我国用专线接入因特网(64 Kbps)，中国公用计算机互联网启动。目前我国上网人数已达 7 亿多人，成为世界上上网人数最多的国家。

6.2.2 Internet 统一资源定位符

统一资源定位符(Uniform Resource Locator，URL)是从互联网上获得资源的表示方式，它描述了从互联网上得到的资源的位置和访问方法，简单地讲它是互联网上标准资源的地址。互联网上的每个文件都有一个唯一的 URL，它包含文件的位置以及浏览器应该怎么处理它。

基本 URL 包含协议、域名、路径和文件名，如 http://www. cctv. cn/ldzc/index. shtml，其中 http 是协议，www. cctv. cn 是域名，/ldzc/index. shtml 是文件

在服务器中的路径和文件名。统一资源定位符语法为:协议://域名:端口号/路径/文件名,端口号一般不写,使用默认值。

1. 协议

协议告诉浏览器如何处理将要打开的文件。最常用的模式是超文本传输协议 HTTP(Hypertext Transfer Protocol,缩写为 HTTP),这个协议可以用来访问网络网页。其他常用的协议如下:

HTTPS:安全套接字层超文本传输协议。为了数据传输的安全,HTTPS 在 HTTP 的基础上加入对服务器的验证和对浏览器和服务器之间的通信加密。HTTPS 安全性好,适合各种商品和服务交易,如:https://www. taobao. com, https://www. ctrip. com/ 等。

FTP:文件传输协议。用户通过一个客户机程序连接远程计算机上运行的服务器程序,进行文件传输,通常 Windows 自带"ftp"命令,这是一个命令行的 FTP 客户程序。

TELNET:Telnet 远程登录协议。它为用户提供了从一台计算机登录另外一台计算机的能力,通过使用远程登录,可以像在本地操作计算机一样操作远端计算机。

2. 域名(或服务器名)和路径

统一资源定位符中的域名就是文件存放的服务器的名称,它一般对应服务器 IP 地址。在网络上访问资源时,要将域名转换为 IP 地址,转换是通过网络上的域名服务器完成的,如:将 www. ahtvu. ah. cn 转换为 218. 22. 21. 228,IP 地址是 Internet 网络实体的唯一标识。后面是到达这个文件的路径和文件本身的名称。服务器的名称或 IP 地址后面有时还跟一个冒号和一个端口号,它也可以包含连接服务器必需的用户名和密码。路径部分是包含等级结构的路径定义,这里的路径与在计算机上访问文件的路径是一样的,一般来说不同部分之间以斜线(/)分隔,如:http://www. cctv. cn/ldzc/index. shtml。

URL 以斜杠"/"结尾,若没有给出文件名,URL 会引用路径中最后一个目录中的默认文件(通常对应于主页),这个文件常常被称为 index. html 或 default. html。

3. IP 地址

Internet 上的网络实体,如:服务器、个人电脑、路由器以及各种手持设备必须有一个标识符,以便在 Internet 被识别,就像居民的身份证号码,这就是 IP 地址。

IP 地址是一个 32 位的二进制数,为了便于人们使用,一般把 32 位 IP 地址分成 4 个 8 位组,在每个 8 位组之间用". "分开,如 11011010. 00010110. 00010101. 11100100,用十进制表示为 218. 22. 21. 228,就是一个合法的 IP 地址。IP 地址分为 A、B、C、D、E 等 5 类,但 Internet 上只使用 A、B、C 三类。A 类地址开始 1 位为

0,其余用 7 位表示 IP 地址的网络部分,24 位表示主机;B 类地址开始 2 位为 10,其余 14 位表示网络部分,16 位表示主机;C 类地址开始 3 位为 110,其余 21 位表示网络部分,8 位表示主机。218.22.21.228 是一个 C 类的 IP 地址。大型网络用 A、B 类地址,局域网用 C 类地址。

IP 地址有固定和随机两种,在日常生活中,IP 地址一般是随机分配的,用户在上网时不再需要设定 IP 地址。

6.2.3 Internet 接入方式

Internet 的接入方式根据用户所处的位置不同以及互联网服务提供商网络布局的不同,可以采取不同的接入方式。常见的因特网接入方式主要有:城域网接入方式、局域网接入方式和无线接入方式等 3 种。

1. Cable Modem 接入方式

Cable Modem 接入方式指通过有线电视网接入 Internet。具体做法为:向当地的有线电视提供商提出申请,一般与有线电视节目捆绑销售,网络信号通过有线电视传输网络传输,不需要另外铺设线路,有线电视能达到的地方,网络就可以到达,费用较便宜,网络信号一般。由于有线电视网采用的是模拟传输协议,因此网络需要用一个 Cable Modem 来协助完成数字数据的转化,见图 6-10 所示,以便将模拟信号转换为数字信号供计算机上网使用,目前此项技术在中小城市应用得较多。

图 6-10 Cable Modem

2. 光纤接入方式

光纤接入方式是目前居民上网的主要方式,在我国,主要由中国电信和中国移动提供。这两家网络服务提供商通过在城域网的建设中将光纤铺设到各个居民小区,直接将光纤铺设到户,供居民上网使用。光纤能提供 100 Mbps~1 000 Mbps的宽带接入,具有通信容量大,损耗低、不受电磁干扰的优点,能够确保通信畅通无阻。光纤接入由于传输的信号为光信号,而计算机使用的是电信号,因此需要在家中安装光电转换器,如图 6-11 所示,以便将光信号转变为电信号供计算机使用。

图 6-11　光电转换器

3. 无线接入方式

目前，国内主流的无线接入方式为 4G 接入方式，4G 是指第四代移动通信技术的外语缩写，目前是无线接入互联网的主要方式之一。4G 技术包括 TD-LTE 和 FDD-LTE 两种制式，能够快速传输高质量音频、视频和图像等数据。4G 能够以 100 Mbps 以上的速度下载数据，并能够满足几乎所有用户对于无线服务的需求。此外，4G 可以在光纤和有线电视网覆盖不到的地方部署，应用范围更广。

4G 主要用于手机上网，也可以将 4G 手机设置成便携式 WLAN 热点，供其他无线上网的设备使用。其操作方式为：点击手机"设置"—"无线和网络"—"移动网络共享"—"便携式 WLAN 热点"，将热点的名称（如：HUAWEI P10）设置为"打开"，如图 6-12 所示，这样其他网络设备就可以通过这台手机热点上网了。

图 6-12　便携式 WLAN 热点设置

4. 局域网接入方式

局域网接入前提是用户所在单位或者场所已经构架了局域网并与 Internet 相连接,而且在你的办公室或你的活动场所布置了接口。

局域网上网只需要有一台电脑、一块网卡、一根双绞线,将带有 RJ45 头的双绞线插入接口就可以了。通过局域网上网有的需要网络管理员分配一个固定 IP 地址,有的不需要固定的 IP 地址,由网管服务器自动分配一个随机的 IP 地址,具体情况要根据局域网网管服务器的设置。

出于网络安全考虑,局域网上网一般要登录,输入账号和密码,通过身份认证后才能进入网络。

构建单位一般通过租用中国电信或中国移动的光纤专线来完成局域网与 Internet 的连接,带宽可达到 100 Mbps 到 1 000 Mbps,有的可达数个 Tbps。由于局域网的带宽较大,除了可以高质量地传输文本、图像和视频外,还可以进行网络直播和召开双向视频会议等。局域网上网稳定、可靠、廉价,可实现单位所有职工上网,是单位职工上网的主要方式。

6.2.4 网络应用实例——微信

微信是 2011 年 1 月由腾讯公司开发的即时聊天工具,随着应用的不断拓展,当下已经成为最热门的一款手机应用软件。微信使用简便,支持 iOS、Android 等多种手机平台。到 2017 年,微信的使用人数超过 10 亿人,不管你是在 Wi-Fi 还是在 4G 网络下都可以轻松地发送语音短信、视频、图片和文字,并且可以进行网络支付,如转账、发送红包、信用卡还款以及生活缴费等。微信可以单聊也可以群聊,只需要较小的流量,就可以顺畅的完成所有的应用。目前微信已经应用到了社会生活的各个方面,不但成为个人生活的一种方式,也成为企业运营和管理的重要工具,可以说,微信不仅仅是单纯的聊天工具,更是一种全新的生活方式,极大地便利了中国人的生活,成为中国人生活中的一项重要内容。

1. 微信的入门指导

使用微信首先要下载微信应用软件,目前,微信官网提供 6 种下载方式:官网点击下载、扫二维码下载、手机上网下载、手机腾讯网下载、发送手机短信下载等。

(1)微信帐号的注册。下载微信软件后,点击安装,安装完毕后,点击微信图标,第一次使用微信将进入登录界面。在登录界面点击“注册”按钮,进入注册界面,分别录入手机号、昵称、国家/地区、密码等,一个手机号只能注册一个微信号。

(2)微信帐户的登录。用户可以使用手机号、微信号、邮箱地址和 QQ 号等登录微信,一般来说,用得最多的是手机号和 QQ 号。

(3)微信的界面。微信的布局比较简单,由四个选项组成,分别是“微信”“通讯录”“发现”和“我”,如图 6-13 所示。

图 6-13　微信主页面

“微信”界面就是聊天界面，显示的是与用户正在聊天和曾经聊天的好友，按时间顺序排序。用户可以点击任意一个好友，在对话框中发送信息，不论对方是否在线。需要注意的是如果对方将你删除，将出现发送失败。

通讯录界面可以看到“新的朋友”“群聊”“标签”和“公众号”四个选项以及按字母顺序排序的好友的名录。如果好友较多，可以通过界面右上角的放大镜使用好友的备注名或微信昵称快速查找。

“新的朋友”主要推荐来自用户手机通讯录中已绑定微信的联系人。

“群聊”主要用于多人聊天或者发起多人聊天。发起多人聊天一是可以通过好友列表添加，另一种是面对面直接建群。

“发现”界面由“朋友圈”“扫一扫”“摇一摇”“看一看”“搜一搜”“附近的人”“漂流瓶”“购物”“游戏”和“小程序”构成，其中“朋友圈”是微信最热门的功能之一，用户可以通过它发布信息并对其他好友发布的信息进行点评。

“我”的界面主要由“我”的个人信息，如：“钱包”“收藏”“相册”等组成，可以通过“钱包”和“卡包”进行网上支付。

2. 微信的主要功能

(1)聊天。微信是一种聊天软件，支持发送语音短信、视频、图片(包括表情)和文字，最多可支持 40 人的群聊。进入微信主界面，选择好友或群聊，在文本框中输入文字，再点击“发送”即可。也可以点界面右下方的“微信表情”图标选择输入相应的微信表情，增加信息的感染力。

如果要输入语音，单击图片左下方的语音图标，界面进入语音录入界面，如图 6-14 所示。按住“按住‘说话’”按钮同时说话，说话的语音自动记录变成语音包发送。如果要发送视频，可以单击界面右下角的“+”图标，在出现的界面中，点击“拍摄”图标，进行视频录入，录下的视频可即时发送。

图 6-14　微信语音交互界面

(2)添加好友。微信支持查找微信号，点击微信主界面右上方的图标“+”，选择“添加朋友”，输入微信号/QQ 号/手机号，点击“搜索”。也可以通过雷达加朋友、面对面建群、扫一扫、手机联系人以及公众号等方式添加好友。

(3)实时对讲机功能。用户可以通过视频通话与好友进行视频聊天。进入好友或群聊界面。点击右下角的“＋”图标,在出现的选项卡中选择“视频通话”。

(4)微信支付。微信支付是集成在微信客户端的支付功能,用户可以通过手机完成快速的支付流程。①关联银行卡。在微信主界面中点击“我”—“钱包”图标,在出现的界面上单击“银行卡”选项,用户需要在微信中关联一张银行卡,并完成身份认证。②收付款操作。点击“收付款”图标,出示付款二维码可以付款,可以点击“二维码收款”图标,在出现的二维码上扫码可以进行收款。微信绑定银行卡时需要验证持卡人本人的实名信息,即姓名、身份证号等。一个微信号只能绑定一个实名信息,绑定后实名信息不能更改,解除银行卡绑定并不删除实名绑定关系。一个微信帐号中的支付密码只能设置一个,一旦绑定成功,该微信号就无法绑定其他姓名的银行卡/信用卡,所以需谨慎操作。

(5)朋友圈。用户可以通过朋友圈发表文字和图片,同时可通过其他软件将文章、音乐、视频等分享到朋友圈。用户可以对好友新发的消息进行“评论”或点赞,用户只能看相同好友的评论或点赞。具体的操作为:进入微信主界面点击“发现”—“朋友圈”,选择相应的消息进行评论或点赞。

(6)漂流瓶。点击“发现”—“漂流瓶”,通过扔瓶子和捡瓶子来匿名交友。

(7)查看附近的人。微信会根据你的地理位置找到在用户附近同样开启本功能的人。在微信的主界面中点击“发现”—“附近的人”—“开始查看”—“确定”,微信会显示你附近的人,你可以看到附近人的基本信息和最多十张照片,还可以进行“打招呼”等操作。

(8)语音记事本。微信可以进行语音速记,还支持视频、图片、文字记事等。在微信主界面中点击“我”—“收藏”—“＋”—“录音”,即可进行语音记录。

(9)摇一摇功能。通过手机摇一摇可以匹配到同一时段触发该功能的微信用户,这是微信推出的一个随机交友应用。在微信的主界面中点击“发现”—“摇一摇”会弹出同时摇手机的人或附近正在播放的歌曲、电视等。

(10)定位功能。通过此功能,微信可以将你所在的位置发送给好友,以方便好友找到你。在微信主界面中选择一个好友,打开交流界面,单击界面右下方的“＋”图标,再点击“位置”,选择“发送位置”,即可将您目前所在的位置发送给好友,如图 6-15 所示,或选择“共享实时位置”,可将您实时的位置发送给好友。

3. 微信公众号

微信公众号的核心功能是信息群发推送,是微信的重要拓展功能,在公众帐号平台可以注册。个人和企业都可以通过微信公众平台进行一对多的交互活动。如商家通过微信公众服务号可以进行微推送、提供微支付、微活动、微报名、微分享、微名片等服务。

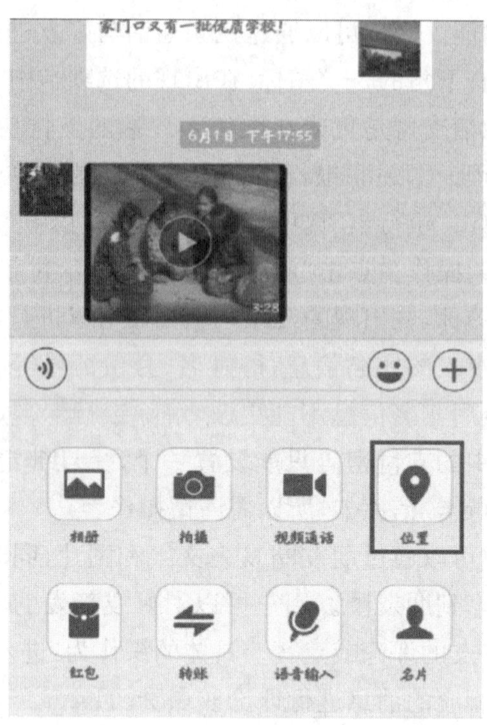

6-15 位置定位图

(1)注册公众号。首先,准备一个没有注册过公众帐号的邮箱、一份身份证扫描件,一个手机号和一个微信公众号名称。选择一个好的公众帐号名称非常重要,因为吸引力高的公众帐号可以提高点击量和关注度,并且该名称最好与已获得认证的腾讯微博名称相同,以便当公众号达到 500 粉丝时可以自助认证。其次,准备工作做好后开始进行注册。在浏览器地址栏输入 http://mp. weixin. qq. com,进入微信公众平台。点击“立即注册”进入注册界面,如图 6-16 所示。选择注册的帐号类型,如“服务号”,点击进入,填写邮箱、邮箱验证码、密码、确认密码,仔细阅读《微信公众平台服务协议》,点击注册后,注册时使用的邮箱会收到一封邮件,要求你点击链接,激活注册的微信公众帐号,点击邮件连接后跳转至第三步,根据要求填写公众帐号所有者的信息,上传身份证扫描件,并手机验证。

这里需要注意:公众帐号的自助认证最好使用同名且已认证的微博帐号名称来辅助认证。因为如果二者名称不同,就需要通过邮件方式人工认证,此时需要提供的资料比较多。如果是企业账户,公众帐号名称就要辨识度高,可搜索性强。

(2)公众帐号参数设置。首先是设置头像,企业帐号可以直接拿自己微博上的头像上传,应用类或者个人类帐号可以根据自己公众帐号的定位来设计一个头像。头像需要注意的是微信公众帐号头像会有两种样式,一个是方的,另一个是圆的。其中圆的头像很容易切掉图像或者文字。功能介绍根据帐号定位来设置,

图 6-16　微信公众平台注册界面

建议不要超过 40 个字，以帐号服务内容为主，力求让用户在关注前就了解你的帐号功能。然后设置公众帐号的微信号，长度必须在 6 位以上，此处不区分大小写。要注意的是尽量少用下划线、减号和数字，减少用户切换键盘的动作。公众账号参数设置成功后，系统会自动生成二维码，用户只要扫描二维码就可关注本公众号。

(3)公众帐号登录。公众帐号登录还是从 http://mp. weixin. qq. com 进入，点击右上角的登录后弹出窗口，共有三种登录方式可供选择：QQ 号、微信号和注册邮箱，输入帐号和密码后，还需要用平台管理者的手机进行二维码扫描，确认是管理者本人后，才能登录微信公众平台的后台管理页面。

请认真阅读公众平台的运营公告，不要推送垃圾广告、色情信息、暴力违法违规内容，或者强制、诱导分享与帐号无关的推广信息，也就是说只能推送或发布与你公众帐号定位或品牌定位相适应的内容。

(4)微信的群发功能。微信公众平台最常用到的就是群发消息，这种一对多、几乎百分百到达的传播方式，取代了短信群发，并且具有多媒体形态。编辑一条信息，挑选恰当的时候发送，既可以给用户带来有价值的信息，又有机会给公众帐号带来新的关注。

首先将群发消息的素材准备好，在群发前最好先发送到自己手机上预览一遍，因为信息一旦发出去就没有办法撤销，而且用户接收到的信息是存放在本地的，这意味着在公众平台修改无法刷新和分享用户那里的消息。

群发消息的操作步骤如下：

①进入微信公众号平台，新建群发消息。

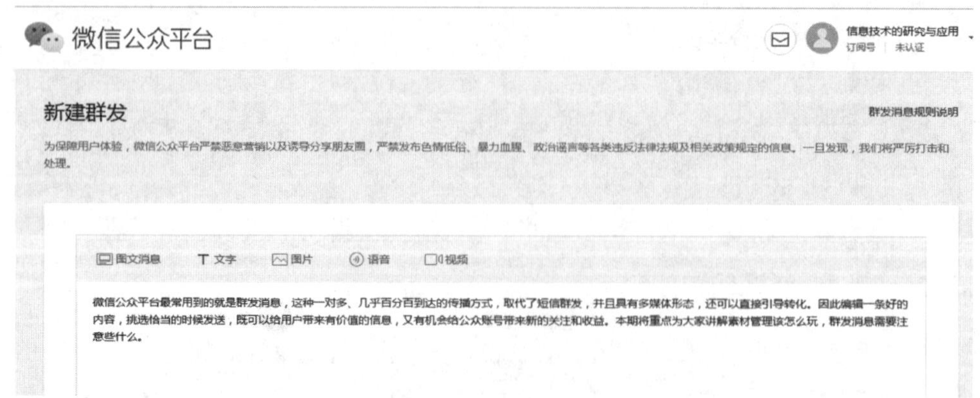

图 6-17　微信公众平台群发信息界面

②选择群发消息对象。可以根据用户的分组、性别、地区来设置群发消息的用户范围。但要注意，虽然可以选择用户范围群发，但是每次发送都将消耗一次群发机会，也就是说，如果微信公众号一天只有一次群发机会，那么这次发完以后，当日就不能再给其他用户群发消息了。

③编辑群发消息。可选择文字、语音、图片、视频和图文消息类型，如图 6-17 所示，使用多媒体材料编写消息可以增加消息的感染力。

④剩余群发条数。目前新注册的公众平台每天都只有一条群发消息的配额，群发一条消息后，就不能再群发消息了。

“已发送”主要是用来记录已经群发的消息，状态一项会显示正在群发、发送成功，或者发送失败。

公众号安全助手：公众号注册成功后，手机会自动要求绑定“公众号安全助手”，绑定成功后，当你登录微信公众号时，手机微信会有提示信息，确保是你本人登录。群发消息成功后，“公众号安全助手”会向绑定的手机微信发送一条成功发送的提示信息。如果出门在外没有电脑可用，可以使用手机“公众号安全助手”发送文字、语音、图片和视频，由它来完成群发消息的任务。

4. 微信的商业应用

微信营销是目前非常流行的线上营销模式，首先要通过提高客户体验，维持现有的客户，同时接近潜在客户。通过诚信经营，良好的售后服务，培养客户的信任感和品牌认知度，达到品牌推广的目的，最终实现盈利。微信的市场营销要注意做到以下几点：

(1)定位。每个行业都有自己的特点，要了解自己的客户的需求，根据客户的需求决定自己的目标，确保引起客户的兴趣，并满足客户需要。要明确每一次沟通、互动、推送的对象是谁，客户对这个公司越了解，信任度就越高。简单就是力量，不要把自己的微信公众帐号变成万能的功能应用，可以免费听音乐、浏览各种网络八卦等，这些功能只会淡化企业核心价值。

(2)合适的内容。客户的类型决定了微信的内容，内容要让客户感兴趣，要增加适当的福利推送(人都是趋利的)。要根据不同的客户，有针对性地进行推送，如图 6-18 所示是老乡鸡的微信公众号的推送。发布文章不一定要长篇大论，最好能引发读者的思考，一般篇幅在三五百字左右。

图 6-18　老乡鸡公众号

(3)要有人情味。对客户的回答要及时回复，微信营运的目的是维护顾客关系，需要花费大量的时间培养顾客的信任感。

(4)要有质量的粉丝。需要有对你的产品、服务和品牌感兴趣的粉丝。粉丝再多，如果不能转化成价值，依然毫无用处。我们需要的粉丝是那些有质量的粉丝，粉丝的质量比粉丝的数量更重要。

(5)充分利用微信的功能开展营销。认真分析所属行业，是否需要用微信公众平台，其实很多中小企业和个体老板，只要利用微信朋友圈就可以做生意，比如理发店、美容店、餐饮店、快餐店等等。做微信营销是做个人微信还是做微信公众帐号，如果你本人运作 1～2 个人的店面的话，建议用个人微信进行运作，如果是大店的话，建议使用微信公众号。

(6)坚持很重要。你写一篇文章，读者不一定认可你，可是当你写到 50 篇甚至 100 篇的时候读者极有可能会认可你，所以坚持很重要。

(7)做好精准的关键词回复功能。这样能引导读者更了解你本人和你的企业，获得读者的信任。

(8)通过微信的认证对提升企业的信任度很重要，应该想尽一切方法早一点通过微信认证。微信认证的条件是500的粉丝量和一个微博认证。

5. 微信的应用隐患

(1)过度推送微信消息。不要忙于每一天推送大量的消息给读者，要发送读者感兴趣的消息，大量发信息会成为对读者的骚扰，使读者产生反感情绪。

(2)不注重粉丝的质量。微信营销的用户是指有用的粉丝，企业先学会服务50～100个微信客户。用户多少不代表营销能力，仅仅是一个数量。不少企业的“粉丝”很多，但多是没有多少价值的“僵死”粉丝，没有多少实用性的价值，只有真正关心企业的产品和服务的粉丝，才可能转化为企业真正的利润。

(3)不了解互动的形式。微信营销的即时互动性很强，商家可以跟消费者之间进行有效的互动，但是如果采用自动回复式的互动，客户就会远离你，要知道用户的互动价值才是微信营销的核心。多创造和读者沟通的话题，让整个公众帐号活跃起来，公众帐号没有活跃度就是一个死号，没有任何价值。

(4)不要利用朋友开展营销活动。不要用微信向自已的朋友推销产品，这是错误的做法。这样会让朋友感到你这个人太没有人情味、太功利，总是跟着利益走，长此以往，很多朋友就会离你而去。如果你想利用微信做生意，那么可以重新申请一个帐号，专门用于销售。

6.3 无线网络概述与应用

6.3.1 无线网络简介

无线网络是指没有用电缆连接的网络。相对于有线网络，无线网络使用无线传输媒介，如微波、红外线等，进行网络互联。利用无线电技术取代网线，可以在无法布线的地方进行网络覆盖，极大地增加了网络的覆盖面，方便了用户使用网络。正是因为无线网络满足了人们上网的便利性，在过去十年无线网络技术才得以快速发展。现在无论是在室内还是在室外，抑或是在移动过程中，人们都可以感受到网络的存在，网络已经成为人们生活的一部分。

1. 无线个人网

无线个人网(Wireless Personal Area Network，简称WPAN)是在个人可及的小范围内相互连接数个装置所形成的无线网络。例如，通过蓝牙连接耳机、笔记本电脑以及运动手环等。蓝牙是一个开放性的、短距离无线通信技术标准，是目前最常用的构成个人无线网的无线传输媒介。

2. 无线局域网

无线局域网(Wireless Local Area Network,简称 WLAN)是利用微波为传输媒介组成的计算机网络。它取代双绞线作为传输媒介构成局域网络,能提供传统有线局域网的所有功能。由于组建无线网络不需要布设有线传输媒介,简单、易行、廉价且工程量小,因此,无线网络受到了家庭、单位、公共场所等领域的欢迎。

3. 无线广域网

无线广域网(Wireless Wide Area NetWork, 简称 WWAN)是将各个移动设备,如笔记本电脑、平板电脑、手机等,通过蜂窝网络或卫星连接到 Internet,从而实现移动上网。无线广域网使用的主要媒介为微波,通过中继站和卫星进行通信。目前使用的主要技术为 WAP 和 4G,5G 技术也即将得到应用,为更好地实现物联网和人工智能技术奠定基础。

6.3.2　无线网络协议

无线局域网协议主要为 IEEE 802.11 系列标准。IEEE 802.11 是电气和电子工程师协会 IEEE 在 1997 年 6 月颁布的无线网络标准。它实际是一个协议族,称为 802.11x 系列标准,包含了一系列无线局域网的协议标准,适合于城市、办公环境以及家庭无线局域网组网。

1. IEEE 802.11x 协议

目前市面上的无线网络产品大部分基于 802.11x 无线技术,但 802.11x 技术数据的传送速率是有限的,并不能满足大数据量传输的需要。

2. IEEE 802.11a 协议

IEEE 802.11a 在整个覆盖范围内提供了更高的速度,规定的频率为 5 GHz。目前该频段用得不多,干扰和信号争用情况较少,特别适合于室内及移动环境。传输速率为 6 Mbps～54 Mbps,支持语音、数据、图像业务。这样的速率完全能满足室内、室外的各种应用场合。其特点是使用 5 GHz 频段,传输速度为 54 Mbps,与 802.11b 不兼容。

3. IEEE 802.11b 协议

IEEE 802.11b 协议工作于开放的 2.4 GHz 频点,不需要申请就可使用。既可作为对有线网络的补充,也可独立组网,从而使网络用户摆脱网线的束缚,实现真正意义上的移动应用。802.11b 支持的范围在室外为 300 m,在办公环境中最长为 100 m。当用户在楼房或公司部门之间移动时,允许在访问点之间进行无缝连接。802.11b 还具有良好的可伸缩性,最多 3 个访问点可以同时定位于有效使用范围中,以支持上百个用户。目前,802.11b 无线局域网技术已经在世界上得到了广泛的应用,它已经进入了写字间、饭店、咖啡厅和候机室等场所。

4. IEEE 802.11g 和 IEEE 802.11e 协议

IEEE 802.11a 与 802.11b 的产品因为频段与调制方式不同而无法互通，这给厂家和消费者都带来了开发和使用不便。2001 年，IEEE 批准一种新技术 802.11g，其使命就是兼顾 802.11a 和 802.11b，为 802.11b 过渡到 802.11a 提供了可能。它既适应传统的 802.11b 标准，在 2.4 GHz 频率下提供 11 Mbps 的数据速率，也符合 802.11a 标准，在 5 GHz 频率下提供 54 Mbps 的数据速率，目前一般的无线网络用的是 802.11g 标准。IEEE 802.11e 也是 WLAN 标准方式之一，使用 2.4 GHz 频段，传输速度主要有 54 Mbps、108 Mbps，可向下兼容 802.11b。

6.3.3 无线网络技术

目前广泛使用的无限技术有多达 10 几种：红外线、Wi-Fi、蓝牙、ZigBee，WiMAX、LTE、4G standards、Satellite Services 等。

1. 红外线技术

红外线 IrDA，简称 IR，是一种无线通信方式，不需要频率分配许可就可以进行无线数据的传输，自 1974 年发明以来，得到了很普遍的应用，如红外线鼠标、打印机、键盘，使用最多的是红外线遥控器。

红外传输是一种点对点的传输方式，不能离得太远，一般为 1 m～2 m，要对准方向且中间不能有障碍物，也就是不能穿墙而过，几乎无法控制信息传输的进度，红外线设备价格便宜，在几元至几十元不等。

2. 蓝牙技术

蓝牙(Bluetooth)是由东芝、爱立信、IBM、Intel 和诺基亚于 1998 年 5 月共同提出的近距离无线数据通信技术标准。

蓝牙工作在全球开放的 2.4 GHz ISM(即工业、科学、医学)频段；使用跳频频谱扩展技术，把频带分成若干个跳频信道(Hop Channel)，在一次连接中，无线电收发器按一定的码序列不断地从一个信道“跳”到另一个信道；一台蓝牙设备可同时与其他七台蓝牙设备建立连接，如图 6-19 所示。点击手机“设置”—“设备连接”—“蓝牙”，开启蓝牙连接，手机将搜索附近开启蓝牙的设备，自动匹配连接。

目前蓝牙技术获得了广泛的应用，蓝牙无线通信是手机标准的配置之一。通过它手机可以和耳机、话筒、健身手环、家庭影剧院以及其他移动设备互联，同时蓝牙技术的网络特点和语音传输技术使它可以实现红外技术无法实现的某些特定功能，如无线电话、多台设备组网等。

蓝牙技术的通信介质为频率在 2.402 GHz 和 2.480 GHz 之间的电磁波，数据传输速率可达 1 Mbps，传输距离一般在 10 m 左右，功耗低、通信安全性好，可以绕弯，可以不对准，可以越过障碍物进行连接，没有特别的通信视角和方向要求，

图6-19 手机蓝牙连接的设备

支持语音传输，组网简单方便、成本较低，链接最大数日可达7个，但蓝牙的传输速度较慢。

3. Wi-Fi 技术

Wi-Fi 是用微波来联网的网络技术，用来改善基于 IEEE 802.11 标准的无线网络产品之间的互通性，Wi-Fi 主要使用 2.4 GHz 或 5 GHz 频段，覆盖距离最多达 100 m。

常见的 Wi-Fi 就是用一个无线路由器和数个无线 AP 组网，这些无线路由器和无线 AP 连接一条上网线路，被称为热点。在整个 Wi-Fi 的电波覆盖的有效范围都可以进行无线上网，这样就可以将个人电脑、手持设备(如 PDA、手机)等终端以无线方式互相连接。图 6-20 所示的就是手机接入名为“ahtvu-office”的 Wi-Fi，该 Wi-Fi 工作在 2.4 GHz 频段。手机接入 Wi-Fi 可进行如下操作：点击手机“设置”—“无线和网络”—“WLAN”，在出现的 WLAN 列表中选择上网的网络。但一般 Wi-Fi 都有安全设置，要输入密码才可以接入。

Wi-Fi 为用户提供了无线的宽带互联网访问方式。同时，它也是在家里、办公室或在旅途中移动上网的常用方式。Wi-Fi 的覆盖范围广，小至办公室，大至

图 6-20 手机接入 Wi-Fi

整栋大楼都适用。

虽然由 Wi-Fi 技术传输的无线通信质量不是很好，数据安全性能比蓝牙差一些，传输质量也有待改进，但其传输速度非常快，可以达到 54 Mbps，符合个人和社会对数据高速传输的需求。对 Wi-Fi 的建设厂商而言，进入该领域的门槛也比较低，厂商只要在机场、车站、咖啡店、图书馆等人员较密集的地方设置“热点”，并接入高速线路，就可以将因特网接入上述场所，而不用耗费资金来进行网络布线接入，节省了大量的成本。

4. 4G 技术

4G 的含义是第四代移动电话通信技术，包括 LTE、LTE-Advanced、WiMax、Wireless MAN 等标准，TD-LTE 和 FDD-LTE 两种制式。4G 移动通信系统的核心网是一个基于全 IP 的网络，可以实现不同网络间的无缝互联。4G 是集 3G 与 WLAN 于一体，能够快速传输数据、高质量音频、视频和图像等。截至 2016 年，中国移动在全国建设了上百万个基站，甚至在很多偏僻的地方都有 4G 信号，为人们上网带来了极大的方便。目前市场上的智能手机基本都支持 4G 技术，只要到中国电信或中国移动开设上网帐户，确定一个套餐，打开手机，点击手机“设置”—“无线与网络”—“移动网络”，打开移动数据的设置，即可进行 4G 上网，如图 6-21 所示。

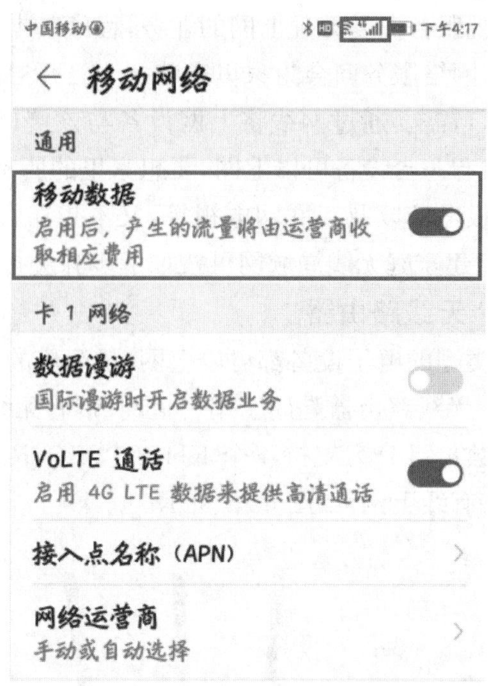

图 6-21　手机 4G 接入设置

在移动通信系统数据传输速率方面，4G 通信技术比 3G 移动通信技术的信息传输级别高一等级，对无线频率的使用效率更高，且抗信号衰落性能更强。第四代移动通信系统传输速率可达到 20 Mbps，甚至最高可以达到 100 Mbps，与目前的家用光纤宽带相差无几，能够满足几乎所有用户对于无线服务的要求。

第四代移动通信不仅仅是为了应对用户数量的增加，更重要的是，必须要满足人们对多媒体数据的传输和质量需求。总的来说，首先必须可以容纳市场庞大的用户数，改善现有通信品质不良状况，达到高速数据传输的要求。

6.3.4　组建家庭无线网

由于无线网络具有安装简单、使用便利、价格便宜等特点，特别是在安装网络时不需要布设线路，不会破坏房屋的装修风格，因此小型无线局域网正在成为家庭、中小企业、店铺等组建局域网络的首选解决方案。

组建家庭无线局域网首先要选择所接入的城域网，通过城域网接入 Internet。我国城域网主要由中国电信、中国移动构建。这两家公司通过铺设光纤将城市和乡村中的所有居民点连接起来。如果居民想接入城域网，需要到中国电信或中国移动公司的服务厅办理入网手续，按要求办完入网手续后，在 7 个工作日内，两家公司会派人到你家里，安装相应的设备并设定帐号和密码，帐号一般为申请入网人的手机号码，密码自己设定。如果是中国电信和中国移动光纤未到的地方，则可以到当地的有线电视服务商处办理上网的业务，程序基本与上述相同。

上网业务开通后，网络服务商会为家里安装一个已开通网络的 RJ45 插座，这是一个有线的网络接口，需要通过网线将上网设备与该接口连接，输入帐号和密码，即可上网。但这只有一台设备可以上网，要想家里的所有上网设备都能上网，如手机、固定电脑、平板电脑以及互联网电视等，又不想布设网线，可以组建家庭无线局域网 Wi-Fi。组建家庭无线局域网可按如下步骤进行。

1. 首先选择一个无线路由器

要想使家中多种类型的电子设备都可以上网，最简单的方法就是使用无线路由器组建家庭 Wi-Fi。无线路由器是用于用户上网、带有无线覆盖功能的路由器。无线路由器根据接口数量可分为支持 4 个 RJ45 口、8 个 RJ45 口等类型，既可支持无线上网，也可支持有线上网，如图 6-22 所示。

图 6-22　无线路由器

市场上流行的无线路由器一般都支持专线 xdsl/cable、动态 xdsl、pptp 四种接入方式，它还具有其他一些网络管理的功能，如 DHCP 服务、Nat 防火墙、MAC 地址过滤、动态域名等功能。一般能支持 15～20 个设备同时在线使用，信号范围半径为 100 m，现在已经有部分无线路由器的信号范围达到了半径 300 m，价格从几十元到数百元不等。

选好无线路由器之后，需要在室内选择一个合适的位置摆放无线路由器。为了保证室内设备都能无线上网，无线路由器应该摆放在离 Internet 网络接口比较近的地方，以保证信号质量。另外，需要注意无线路由器与上网设备之间的距离，因为无线信号会受到距离、隔墙等的影响。若距离过长，则会影响接收信号和数据传输的速度，最好保证在 50 米以内。

摆放好无线路由器，接通电源，无线路由器进行自检。可根据说明书判断设备是否运行正常，若无问题，则将家中已开通网络的 RJ45 插座接出一根双绞线(带插头，网络服务商一般会提供)，将双绞线的一端插入无线路由器的 WAN 口中，即可进行无线路由器的配置了。当根据说明书的要求完成路由器的配置后，便可以上网了。

2. 无线路由器的设置

光纤宽带接入是目前居民小区普遍采用的网络接入方式，所有用户都通过一条光纤接入 Internet，每个用户均拥有动态 IP 地址，用户只需将小区所提供的接入端(一般是一个 RJ45 网卡接口)通过双绞线连接到无线路由器中，进行简单的设置即可连入 Internet。

无线路由器的设置步骤如下：

(1)首先要有一台带有无线上网功能的计算机，在计算机桌面右下角，单击“打开网络和共享中心”，选择家里安装的无线路由器，无线路由器的名称在说明书有定义，如 TP_LINK_0C435E 前面是设备的品牌名，后面的数字是设备的 MAC 地址的后 6 位，如图 6-23 所示，MAC 地址在无线路由器的背面可以看到。

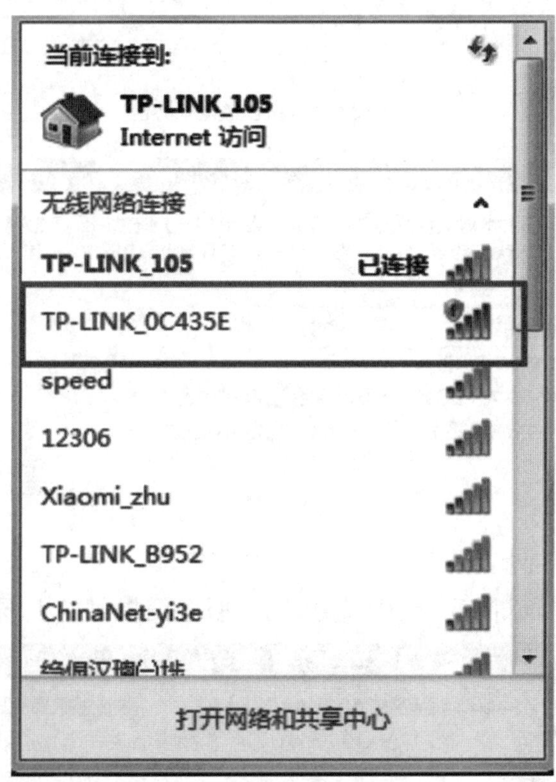

图 6-23　无线路由器名

(2)在计算机上打开浏览器，在地址栏中输入“192. 168. 1. 1”回车，将出现如图 6-24 所示的界面，界面中“WR2041N”是路由器的型号，输入用户名和密码，用户名默认为“admin”，点击“确定”即可。

(3)在出现的界面(图 6-25)中，选择“让路由器自动选择上网方式”。

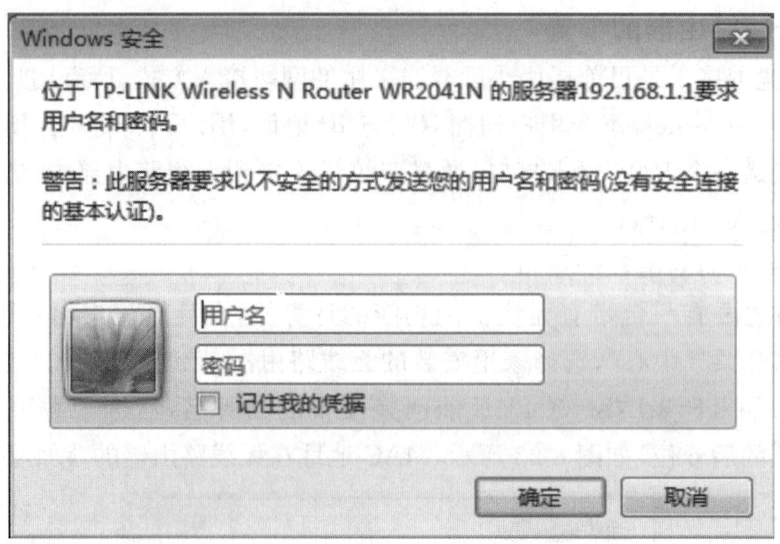

图 6-24　无线路由器登录界面

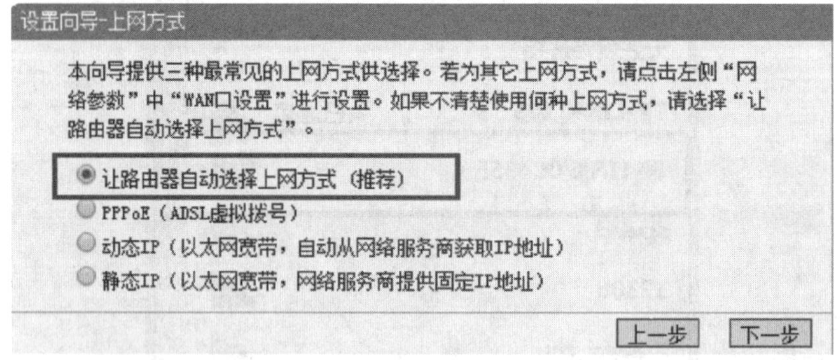

图 6-25　上网方式

(4)在出现的界面(图 6-26)中，输入网络服务商提供的上网账号和密码。

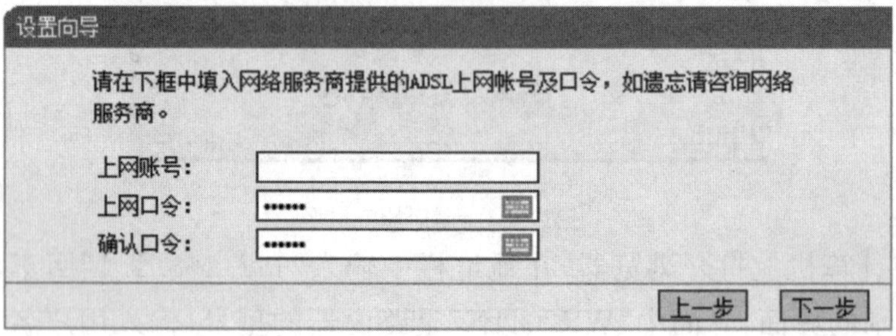

图 6-26　设置向导

(5)在如图 6-27 所示的界面中，输入上网的 PSK 密码，即家里移动设备通过该无线路由器上网的密码。该密码可以与上网服务提供商的密码相同，也可以不同。

(6)在出现的界面中，选择“完成”即可完成设置。

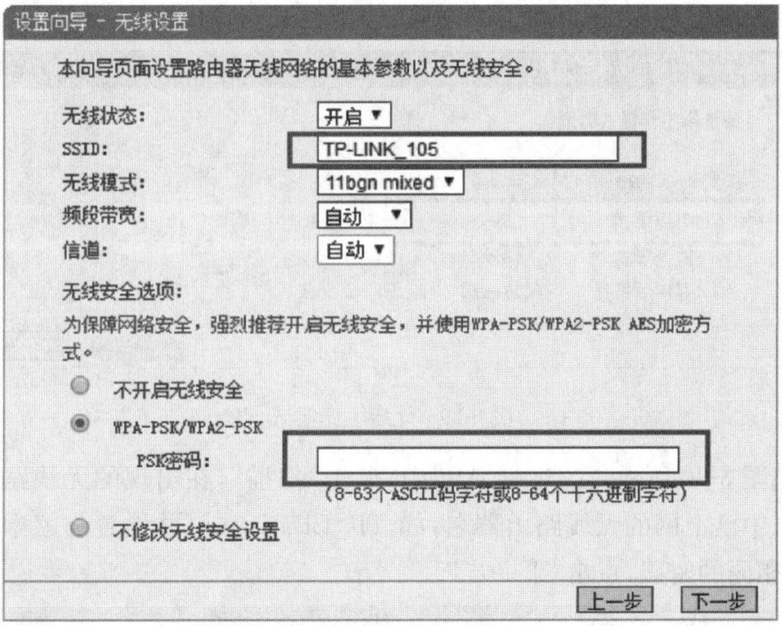

设置向导 - 无线设置

本向导页面设置路由器无线网络的基本参数以及无线安全。

无线状态： 开启
SSID： TP-LINK_105
无线模式： 11bgn mixed
频段带宽： 自动
信道： 自动

无线安全选项：
为保障网络安全，强烈推荐开启无线安全，并使用WPA-PSK/WPA2-PSK AES加密方式。

不开启无线安全
WPA-PSK/WPA2-PSK
PSK密码：
（8-63个ASCII码字符或8-64个十六进制字符）
不修改无线安全设置

上一步 下一步

图 6-27 无线设置

3. 多台无线路由器的设置

如果家的面积比较大，那么离无线路由器较远的地方信号就会变得很弱，上网的质量就不高，会时常出现掉线的现象，这样就需要在家里设置多台无线路由器。

首先在家里信号较弱的地方放置一台无线路由器，带 AP 功能或无线 AP，将无线路由器设置成 AP 模式，有些路由器上有开关，可以选择路由模式和 AP 模式。接上电源后，点击在电脑右下角的“打开网络和共享中心”图标，在显示的网络无线设备列表中选择该台路由器，然后根据无线路由器上的域名访问管理页面，如：tplogin. cn（设备管理页面的域名在设备说明书上），这样就可以访问无线路由器的设置页面。

（1）在浏览器的地址栏中输入 tplogin. cn 回车，在出现的界面中，选择“设置向导”，再点击“下一步”（图 6-28）。

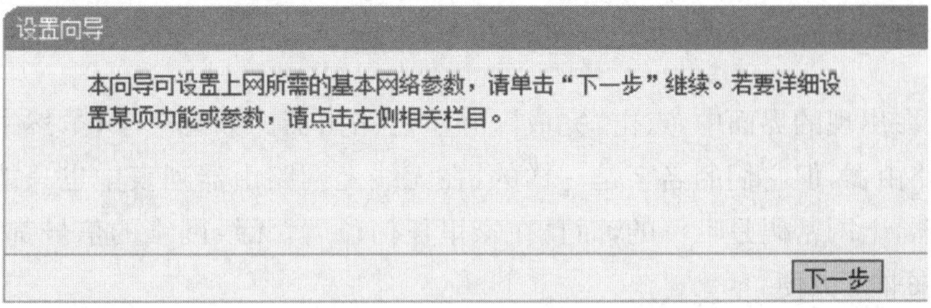

设置向导

本向导可设置上网所需的基本网络参数，请单击“下一步”继续。若要详细设置某项功能或参数，请点击左侧相关栏目。

下一步

图 6-28 设置向导

(2)在出现的界面(图 6-29)中,选择“中继模式”,点击“下一步”。

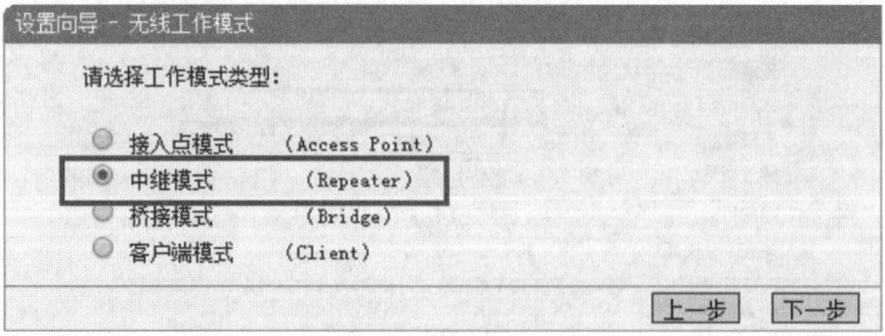

图 6-29　无线工作模式

(3)如图 6-30 所示,在“远端 AP”中,点击“扫描”,在出现的无线路由器列表中,选择家中已上网的无线路由器名,如 TP_LINK_105,并设置与家中已上网无线路由器相同的密码,点击“下一步”。

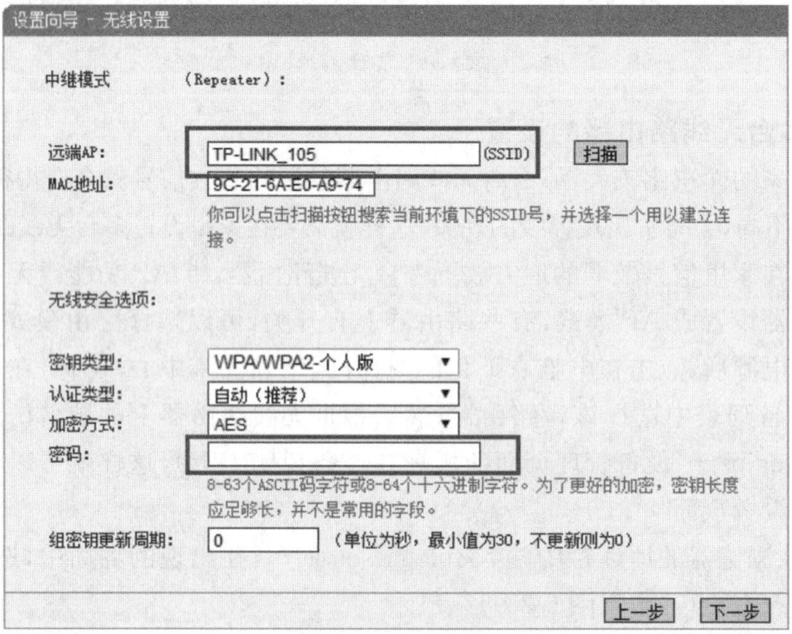

图 6-30　无线设置

(4)在出现的界面中,点击“完成”,并重启路由器。如此一来,虽然家里有两台无线路由器,但它们的名字是一样的,在无线上网路由器列表中也只能看到一台路由器,上网密码是唯一的,而且在家里任何位置,无线网络的信号都会很强,使用起来非常方便。

4. 对家庭无线网络进行安全维护

由于无线网络的使用有很多安全隐患,因此无线网络的安全保护措施是很必要的。如果无线网络的安全措施没有做好，那么计算机里的数据就存在漏露等风险。最简单的做法就是给无线网络设置强密码，为家里的无线网络做安全保护，防止网速被占用，同时防止计算机感染病毒，还可以阻止木马、蠕虫病毒的入侵等。

6.4 计算机网络安全

6.4.1 计算机网络安全概述

计算机网络安全是指计算机及其网络系统的信息和物理资源不受人为和自然有害因素的威胁和危害，它包括信息安全、物理安全以及运行安全。凡是涉及网络上信息的保密性、完整性、可用性、真实性和可控性的相关技术和理论都是网络安全的研究领域，确保网络系统的信息安全是网络安全的首要目标。

1. 信息安全

信息安全包括两个方面：信息的存储安全和信息的传输安全。信息的存储安全是指信息在静态存放状态下的安全，如是否会被非授权调用等。信息的传输安全是指信息在动态传输过程中的安全，不受偶然的或者恶意的原因而遭到破坏、更改和泄露。

信息安全主要包括，信息的保密性、完整性、可用性、真实性和可控性等五方面的内容。信息安全本身包括的范围很大，其中包括如何防范商业机密泄露、防范青少年对不良信息的浏览、个人信息的泄露等。网络环境下的信息安全体系是保证信息安全的关键，包括计算机操作系统安全、各种安全协议、安全机制（数字签名、消息认证、数据加密等），直至安全系统，如 UniNAC、DLP 等，只要存在安全漏洞便可以威胁计算机系统的安全。

2. 物理安全

简单地说，物理安全就是你的计算机网络系统所在的物理环境是否可靠，会不会受到自然灾害（如火灾、水灾、雷电等）和人为的破坏（如失窃、破坏等），以及物理环境是否能够防电磁信息泄露等。

一般要求对计算机网络系统所在的物理环境进行安全保护，要求计算机所在的物理环境能够防火、防水、防静电、防雷击、防鼠害、防辐射、火灾报警及具有消防设施等，并且要求具备防止电磁信息泄漏、防止线路被截获、抗电磁干扰及电源保护等能力。

3. 运行安全

运行安全是网络安全的重要环节，是为保障系统功能的安全实现而提供的一套保护信息处理过程安全的措施。

(1)风险分析。风险分析指对计算机网络系统进行人工或自动的风险分析。它首先进行静态分析,旨在发现系统的潜在安全隐患。其次,它指对系统进行动态分析,即在系统运行过程中测试、跟踪并记录其活动,旨在发现系统运行的安全漏洞。最后,它指系统运行后的分析,并提供相应的系统脆弱性报告。我国公安机关定期对各大网络系统进行等级划分,并对网络系统进行扫描,将有漏洞的网络系统的分析报告通知系统的管理部门并限定时期整改。

(2)审计跟踪。审计跟踪指对计算机网络系统进行人工或自动的审计跟踪,保存审计记录和维护详尽的审计日志。

(3)备份与恢复。备份与恢复指对系统设备和系统数据的备份与恢复,对系统数据的备份与恢复可以使用多种方式,如云备份、异地备份、离线存储等。

4. 网络攻击产生的危害

(1)信息泄露。信息泄露是指信息被泄露或透露给某个非授权的实体。

(2)破坏信息的完整性。破坏信息的完整性是指数据被非授权地进行增删、修改或破坏而受到损失。

(3)拒绝服务。拒绝服务是指对信息或其他资源的合法访问无条件地阻止。

(4)非法使用(非授权访问)。非法使用也被称为非授权访问,它是指某一资源被某个非授权的人,或以非授权的方式使用。

(5)假冒。假冒是指通过欺骗通信系统(或用户)达到非法用户冒充成为合法用户,或者特权小的用户冒充成为特权大的用户的目的。

(6)抵赖。抵赖是一种来自用户的攻击,比如,否认自己曾经发布过的某条消息、伪造一份对方来信等。

(7)重发。重发是指出于非法目的,将所截获的合法的通信数据进行拷贝,并重新发送。

6.4.2 计算机病毒的防治

计算机病毒(Computer Virus)是指编制或者在计算机程序中插入破坏计算机功能或者毁坏数据,影响计算机使用,并能自我复制的一组计算机指令或者程序代码。

计算机病毒具有传播性、隐蔽性、感染性、潜伏性、可激发性、表现性或破坏性。计算机病毒的生命周期可依次分为:开发期、传染期、潜伏期、发作期、发现期、消化期、消亡期。

计算机病毒是一个程序,一段可执行代码。就像生物病毒一样,具有自我繁殖、互相传染以及激活再生等生物病毒特征。计算机病毒有独特的复制能力,它们能够快速蔓延,又常常难以根除。它们能把自身附着在各种类型的文件上,当文件被复制或从一个用户传送到另一个用户时，它们就随同文件一起蔓延开来。

病毒集中发作会对个别计算机用户和整个网络的正常使用都带来影响。主要体现在以下方面：计算机出现运行异常，无法上网、自动关机等；大量地向外发送数据包，导致网络阻塞；感染其他缺乏防护能力的计算机；盗取重要信息，如各类口令密码，破坏数据安全。

1. 常见的计算机病毒

常见的计算机病毒有鬼影病毒、AV 终结者末日版、网购木马、QQ 粘虫木马、浏览器劫持病毒等。

(1)鬼影病毒。鬼影病毒是指寄生在磁盘主引导记录(MBR)，即使格式化重装系统，也无法清除的病毒。它主要依靠带毒游戏外挂或色播传播，在 2012 年出现数个变种，包括鬼影 5、鬼影 6、鬼影 6 变种(CF 三尸蛊)等，主流的杀毒软件均能防御鬼影病毒，经常下载使用带毒游戏外挂的电脑用户是感染鬼影病毒的高危群体。

(2)AV 终结者末日版。AV 终结者末日版(Javqhc)是一个恶意对抗杀毒软件的病毒，能够对瑞星、金山等安全软件进行破坏。它释放 3 个驱动程序破坏杀毒软件并保护自身，如隐藏文件、进程等，它刷网站流量同时下载并运行其他盗号病毒和恶意程序，严重威胁到用户的网络安全。

(3)网购木马。网购木马的全称是网购交易劫持木马，网购木马是一类劫持交易货款木马的统称。它能够禁止主流安全软件运行，在系统无保护的情况下，网购木马即可在买家网购付款环节轻易篡改交易信息，使买家要购买的东西没有支付，却替病毒作者购买了游戏或手机充值卡。

(4)QQ 粘虫木马。QQ 粘虫木马是指以透明窗体覆盖 QQ 登录框，或用一个虚假的 QQ 登录页面盗号，危险性很大。

(5)浏览器劫持病毒。该病毒也会恶意篡改中毒电脑的浏览器首页，劫持浏览器主页和其他网址导航类网站，强制推广病毒合作网站，以此来提高指定网站流量，让病毒作者从中获利。由于该病毒是驱动级兼注入型病毒，所以杀毒软件查不到任何危险程序以及可疑启动项目。

2. 病毒的防治方法

(1)提高网络安全意识。不要链接非法网站，不要下载不明出处的软件，浏览网站最好使用导航或百度搜索引擎。

(2)及时为操作系统打补丁。一般的防病毒软件会自动评估你的电脑系统，当系统不安全时会及时提醒你为电脑系统打补丁，这个过程无需人工干预电脑会自动完成。

(3)安装防病毒软件。为了保护电脑安全，最简单的方法就是使用防病毒软件，常见的有电脑管家或 360 安全卫士等。

(4)不要使用弱口令。进入你的计算机时,要设置口令,可以将字母和数字结合使用,不要用简单的123456或abcdef等弱口令,不要让你设置的口令被轻易地破解,从而达到保护你电脑的目的。

(5)在线杀毒。如果你认为你的电脑中病毒了,且你目前安装的杀毒软件查不出来,可以用百度的在线杀毒系统,效果好且免费。对于杀掉后又重复出现的病毒,建议到安全模式去杀,开机启动,按住F8进入安全模式。

(6)把有害端口关闭。如果你有较高的电脑操作知识,可以关闭Windows下23、135、445、139、3389等端口,以防止病毒和黑客利用这些端口对电脑进行攻击。

6.4.3 计算机网络安全策略

传统的安全措施主要包括四个方面:访问控制、身份认证、数据加密以及数据的备份与恢复。但传统的安全措施都存在这样或那样的不足。

总的来说,要想建一个完全安全的网络系统,以现有的网络和软件技术是不现实的。但我们可以采用加密认证、防火墙和入侵检测技术最大限度地保证网络的安全,一个没有采用任何安全措施的网络是非常容易被攻破的。

加密是网络安全的核心技术,但是它增加了复杂度,影响了传输的效率,适用于重要数据的传输。

防火墙作为重要的安全防护措施,可以发挥一定的效果,但是存在一些无法克服的困难,包括无法应对入侵者在防火墙内的情况、无法处理入侵者通过后门绕过防火墙的情况、存在安全与速度的矛盾。

入侵检测(Intrusion Detection System,IDS):该技术目的是提供实时的检测及采取相应的防护措施。而且它具有主动监控、跟踪入侵的特性,是动态的网络安全保障技术。

1. 加密技术

由于数据在传输过程中有可能遭到窃听而失去保密性,因此保证网络安全最重要的一点就是使用加密技术对敏感的信息进行加密,以保证网络数据传输的保密性、完整性、真实性和不可抵赖性。数据的保密性是指数据在传输过程中,不能被非授权者偷看;数据的完整性是指数据在传输过程中不能被非法篡改;数据的不可抵赖性是指接受到的数据不能被否认。

信息加密技术是利用数学或物理手段,对电子信息在传输过程中和在存储体内进行保护,以防止泄漏的技术,是目前最常用的安全保密手段之一。它利用技术手段把重要的数据变为乱码(加密)传送,到达目的地后再用相同或不同的手段还原(解密)。

加密技术包括两个元素:算法和密钥。算法是将普通的文本(或者可以理解的信息)与一串数字(密钥)结合,产生不可理解的密文的步骤。密钥是用来对数据进行编码和解码的一种算法。在安全保密中,可通过适当的密钥加密技术和管理机制来保证网络的信息通信安全。密钥加密技术的密码体制分为对称密钥体制和非对称密钥体制两种。相应地,对数据加密的技术分为两类,即对称加密(私人密钥加密)和非对称加密(公开密钥加密)。对称加密以数据加密标准(DES,Data Encryption Standard)算法为典型代表,非对称加密通常以RSA(Rivest Shamir Adleman)算法为代表。对称加密的加密密钥和解密密钥相同,而非对称加密的加密密钥和解密密钥不同,加密密钥可以公开,而解密密钥需要保密。对称密码加密容易实现,但非对称密码加密则强度更强更安全。

2. 防火墙技术

防火墙是保护网络不受外部侵犯的最主要技术之一,是防止非法入侵、保护企业内部网络安全至关重要的措施之一。

(1)防火墙的防护规则。

①一切未被允许的就是禁止的。按照该规则,防火墙阻止全部信息流,而只有经过仔细挑选的服务才被允许使用。

②一切未被禁止的就是允许的。按照该规则,防火墙允许全部信息流,再逐项阻止禁止的服务项目。

(2)防火墙的功能。

①防火墙实现对内部网络的保护功能是通过将内外网络进行逻辑隔离来实现的,然后根据预先定制的安全策略控制通过防火墙的访问行为,从而达到对企业内部网络的有效控制。

②防火墙不但能够防止来自网络外部的攻击,还能够防止来自网络内部的攻击。如:防火墙能够将内网中的每台计算机的IP地址与MAC地址绑定,能够有效地阻止用户通过修改IP地址所进行的非法访问。

③防火墙提供邮件(SMTP)代理功能,可阻止邮件炸弹的攻击,并可过滤垃圾邮件和为FTP、TELNET的代理提供强用户认证机制,有效阻止黑客进行口令猜测攻击。

④防火墙会缺省设置一些基本规则,不需要用户参与,可以有效地防范IP地址欺骗,如Ping Of Death、Teardrop以及Syn Flooding等基本网络攻击,保护内网和防火墙免遭多种形式的拒绝服务攻击和非法访问。

Windows 7和Windows 10操作系统都带有软件防火墙,如图6-31所示,默认情况下,防火墙将阻止所有与未在允许程序列表的程序的连接,同时防火墙阻止新程序安装时有提示,通过上述措施保证你的系统的安全。使用Windows软件防火墙的方法是:点击“开始”按钮或“设置”(根据你的操作系统的版本)—“控制面板”—“系统和安全”—“Windows Defender 防火墙”，打开 Windows 防火墙的界面，这样就可以对防火墙的参数进行设置了。

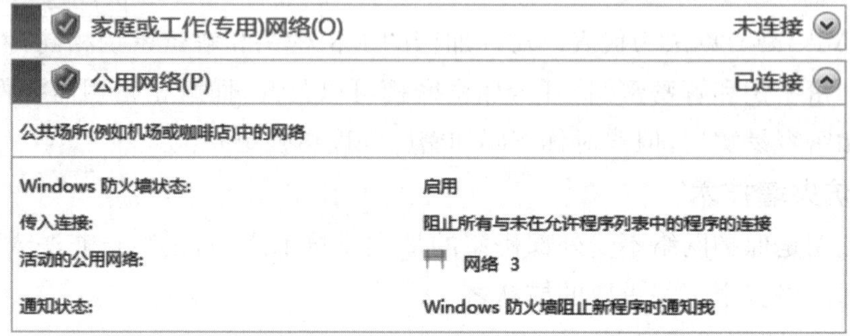

图 6-31 Windows 软件防火墙

3. 身份认证技术

身份认证技术是在计算机网络中确认操作者身份的解决方法。计算机网络世界中一切信息(包括用户的身份信息)都是用一组特定的数据来表示的，计算机只能识别用户的数字身份，所有对用户的授权也是针对用户数字身份的授权。如何保证以数字身份进行操作的操作者就是这个数字身份的合法拥有者，也就是说保证操作者的物理身份与数字身份相对应，身份认证技术就是为了解决这个问题。作为防护网络资产的第一道关口，身份认证有着举足轻重的作用。

对用户身份认证的基本方法可以分为三种：①基于信息秘密的身份认证。根据你所知道的信息来证明你的身份，比如用户名和密码；②基于信任物体的身份认证。根据你所拥有的东西来证明你的身份，比如手机验证码、USB KEY；③基于生物特征的身份认证。根据独一无二的身体特征来证明你的身份，比如指纹、视网膜、面部识别等。为了达到更高的身份认证安全性，某些场景会在上面 3 种中挑选 2 种混合使用，即所谓的双因素认证。

4. 数据备份和恢复

数据备份是容灾的基础，是指为防止系统出现操作失误或系统故障导致数据丢失，而将全部或部分数据集合从应用主机的硬盘或阵列复制到其他的存储介质的过程。传统的数据备份主要是采用内置或外置的存储介质进行冷备份，但是这种方式只能防止操作失误等人为故障，而且其恢复时间也很长。随着技术的不断发展，数据的海量增加，目前开始采用网络备份，网络备份一般通过专业的数据存储管理软件结合相应的硬件和存储设备来实现。目前比较好的方法是使用所谓的云备份，通过有偿开通云存储功能（中国电信、华为、腾讯、阿里都提供此类服务），实现网络的云备份。云备份的速度快、可靠性高、价格不高，便于根据需要随时扩充备份的空间，目前已成为数据异地备份的主要方式之一，受到越来越多用户的欢迎。图 6-28 所示是阿里云存储的参数界面。

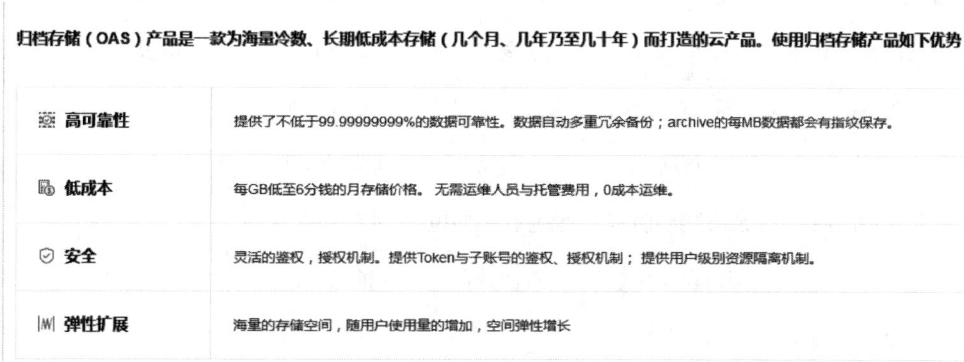

归档存储（OAS）产品是一款为海量冷数、长期低成本存储（几个月、几年乃至几十年）而打造的云产品。使用归档存储产品如下优势

高可靠性	提供了不低于99.99999999%的数据可靠性。数据自动多重冗余备份；archive的每MB数据都会有指纹保存。
低成本	每GB低至6分钱的月存储价格。 无需运维人员与托管费用，0成本运维。
安全	灵活的鉴权，授权机制。提供Token与子账号的鉴权、授权机制； 提供用户级别资源隔离机制。
弹性扩展	海量的存储空间，随用户使用量的增加，空间弹性增长

图 6-32　阿里云存储参数界面

数据恢复（Data Recovery）是指通过技术手段，将保存在台式机硬盘、笔记本硬盘、服务器硬盘、移动硬盘、U 盘、数码存储卡等设备上丢失的电子数据进行抢救和恢复的技术。当以上存储介质出现损伤或由于人员误操作、操作系统本身故障而造成数据看不见、无法读取或丢失时，通过数据恢复的特殊手段读取在正常状态下不可见、不可读、无法读的数据。

6.4.4　计算机信息系统安全等级保护

计算机信息系统安全等级保护是指将计算机信息系统的安全措施，如安全策略、安全责任和安全保障等通过划分不同的等级，对国家、企业和个人计算机信息系统进行保护。

计算机信息系统安全等级保护主要是根据其在国家安全、经济建设、社会生活中的重要程度及实际安全需要，遭到破坏后对国家安全、社会秩序、经济建设、公共利益以及公民、法人和其他组织的合法权益的危害程度来确定的。

1999 年 9 月 13 日，由国家公安部提出并组织制定，国家质量技术监督局发布了《计算机信息系统安全保护等级划分准则》（GB 17859-1999），并定于 2001 年 1 月 1 日实施，其中把计算机信息安全保护划分为了五个等级。

第一级：用户自主保护级。公民、法人和其他组织的合法权益，适用于小型私营、个体企业、中小学，乡镇所属计算机信息系统，县级单位一般的计算机信息系统，可能对国家安全、社会秩序和公共利益造成损害。

表 6-1 技术安全要求

物理安全	网络安全	主机安全	应用安全	数据安全及备份恢复
物理位置的选择	结构安全	身份识别	身份鉴别	数据的完整性
物理访问控制	访问控制	访问控制	访问控制	数据保密性
防盗窃和防破坏	安全审计	安全审计	安全审计	备份与恢复
防雷击	边界完整性检查	剩余信息保护	剩余信息保护	
防火	入侵防范	入侵防范	通信完整性	
防水和防潮	恶意代码防范	恶意代码防范	通信保密性	
防静电	网络设备保护	资源控制	抗抵赖性	
温湿度控制			软件容错	
电力供应			资源控制	
电磁防护				

表 6-2 管理安全要求

安全管理制度	安全管理机构	人员安全管理	系统建设管理	系统运维管理
管理制度	岗位设置	人员录用	系统定级	环境管理
制定和发布	人员配备	人员离岗	安全方案设计	资产管理
评审和修订	授权和审批	人员考核	产品采购和使用	介质管理
	沟通和合作	安全意识教育和培训	自行软件开发	设备管理
	审核和检查	外部人员访问管理	外包软件开发	监控管理和安全管理中心
			工程实施	网络安全管理
			测试验收	恶意代码防范管理
			系统交付	密码管理
			系统备案	变更管理
			等级测评	备份恢复管理
			安全服务商选择	安全事件处置
				应急预案管理

表 6-3　安全等级保护

安全要求	类别	一级	二级	三级	四级
技术安全要求	物理安全	7	10	10	10
	网络安全	3	6	7	7
	主机安全	4	6	7	9
	应用安全	4	7	9	11
	数据安全及备份恢复	2	3	3	3
管理安全要求	安全管理制度	2	3	3	3
	安全管理机构	4	5	5	5
	人员安全管理	4	5	5	5
	系统建设管理	9	9	11	11
	系统运维管理	9	12	13	13
合计		48	66	73	77
级差			18	7	4

第二级:系统审计保护级。公民、法人和其他组织的合法权益,适用于县级某些单位重要计算机信息系统;地市级以上国家机关、企事业单位内部一般计算机信息系统(例如非涉及工作、商业秘密,敏感信息的办公系统和管理系统),可能对社会秩序、公共利益及国家安全造成损害。

第三级:安全标记保护级。社会秩序和公共利益,可能对地市级以上国家机关、企事业单位内部重要计算机信息系统(例如涉及工作、商业秘密,敏感信息的办公系统和管理系统),跨省或全国联网运行的用于生产、调度、管理、控制等方面的重要系统及在省、地市的分支系统,中央各部委、省(区、市)门户网站和重要网站造成损害,对国家安全造成严重损害。

第四级:结构化保护级。可能对国家重要领域、重要部门中的特别重要系统以及核心系统,如电力、电信、广电、税务等造成特别严重损害,对国家安全造成严重损害。

第五级:访问验证保护级。国家重要领域、重要部门中的极端重要系统。

总之,计算机信息系统安全等级保护的核心是对信息系统,特别是对业务应用系统安全分等级、按标准进行建设、管理和监督。国家对信息安全等级保护工作运用法律和技术规范逐级加强监管力度,突出重点,保障重要信息资源和重要信息系统的安全。

习 题 6

一、单选题

1. 将地理位置不同且具有独立功能的多个计算机系统，通过通信设备和通信线路连接起来，通过功能完善的网络软件(网络协议、信息交换方式控制程序和网络操作系统)实现网络资源共享和信息传递的系统称为________。

A. 计算机通信网络　　B. 大型计算机系统

C. 计算机网络　　C. 计算机终端网络

2. 计算机网络最基本的功能是________。

A. 在线教育　　B. 电子商务　　C. 网络支付　　D. 资源共享

3. ________是指政府机构运用网络与计算机等现代信息技术，将政府的管理和服务职能通过精简、优化、整合后在网络上实现运作，从而提高政府的运行效率和行政监管能力，并为社会公众提供高效、优质、廉洁的一体化管理和服务。

A. 电子商务　　B. 在线教育

C. 办公自动化　　D. 电子政务

4. 现代远程教育的特点是学习资源丰富，学习方式和交流方式便捷，实现________的学习。

A. 任何时间、任何地点、任何人、多种形式

B. 面授教育的电子化

C. 网上自学为主

D. 高等教育快乐式

5. 关于网络协议，下列________说法是错误的。

A. 网络协议是为计算机之间正确、可靠传输数据而制定的约定或规则

B. 网络协议具有层次结构，每一层都规定有明确的任务和接口标准

C. 下层向上层传送参数，上层为下层提供服务

D. OSI/RM 开放互连参考模型将协议划分为 7 层，物理层在最上面，应用层在最下面

6. 关于因特网，下列________说法是错误的。

A. 因特网是一个异构型互连、覆盖全球的计算机网络系统

B. 因特网采用包交换技术、TCP/IP 协议

C. WWW、TELNET、FTP 都是因特网提供的服务项目

D. 因特网可以使用各种类型的传输介质，这就是它的开放性

7. ________传输介质可以用于有强大电磁干扰的通信场合。

A. 电话线　　B. 同轴电缆　　C. 双绞线　　D. 光纤

8. 网络接口卡的基本功能包括数据转换、通信服务和________。

A. 数据传输　　B. 数据缓存　　C. 数据服务　　D. 数据共享

9. 完成路径选择功能是在 OSI/RM 模型的________。

A. 物理层　　B. 数据链路层　　C. 网络层　　D. 运输层

10. ________操作系统的特点有:它是一个免费软件,可以自由安装并任意修改软件的源代码,并与主流的 UNIX 系统兼容,这使得它一出现就有了一个很好的用户群,支持几乎所有的硬件平台,包括 Inter 系列、680x0 系列、Alpha 系列,并广泛支持各种周边设备。

A. Windows Sever　　B. Linux

C. UNIX　　D. Windows 10

11. 微信是 2011 年 1 月由________公司开发的即时聊天工具,随着应用的不断拓展,当下已经成为最热门的一款手机应用软件。微信使用简便,支持 iOS、Android 等多种手机平台,2017 年,微信的使用人数超过 10 亿人。

A. 中国电信　　B. 腾讯　　C. 阿里巴巴　　D. 微软

12. 微信不能通过________添加好友。

A. 好友的二维码　　B. 身份证号码

C. 手机通讯录　　D. 微信号

13. 利用微信________进行自媒体活动,个人和企业都可以一对多的交互活动,通过该平台进行微推送、微支付、微活动、微报名、微分享、微名片等,已经形成了一种主流微信互动营销方式。

A. 公众号平台　　B. 朋友圈　　C. 漂流瓶　　D. 群聊

14. 无线个人网是在个人可及的小范围内相互连接数个装置所形成的无线网络,________是目前最常用的构成个人无线网的无线传输媒介。

A. 蓝牙　　B. Wi-Fi　　C. 红外　　D. 微波

15. Wi-Fi 是使用微波作为传输媒介来连网的网络技术,用来改善基于 IEEE 802. 11 标准的无线网络产品之间的互通性,Wi-Fi 主要使用 2. 4 GHz 或 5 HHz频段,覆盖距离最多达________m。

A. 10　　B. 100　　C. 1 000　　D. 10 000

16. ________标准既适应在 2. 4 GHz 频率下提供 11 Mbps 的数据速率,也可在 5 GHz 频率下提供 54 Mbps 的数据速率,

A. 802. 11a　　B. 802. 11b　　C. 802. 11c　　D. 802. 11g

17. 计算机网络安全是指计算机及其网络系统的信息和物理资源不受人为和

自然有害因素的威胁和危害。凡是涉及网络上信息的保密性、完整性、可用性、真实性和可控性的相关技术和理论都是网络安全的研究领域，确保网络系统的________是网络安全的首要目标。

A. 信息安全　　　　B. 物理设备安全

C. 运行安全　　　　D. 人员安全

18. HTTPS 协议________。

A. 通过一个客户机程序连接至在远程计算机上运行的服务器程序，进行文件传输

B. 为用户提供了通过使用远程登录从一台计算机登录另外一台计算机的功能

C. 可以用非加密的方式来访问网络网页

D. 在 HTTP 的基础上加入对服务器的验证和对浏览器和服务器之间的通信加密，安全性好，适合各种交易支付

19. 人脸识别技术属于计算机网络安全的________。

A. 数据加密　　B. 访问控制　　C. 身份认证　　D. 病毒查杀

20. 数据备份是容灾的基础，是指为防止系统出现操作失误或系统故障导致数据丢失，而将全部或部分数据集合从应用主机的硬盘或阵列复制到其他的存储介质的过程。目前使用较方便，性价比、可靠性较高的方法是________。

A. 云备份　　　　B. 在不同磁盘上备份

C. 在不同的计算机上备份　　　　D. 使用离线存储介质备份

二、是非题

1. 以传输信息为目的而连接起来，实现远程信息处理或进一步达到资源共享的计算机系统称为计算机网络。　（　　）

2. 星型结构以中央节点为中心，其他各节点与中央节点通过点对点的方式进行连接。　（　　）

3. 网络协议是为计算机网络中进行数据交换而建立的规则、标准或约定的集合。　（　　）

4. TCP 是网间协议，负责将信息从一处传输到另一处，是无连接的，给出数据地址，保证数据到达指定的地点。　（　　）

5. 路由器是一台用于完成网络互联的计算机，它的主要功能是通过选择不同的网络路径将数据从一个地方传送到另一个地方。　（　　）

6. Cable Modem 接入方式是网络信号通过有线电视网络传输，不需要另外铺设线路，有线电视能达到的地方，网络就可以到达，费用较便宜。　（　　）

7. 微信公众号是通过微信开展营销的唯一方式。 (　　)

8. 无线局域网是利用微波技术为传输媒介组成的计算机网络。 (　　)

9. 组建家庭局域网只要安装一个无线路由器就行了。 (　　)

10. 计算机病毒(Computer Virus)是指编制或者在计算机程序中插入的破坏计算机功能或者毁坏数据,影响计算机使用,并能自我复制的一组计算机指令或者程序代码。 (　　)

三、上机操作题

1. 通过微信将自己所在的位置标识出来。

2. 开通自己微信上的订阅号。

3. 在无线路由器上设置网络参数。

参考文献

[1] 郑纬民. 计算机应用基础(第 2 版)[M]. 北京：中央广播电视大学出版社，2017.

[2] 神龙工作室. Word/Excel/PPT 2013 办公应用从入门到精通[M]. 北京：人民邮电出版社，2016.

[3] 张志等. 和秋叶一起学 Word[M]. 北京：人民邮电出版社，2015.

[4] 九州书源. Excel 2013 电子表格处理[M]. 北京：清华大学出版社，2015.

[5] 文杰书院. Excel 2013 电子表格处理基础教程[M]. 北京：清华大学出版社，2016.

[6] ExcelHome. Excel 2013 实战技巧精粹[M]. 北京：人民邮电出版社，2015.

[7] 杨继萍. 计算机网络组建与管理标准教程(2018—2020) [M]. 北京：清华大学出版社，2018.

[8] 刘冲. 无线网络故障诊断与排除大全[M]. 北京：机械工业出版社，2017.

[9] 海天电商金融研究中心. 玩转微信[M]. 北京：清华大学出版社，2017.